吐哈探区重点勘探领域综合评价与有利预探目标优选(kt2021-06-05)
吐 鲁 番 坳 陷 中 下 侏 罗 统 沉 积 体 系 研 究(YJYHZ2019014)　项目资助

吐鲁番坳陷中下侏罗统沉积体系及油气勘探

Sedimentary System and Oil & Gas Exploration of the Middle and Lower Jurassic in Turpan Depression

主　编　黄传炎　康积伦
副主编　王　华　肖冬生　张　华　刘恩涛　王敏芳
荀红光　蔡　强　付国斌　岳　勇

中国地质大学出版社
CHINA UNIVERSITY OF GEOSCIENCES PRESS

图书在版编目(CIP)数据

吐鲁番坳陷中下侏罗统沉积体系及油气勘探/黄传炎,康积伦主编.—武汉:中国地质大学出版社,2025.4

ISBN 978-7-5625-5214-7

Ⅰ.①吐… Ⅱ.①黄… ②康… Ⅲ.①吐鲁番-坳陷-沉积体系-油气藏形成-研究 ②吐鲁番-坳陷-油气勘探-研究 Ⅳ.①P618.130.2 ②P618.130.8

中国版本图书馆CIP数据核字(2021)第271935号

吐鲁番坳陷中下侏罗统沉积体系及油气勘探

黄传炎 康积伦 主 编

王 华 肖冬生 张 华 刘恩涛 王敏芳 苟红光 蔡 强 付国斌 岳 勇 副主编

责任编辑:张 林　　选题策划:陈 琪　　责任校对:徐蕾蕾

出版发行:中国地质大学出版社(武汉市洪山区鲁磨路388号)　　邮编:430074

电 话:(027)67883511　　传 真:(027)67883580　　E-mail:cbb@cug.edu.cn

经 销:全国新华书店　　http://cugp.cug.edu.cn

开本:787毫米×1092毫米 1/16　　字数:327千字 印张:11.75 插页:4

版次:2025年4月第1版　　印次:2025年4月第1次印刷

印刷:武汉市籍缘印刷厂

ISBN 978-7-5625-5214-7　　定价:98.00元

前 言

吐哈盆地是中国西部重要的含油气盆地之一，位于新疆东部，以海西褶皱为基底，早二叠世发育海陆交互相，从晚二叠世开始了陆相沉积的发展与演化。吐哈盆地主要沉积侏罗系构造层，可划分为"两隆两坳"4 个一级构造单元，分别为东部哈密坳陷、西部吐鲁番坳陷、中部隆起区和南部隆起带。

研究区吐鲁番坳陷为吐哈盆地的主体，其油气资源量丰富，面积约为 $2.5\times10^4 km^2$，位于博格达山脉之南，觉罗塔格山脉以北，西抵喀拉乌成山，东至十三间房。吐鲁番坳陷不仅是吐哈盆地最大的次级构造单元，同时也是盆内油气资源最丰富的产区。吐鲁番坳陷作为准噶尔-吐哈微地块上的一部分，大地构造上位于塔里木板块的东北侧、西伯利亚西南和哈萨克斯坦板块东侧，总体上坳陷具有东西向展布特征。当前在吐鲁番坳陷内发现有 5 个油气富集带，17 个油气田，探明石油地质储量 2.6 亿 t，天然气地质储量 1175 亿 m^3，探明率分别为 54%和42%，总体步入中等勘探程度阶段。

如今吐哈盆地油气勘探面临勘探困境，寻找未来接替勘探领域是吐哈油田承载的最大责任。"下洼勘探，近源找油"是下一步油气勘探主体方向，突破现实勘探困境，提高勘探成功率，而准确认识吐鲁番中下侏罗统发育规律是关键。因此，以中国地质大学(武汉)多年开展沉积研究的教师为主，联合吐哈油田具有多年一线勘探经验的专家，以构造地质学、沉积学、石油地质学理论为指导，利用丰富的地震、地质等资料，以吐鲁番坳陷中下侏罗统沉积体系为主要研究内容，着重分析吐鲁番坳陷的构造演化特征和中下侏罗统层序地层格架划分、沉积发育及其演化规律，总结不同构造古地貌对层序、沉积以及生储盖的控制作用，结合油气藏发育情况，预测油气富集层段和有利勘探区带，为下一步勘探部署提供理论依据。初步取得如下主要认识：

(1)吐鲁番坳陷形成于古亚洲洋及特提斯洋的演化史中，定型于喜马拉雅构造活动期；通过对坳陷周缘山体的隆升情况及 4 条南北向演化剖面的分析，明确了博格达山在中侏罗世西山窑组早期开始隆升，晚期完全隆升，控制着坳陷北缘沉积；指出吐鲁番坳陷中下侏罗统发生 3 次构造应力背景转换：拉张、转换、挤压；3 次构造应力背景下对应着 3 种坳陷结构类型及 3 种控砂控相作用的古地貌：拉张断陷、挤压过渡、挤压抬升以及断坡、隐伏断坡、低凸。

(2)借助孢粉资料分析发现，吐鲁番坳陷中下侏罗统出现一次大的气候转换以及 2 种古气候环境：中下侏罗统水西沟群沉积期为温暖潮湿的温带亚热带气候，中侏罗统的三间房组-七克台组沉积期为半干旱半潮湿的温带亚热带气候。据微量元素分析发现，中下侏罗统呈现 3 次大的湖平面由浅-深-浅的演化趋势：第一期演化出现在下侏罗统的八道湾组至三工河组沉积期，第二期出现在中侏罗统的西山窑组至三间房组沉积早期，第三期出现在中侏罗统三间房组至七克台组沉积期；同时也呈现出与之相对应的 3 期由氧化环境向还原环境转换的演化规律。而与之对应泥岩颜色也展现出 3 期演化规律，即下侏罗统八道湾组泥岩多呈还原色，而三工河组泥岩多呈氧化色；西山窑组沉积期，潮湿气候条件下泥岩多呈还原色，而三间房组沉积期，处于潮湿-干旱气候转化期，水深变浅，环境较为复杂多变，全坳陷泥岩呈现杂色或氧化色；七克台组沉积早期，泥岩多呈灰色或灰绿色，晚期多为氧化色。由于吐鲁番坳陷在中下侏罗统沉积期，整体为浅湖沉积环境，煤层发育，但煤层主要发育在每套三级层序的低位体系域晚期和湖扩体系域早期。

(3)受3次构造以及沉积环境变化的影响，与之对应的吐鲁番坳陷中下侏罗统发育可划分为3个三级层序(SQ_1～SQ_3)，9个体系域，14个四级层序。坳陷沉积也存在着3次演化规律：SQ_1时期，全区以辫状河三角洲沉积体系为主，南部扇体较西部和北部发育，地层厚度中心位于坳陷西南及中—北部，煤层沉积范围较广且厚，泥岩颜色以还原色为主，范围广；SQ_2早—中期全区以辫状河沉积体系为主，南部扇体规模减小，晚期随着博格达山的隆升，导致北缘沉积相类转变为扇三角洲沉积，地层厚度中心向北迁移且展布范围扩大，煤层持续大面积发育且厚度增加，而还原色泥岩沉积范围缩小，后期出现大量氧化色泥岩沉积；SQ_3早期，南部发育辫状河三角洲且持续萎缩，北侧发育扇三角洲且规模增大，随着挤压作用的进一步增强，湖盆中心挤压隆升形成低凸，沿湖心低凸起发育滩坝沉积，地层厚度中心持续向北迁移且沉积范围缩小，煤层厚度较薄且沉积范围主要限于东部地区，泥岩颜色以氧化色为主且大面积分布。据此，建立了3次构造层序充填模式：①早期断控坡折层序充填模式；②中期隐伏断坡层序充填模式；③晚期低凸滩坝层序充填模式。

(4)根据层序格架中生-储-盖的匹配关系，本区三级层序中湖扩体系域时期所发育的煤层、深色泥岩及碳质泥岩为良好生油岩，高位体系域时期沉积的砂岩与其发育的区域性厚层泥岩形成生-储-盖组合。因此，在此纵向上，湖扩体系域源内砂体和高位体系域的砂体为有利勘探层段和目标；平面上，根据构造古地貌对沉积的控制，优选出4个有利区带：①南部斜坡断坡所控制的辫状河三角洲前缘相；②西部葡北-胜北地区沿东西向断层长距离搬运的辫状河三角洲前缘相；③湖盆中心低凸控制的七克台组滩坝沉积；④其他区带的辫状河、扇三角洲前缘亚相。

本书的编写是应吐哈油田油气勘探现实需要，也是近几年利用新资料，针对吐鲁番坳陷中下侏罗统沉积体系深入研究的成果总结和提炼，其成果必将有力指导吐哈油田下一步的油田勘探。同时，吐鲁番坳陷中下侏罗统沉积体系既具有本区沉积的特色，同时也具有我国西部盆地中下侏罗统沉积发育的共性，而从现阶段我国油气勘探地质条件分析，西部盆地将成为陆上油气勘探大发现的主要战场，因此，本书的出版也必将为西部其他盆地的勘探提供有益借鉴。

本书是中国地质大学(武汉)研究团队与中国石油天然气股份有限公司吐哈油田分公司(以下简称吐哈油田分公司)勘探专家合作共同完成的，编撰纲要由黄传炎和康积伦策划设置，主要执笔人为黄传炎、康积伦、王华、肖冬生、张华、刘恩涛、王敏芳、苟红光、蔡强、付国斌、岳勇。同时，吐哈油田分公司贾雪丽、周亚东、王劲松、李宏伟、靳继坤等，中国地质大学(武汉)同期的研究生李翔、张锡峰、谷志宇、许家省、岳佳恒、张悦辉、肖凌毅、葛卫双、陈俊林、赵婧、赵雅楠等参加了本次研究工作。本书在编写的过程中，始终得到了吐哈油田分公司各级领导的关心、支持和鼓励。在此一并致以最诚挚的感谢！由于笔者水平所限，书中不妥之处在所难免，恳请专家批评指正。

黄传炎　康积伦

2021年9月

目　录

第一章　区域构造背景与构造单元划分

第一节　吐哈盆地区域构造背景

中国西北地区是指昆仑山缝合带以北、华北板块以西的广大地区，发育了阿尔泰山、天山、昆仑山等大型山脉，同时，也发育了准噶尔盆地、塔里木盆地、吐哈盆地等多个沉积能源型盆地（图 1-1）。前人对西北地区的构造演化进行了全面详细的分析研究，表明西北地区构造演化具有明显的阶段性与旋回性，其发育受多个全球性构造域的联合控制，其北部地区古生代受古亚洲洋演化所控制，南部地区自古生代以来受古特提斯洋和新特提斯洋的演化控制。西北地区自晚二叠世各板块之间开始拼接起来，开始了陆相沉积演化；至新生代陆内板块开始发生重建与定格，全区均不同程度地受到青藏高原快速隆升的影响，同时，也受印度板块向北俯冲与欧亚板块碰撞所产生的远程效应的强烈影响（王昌桂等，1993；成守德和王元龙，1998；何治亮和毛洪斌，2000；Lu et al.，2008；何治亮和高山林，2008；何治亮等，2015）。

1. 西北地区古板块发育及分区背景

西北地区是由哈萨克斯坦、西伯利亚、塔里木、柴达木、青藏及华北等板块相互拼接而成，根据现今板块构造可以划分为五大区块及其对应的褶皱山系。西伯利亚板块位于新疆西北部的阿勒泰地区，为海西构造期所形成的山脉体系，它与哈萨克斯坦板块以科克森他乌-阿尔曼太蛇绿岩带为界（李德生等，1991）。准噶尔板块属于哈萨克斯坦东南部的一部分，具有前寒武纪结晶基底（柳益群等，1997），它与塔里木板块以中天山北侧深大断裂带为界。吐哈盆地为准噶尔-吐哈（以下简称准-吐）微板块东南角的一部分，位于塔里木板块的东北角、西伯利亚板块的西南处，根据准噶尔盆地、博格达山脉以及吐哈盆地的地质、物探和航磁等资料综合来看，准噶尔盆地与吐哈盆地具有统一的前寒武纪结晶基底（柳益群等，1997），因此，将准噶尔与吐哈地块称为准-吐微板块。尽管对准-吐微板块的构造归属还存在着疑问，但普遍认为该板块是哈萨克斯坦板块的一部分。塔里木板块结晶基底形成于中元古代末，其西南缘以康西瓦大断裂为界，东南与华北板块及柴达木板块以阿尔金断裂带为界（何国琦等，1995）。华北板块是古元古代末固结的古老板块，与柴达木板块以中祁连北侧断裂为界。柴达木板块南缘与青藏板块以昆仑缝合带为界，北侧与塔里木板块以阿尔金断裂带为界（何登发等，2018）（图 1-1）。

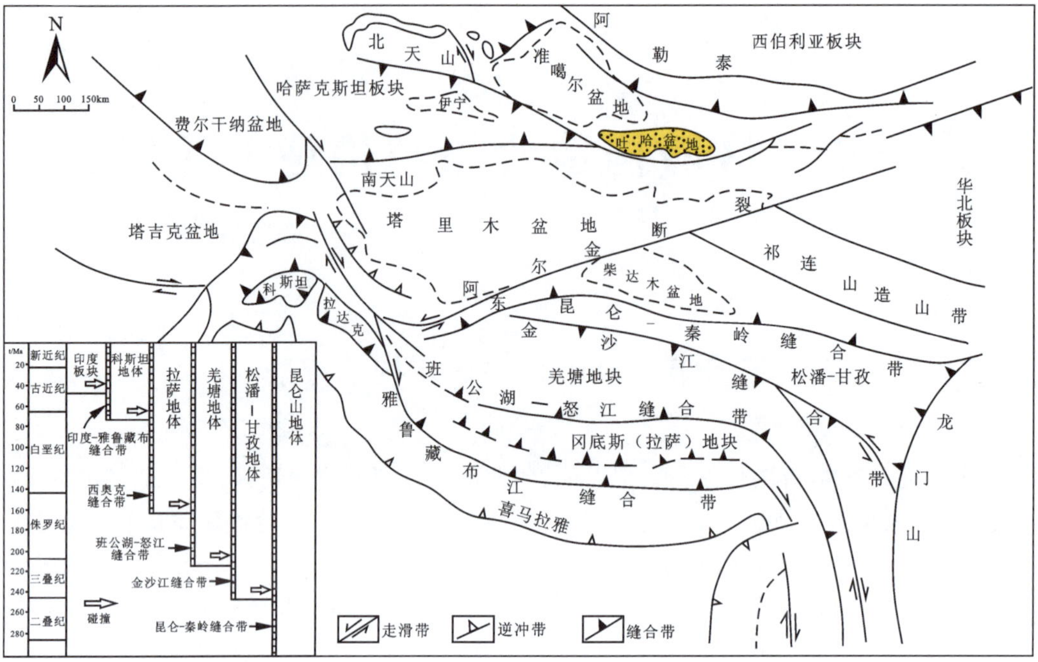

图 1-1　中国西北地区及邻区大地构造简图(据靳久强等,1999,修改)

2. 西北地区震旦纪—泥盆纪构造演化(古亚洲洋的形成与消亡)

西北地区构造演化主要以板块之间的离散漂移及汇聚为特征。震旦纪—早古生代初期,古亚洲洋开始形成并发展,晚元古代形成的联合大陆在此时开始分离成各个陆块漂移在古亚洲洋上,形成了伊犁、中天山、吐-哈、阿勒泰等地块,各个地块之间由其独立大洋所分割(李锦轶等,2006)。震旦纪—寒武纪时期西伯利亚板块与准噶尔、华北板块之间形成乌拉尔-阿尔泰-蒙古洋,中祁连与华北板块之间形成北祁连洋,北祁连洋南缘与华北板块南缘形成秦岭洋。其间发育有阿尔泰、华北北缘、塔西南三大被动大陆边缘。进入奥陶纪—泥盆纪,古亚洲洋双向俯冲于西伯利亚板块及塔里木板块萎缩消亡,漂流于其上的地块开始汇聚拼接成亚洲北大陆,北阿尔泰山拼接汇聚于西伯利亚板块,伊犁、中天山及吐-哈地块开始拼接成哈萨克斯坦-准噶尔板块,但其间仍存在着有限残留大洋,如哈萨克斯坦-准噶尔板块之间形成了南、北天山洋,塔里木、准噶尔地块变为被动大陆边缘,北天山洋与斋桑洋连通(李锦轶和肖序常,1999;周鼎武等,2000;董连慧等,2010)(图 1-2)。

3. 西北地区泥盆纪—晚三叠世构造演化(古特提斯洋的形成与消亡)

西北地区泥盆纪—晚三叠世主要构造演化为北方大陆各板块之间的进一步汇聚拼接以及南缘古特斯洋的打开与闭合(肖序常等,1983;张惠民,1994;Xiao et al.,2013)。泥盆纪晚期北大陆进入全面汇聚时期,斋桑洋开始萎缩,形成额尔齐斯褶皱带;石炭纪初期,北准噶尔洋向额尔齐斯褶皱带俯冲,形成克拉美丽-麦钦乌拉蛇绿岩混杂带;华北板块北缘中亚-蒙古洋关闭,于泥盆纪时期在锡林浩特带发生碰撞,形成阿巴哈纳尔变质岩带(唐克东,1989;唐克东等,1995);北天山洋由于南北向挤压作用向中天山之下俯冲消亡,致使觉罗塔格山成为被

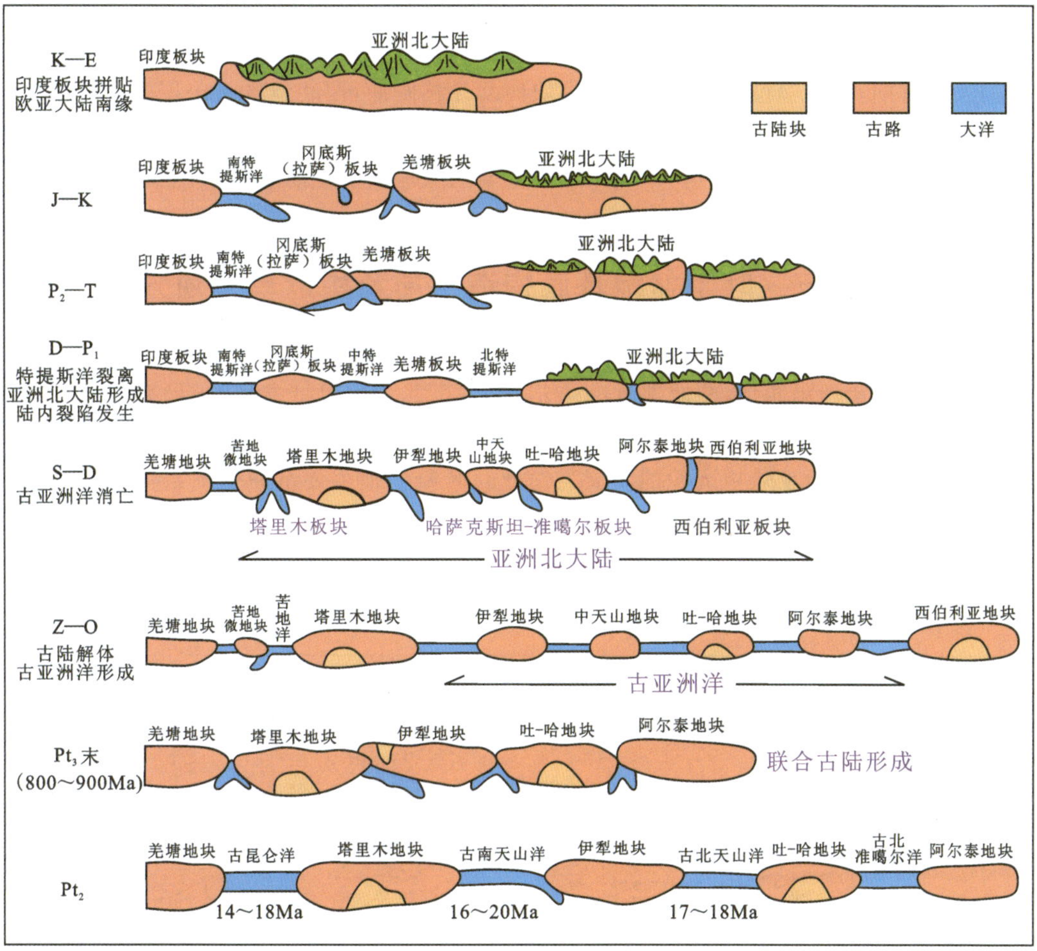

图 1-2　西北地区及其邻区板块构造演化史(据成守德和王元龙，1998，修改)

动型大陆边缘，南天山洋开始形成弧后洋盆；石炭纪末期西北地区各板块进一步汇聚，西伯利亚、哈萨克斯坦、准-吐板块、塔里木、柴达木、华北板块连成一体；在祁连山北缘、北天山等地区形成前陆盆地沉积，塔西南地区发育被动大陆边缘。早二叠世时期，西北地区呈现拉张应力背景，各褶皱山系发生陆上及陆内裂谷并形成地堑；晚二叠世时期，发生陆-陆碰撞，褶皱山系开始隆升并伴随火山爆发，稳定陆块开始转为以陆相沉积为主(赵文智等，1999；何国琦等，2001)。三叠纪时期，欧亚大陆南缘发育古特斯洋，自北向南发育北、中、南特提斯洋，其大洋上仍存在漂移着从两侧地块剥离下来的块体；至晚三叠世末期，中特提斯洋关闭，古特提斯洋消亡，冈底斯板块向北移动拼接于羌塘板块之上，并向欧亚北大陆迁移。北方大陆进一步挤压汇聚发展，以发育前陆盆地为特点。

4. 西北地区侏罗纪—第四纪构造演化(盆地发育改造及定型)

西北地区进入陆内演化阶段，大致经历了伸展与挤压构造应力作用过程。早中侏罗世，南特斯洋的扩张，致使西北地区暂无挤压构造作用，以伸展构造为主，西伯利亚板块向西南移动，华北板块向东北移动，西北地区各板块基本稳定(贾东等，1997)。该时期，广盆发育，沼泽广泛发育，为主要的聚煤期。晚侏罗世由于冈底斯板块向北俯冲，致使西北又出现挤压环境，发育近缘冲积扇。进入早白垩世，西北地区进一步汇聚南特斯洋开始向北俯冲消亡，为中小盆地的发育时期；晚白垩世—古近纪印度板块向北迁移俯冲，西北地区又出现汇聚特征，形成一些大型的褶皱山系；渐新世晚期至第四纪，印度板块加剧向欧亚板块南缘拼接及碰撞，造成西北地区各盆地内部的再次改造，形成典型晚期前陆盆地或再生前陆盆地(李晴晴，2015)。

第二节　吐哈盆地基底构造格局及构造单元划分

吐哈盆地位于新疆东部，西北邻近准噶尔盆地，东北近巴里坤盆地、三塘湖盆地，西南与塔里木盆地以中天山相隔。吐哈盆地以海西褶皱为基底(王世新，2013)，早二叠世发育海陆交互相，晚二叠世开始了陆相沉积的发展与演化。吐哈盆地主要沉积侏罗系构造层，可划分为"两隆两坳"4 个一级构造单元，分别为东部哈密坳陷、西部吐鲁番坳陷、中部隆起区和南部隆起带。吐鲁番坳陷又可进一步划分为托克逊凹陷、台北凹陷、台南凹陷、北部凹陷 4 个凹陷带和中部斜坡带(吕锡敏，2001；图 1-3)。

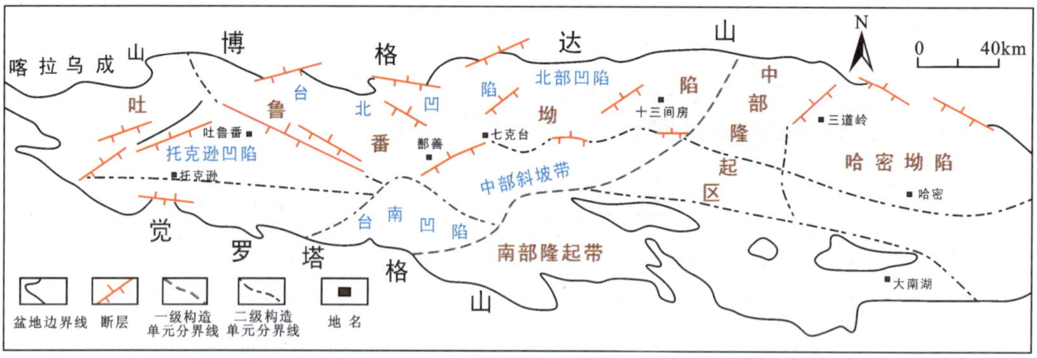

图 1-3　吐哈盆地构造单元划分示意图(据吐哈油田资料，2006)

现今盆地是在长期隆升、剥蚀、沉降一系列改造之下所形成的残余盆地，沉积最大范围北至博格达山南麓，南抵中天山北麓。吐哈盆地直接基地还包括了在海西运动下形成的博格达-哈尔里克及觉罗塔格山基底。盆地南缘航磁资料显示：海西构造基底之下还存在前寒武纪古老结晶基底。通过对吐哈盆地的构造演化分析，其地层与邻区相比其稳定性较强，这也表明吐哈盆地具有双重基底(贾东等，1997)。

石炭纪末，由于强大的南北向挤压应力使北方大陆进一步地聚集，各个陆块之间俯冲消减，使得海西被挤压褶皱变形，形成东西向的断陷、断隆，以及一系列东西向的断裂和受其控制的沉积段块，形成了吐哈盆地沉积基底构造格局。控制这一基底构造格局主要有 4 条断裂：盆地北缘断裂(F_1)，根据沉积充填及岩相推测其存在，为控制北缘局部地区的沉积边界；中央断隆北侧断裂(F_2)为盆地充填期中央隆起不明显的轮廓界线；中央断隆南侧断裂(F_3)具有活动阶段性，最早与 F_2 塑造基底构造格局，构成中央隆起，在中侏罗世盆地沉降时再次活动；博罗科努-阿其克库都克深大断裂(F_4)为新疆境内一级岩石圈断裂。上述 4 条基底断裂构造了盆地“两坳两隆”的基本构造格局及沉积边界（吕锡敏，2001；王世新，2013；杨兴等，2015；图 1-4）。

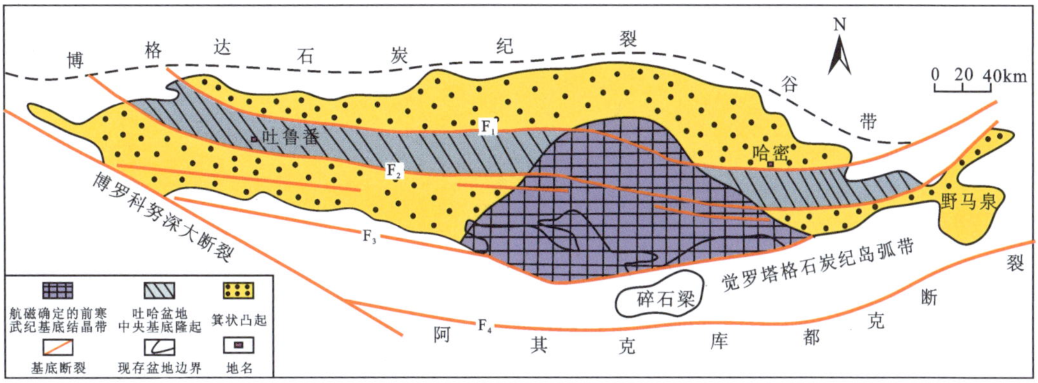

图 1-4　吐哈盆地基底构造格局图（据王世新，2013，修改）

第三节　吐哈盆地构造演化

1. 早二叠世海陆交互相残留坳陷阶段

早二叠世由于加里东—早海西运动，吐哈盆地及其周缘处于拉张的背景下，在区域上形成多个陆内裂谷及断陷盆地（童崇光，1999）。从早二叠世开始，海水逐渐消减，残余洋盆消逝。南缘觉罗塔格山已经开始隆起提供物源，而吐哈盆地与准噶尔盆地之间形成的博格达-哈尔里克裂谷仍处于海平面之下，接受沉积。由于海水尚未彻底消逝，该时期的沉积建造以海陆过渡相为主。古水流具有东西向的流向特征，发育于斜坡两侧的重力流及浅海陆棚相具有同时向北侧沉积搬运的特征（王广平，1993；王新桐，2017）。

2. 晚二叠世—三叠纪挤压型前陆盆地构造演化

晚二叠—早三叠世早期，古特提斯洋向北俯冲消亡，使得其南缘松潘-甘孜地块及羌塘地块一起相继向塔里木板块南缘碰撞拼贴（靳久强等，1999）；西北地区板块处于挤压的构造背景作用下（车自成等，1997；靳久强等，1999），吐哈盆地周缘山脉逐渐隆升；其北部西缘博格达山隆升，吐哈盆地与准噶尔盆地分割开来（图 1-5）。东缘哈尔里克山、南缘觉罗塔格山再次隆升，成为较大的物源区。中晚三叠世时期由于受印支运动的影响，为盆地陆内调整期，盆地北深南浅的格局开始出现，沉积稳定。挤压应力释放期，博格达山开始下沉，在此期间吐哈盆地与准噶尔盆地仍然接受稳定沉积，吐哈盆地南缘一直提供物源，北缘博格达山下沉，提供物源减少；由于南北向强大的挤压应力，盆内先存断裂活化，控制着沉积的发育，同时，盆内可容纳空间的增大，成为砂体卸载区，后期由于吐哈盆地南缘残余洋盆及北部博格达裂隙槽的俯冲消亡，开始发育挤压型前陆盆地。

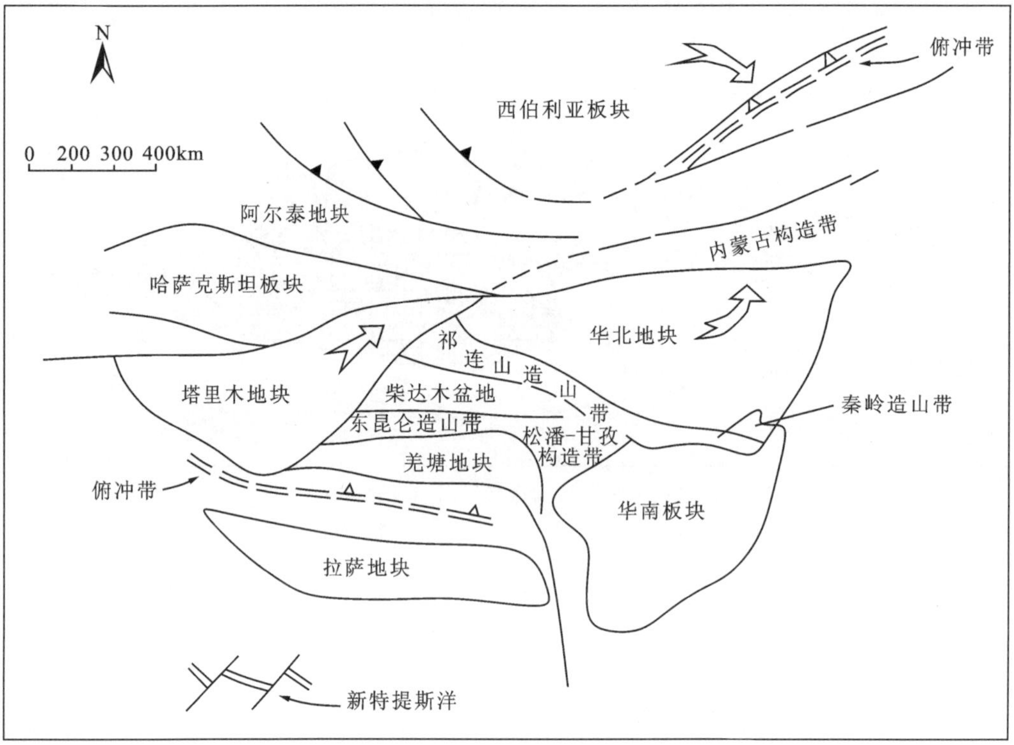

图 1-5 西北地区及周源早—中侏罗世大地构造图(据靳久强等,1999)

3. 侏罗纪—白垩纪早期再生前陆盆地构造演化

1)侏罗纪构造运动学背景

前人研究表明,西北地区在侏罗纪时期整体上处于拉张的背景,处于一种伸展型的构造环境之下;侏罗纪正处于燕山构造活动时期,燕山期中国板块北缘西伯利亚板块向南俯冲,西南缘印度板块向北东向挤压,东南缘太平洋板块向西北挤压,使得在早、中侏罗世时期,西伯利亚板块顺时针旋转,华北板块逆时针旋转,而使整个西北地区处于相对位置的调整期,使得西北地区形成了区域应力松弛的伸展构造环境(车自成等,1997;靳久强等,1999;靳久强和宋建国,2005);在此时期,欧亚大陆南缘新特提斯洋正处于扩张时期,缺乏使得西北地区遭受挤压的构造要素,因此该时期应处于原挤压应力转化为拉张应力的调整期-应力松弛阶段(靳久强等,1999)。

根据不同盆地之间的构造沉降曲线所做的对比分析,可以用来判断盆地类型及其形成机制。靳久强等(1999)将东部黄骅坳陷、北海盆地及西北地区盆地构造沉降曲线做对比分析,研究发现典型裂谷型盆地(北海盆地)、断陷型盆地(渤海湾盆地)和西部盆地(伊宁盆地)构造沉降曲线均具有向上凹的一致性(图 1-6)。由此表明,西北地区在侏罗纪存在伸展断陷的构造背景。

2)侏罗纪构造演化特征

早侏罗世时期,发育具有挤压应力释放后形成的具张性应力的盆内构造,博格达山彻底下沉于水平面之下,不提供物源,使得吐哈盆地与准噶尔连成一片,开始广盆发育含煤建造,

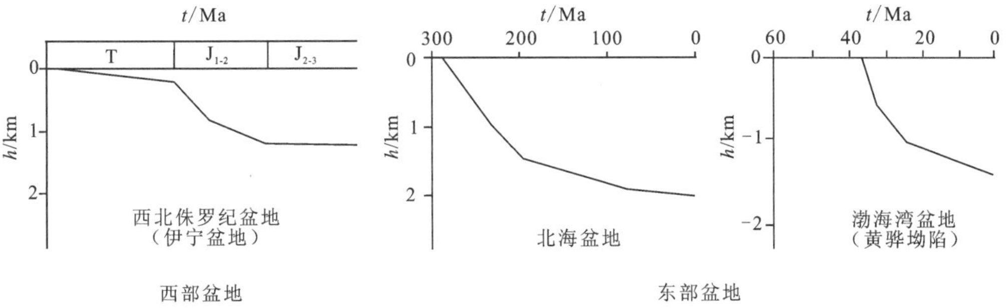

图 1-6　西北地区侏罗纪盆地与东部盆地构造沉降曲线对比图(据靳久强等,1999)

为本期最重要的聚煤时期。中侏罗世晚期由于早燕山运动的影响,盆地区域性的抬升,使得盆内三间房组与下伏地层西山窑组地层呈区域不整合接触。由于挤压应力使得博格达山重新隆升出露水面,分割吐哈盆地与准噶尔盆地,开始提供物源(Tang et al.,2014)。盆地开始南北向缩短、萎缩。盆地北侧开始发育扇三角洲、冲积扇等能量较大的沉积相类,南缘继续发育辫状河三角洲沉积相类,并发育一系列断坡控制着沉积相的空间展布。晚侏罗世,拉萨地块开始向欧亚大陆南缘俯冲拼接(靳久强等,1999),使盆地挤压构造应力背景持续加强(图 1-7)。

3)白垩纪构造演化特征

白垩纪时期,西北地区的构造演化仍然受控于欧亚大陆南缘的板块拼合过程,由于南边印度板块持续向亚洲北大陆的缝合拼接过程,使得吐哈盆地周源山体明显抬升及推覆,博格达山持续隆升,提供持续充足物源,盆内多发育冲积扇、扇三角洲等粗粒沉积,为早期再生前陆盆地类型(图 1-7)。

4)第三纪(古近纪+新近纪)—第四纪晚期再生前陆盆地构造演化

自新近纪末期以来,由于印度板块持续向欧亚大陆南缘强烈俯冲的远程效应,博格达山受到强烈挤压作用力的影响,致使其大规模的逆冲抬升(郭威,2008;卢苗安,2007;唐轲,2018);盆内现存的一系列具有拉张性质的断层开始反转,形成一系列的逆冲断层、褶皱,盆地开始收缩。觉罗塔格山、喀拉乌成山也向盆内逆冲,哈尔里克山也受挤压作用逆冲;新生代以来的喜马拉雅运动及盆地的陆内造山的演化过程,形成了现在复杂的地貌特征,为晚期再生前陆盆地类型。

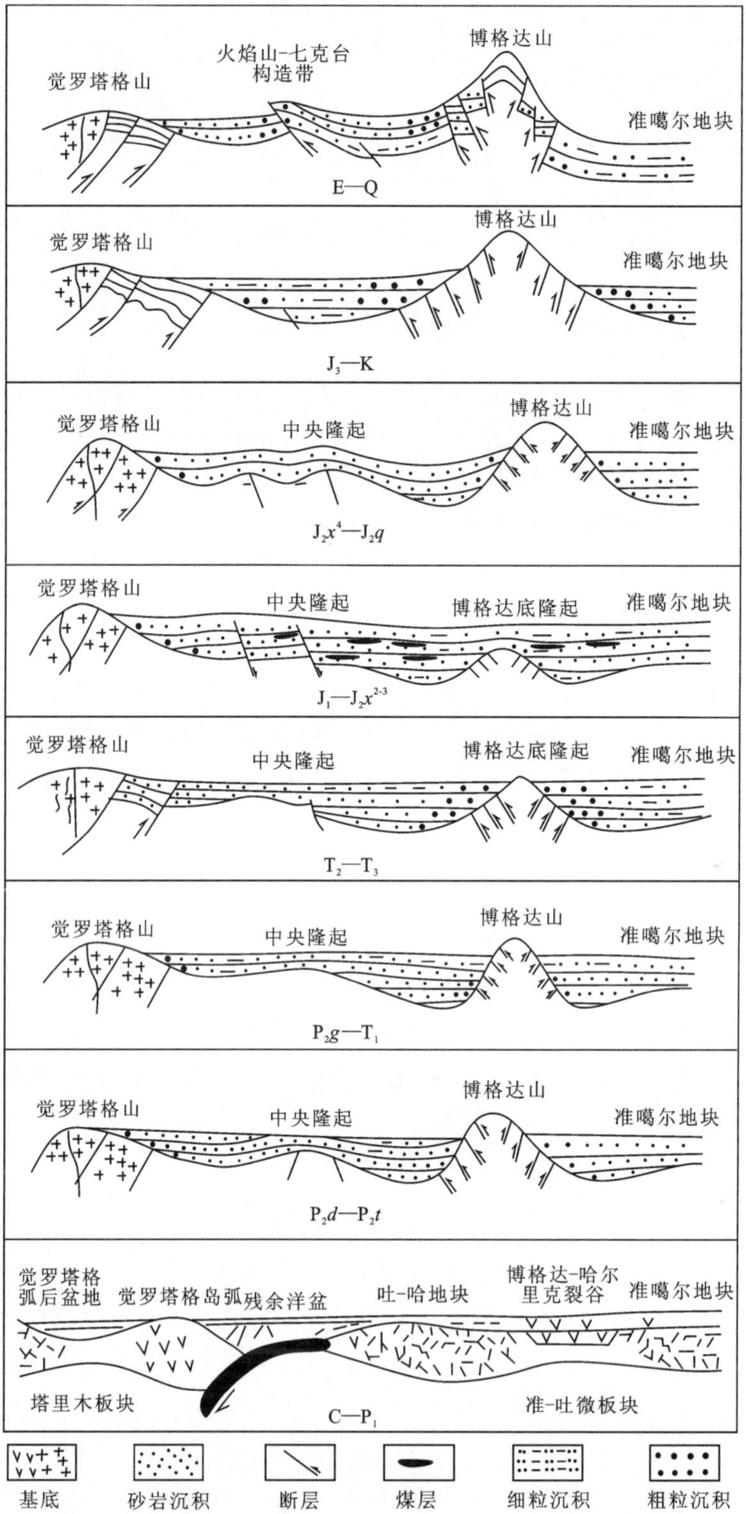

图 1-7　吐哈盆地及其邻区构造演化图(据孙国智等,2005,修改)

第二章 吐鲁番坳陷构造-沉积演化

第一节 吐鲁番坳陷油气勘探现状

吐鲁番坳陷台北凹陷发育胜北、丘东、小草湖 3 个生油洼陷，环洼正向构造带已探明石油地质储量 2.6 亿 t，天然气地质储量 1175 亿 m^3，探明率分别为 54.45％和 41.98％，整体勘探程度较高。台北凹陷发现了西部弧形带、胜北-红连构造带、鄯善弧形带、北部山前构造带和红台-疙瘩台构造带 5 个环洼油气聚集带。吐鲁番坳陷的形成演化是伴随着博格达陆内裂谷的开启、关闭以及隆升成山而形成发育的，其间吐鲁番坳陷主要处于挤压构造应力背景之下，但在侏罗纪早期存在着拉张背景；同时，由于侏罗纪时期物源供给强，可容纳空间充足，湖面较窄，湖水较浅，多属于浅水、沼泽化沉积，因此吐鲁番坳陷在侏罗纪是一个处于挤压背景下的具有拉张-挤压应力的浅水陆相湖盆。坳陷具有湖面变化快、湖水动荡频繁、沉降快、地层南薄北厚等特征，其沉积具有多物源、近物源、相类多、相变快、相带窄、多沉积中心等特点。

台北凹陷发现了 5 个油气富集带，17 个油气田，总体步入中等勘探程度阶段。探井、评价井共计 384 口，工业油流井 191 口，20m^3/d 以上井 86 口。而胜北、红连地区目前已钻探井 51 口，该区域累计探明含油面积 32km^2，探明石油地质储量约 3400 万 t，天然气地质储量约 23 亿 m^3。其中，已探明储量中，构造油气藏储量占据约 90％，具有极大的勘探潜力。

研究区吐鲁番坳陷作为吐哈盆地的主体，其油气资源量丰富，面积约为 $2.5\times10^4 km^2$，不仅是吐哈盆地最大的次级构造单元，同时也是盆内油气资源最丰富的产区（姚丽景等，2007）。吐鲁番坳陷作为准-吐微板块上的一部分，总体上坳陷具有东西向展布特征（图 2-1）。

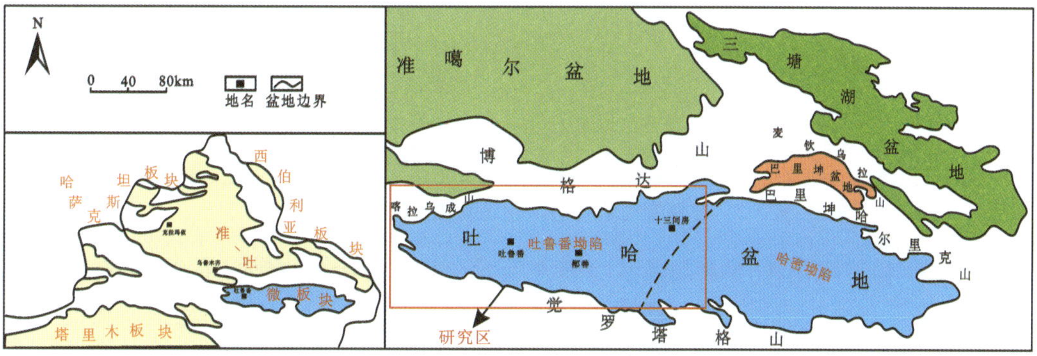

图 2-1 吐鲁番坳陷地理位置图

第二节 吐鲁番坳陷构造演化期次与地层发育

迄今为止，吐鲁番坳陷大致经历了4期（海西、印支、燕山、喜马拉雅）大的构造运动，海西期及印支期形成二叠纪、三叠纪挤压型前陆盆地，基底下沉，燕山构造运动中期形成早期再生前陆盆地，燕山晚期各个地区开始抬升并遭受剥蚀作用，最后两期喜马拉雅构造运动造成了挤压型晚期再生前陆盆地，形成坳陷渐新纪与第四系不整合接触（陶明信，2010）。在中下侏罗统沉积时期，主要受燕山构造运动的影响，主要形成了下侏罗统八道湾组与上三叠统郝家沟组之间、中侏罗统西山窑组与三间房组之间的不整合接触（图2-2）。

地质时代		地壳构造运动	板块演化阶段	盆地演化				
				区域应力场	盆地类型	主要地质作用	古气候	沉积建造
新生代	第四纪	晚喜马拉雅运动	聚集的大陆	强烈挤压	晚期再生前陆盆地	受区域挤压并逐渐加强，N_1后，强烈挤压，盆缘山体快速隆升、冲断逆掩，盆地下坳沉积、抬升与萎缩消亡	干旱、半干旱	河湖相红色碎屑岩建造为主，杂色碎屑岩建造及磨拉石建造
	新近纪						干旱、炎热为主	
	古近纪	早喜马拉雅运动		挤压				
中生代	白垩纪	晚燕山运动			早期再生前陆盆地			
	侏罗纪	中燕山运动		伸展		盆地受拉张断陷沉降，晚期抬升收缩	温暖潮湿	河湖-沼泽和暗色碎屑岩含煤建造及暗色碎屑岩建造
	三叠纪	印支运动		挤压	挤压型前陆盆地	盆地周缘造山冲断，盆地坳陷沉降，地层抬升掀斜受剥蚀	半干旱	河湖相杂色碎屑岩建造
晚生代	二叠纪	海西运动					潮湿	河湖相暗色碎屑岩建造
			靠拢的大陆	伸展	经海西运动，海槽闭合，地壳隆升褶皱形成盆地基底	地壳经裂陷与闭合、隆升造山、褶皱等作用		海相火山岩、火山碎屑岩、正常碎屑岩夹碳酸盐岩建造
	石炭纪						炎热温湿	
				挤压				
	泥盆纪			伸展			热带、亚热带	

图2-2 吐鲁番坳陷构造演化示意图（据郭宏，2016，修改）

经过以上构造演化，吐鲁番坳陷从古至今大致包括3套大的含油气系统：上石炭统油气系统、二叠系—三叠系油气系统和侏罗系油气系统，沉积地层发育在前寒武纪及泥盆—石炭系褶皱基底之上，主要发育了自上二叠统至今的6套地层，每套沉积地层厚度较大，延伸范围较广（王昌桂等，1993；吴因业等，1994；袁明生等，2002；杨红樱，2015）。坳陷内侏罗系发育最为完整，沉积范围最广，岩性以深色泥岩、碳质泥岩、煤层夹砂岩为主，主要沉积体系类型为滨浅湖、沼泽相、辫状河三角洲相、扇三角洲相，烃源岩及储集层相对发育，是吐鲁番坳陷的主要勘探层位，该套层系从老到新依次发育：下统八道湾组(J_1b)、三工河组(J_1s)；中统西山窑组(J_2x)、三间房组(J_2s)及七克台组(J_2q)；上统齐古组(J_3q)及喀拉扎组(J_3k)。吐鲁番坳陷早侏罗世处于温暖潮湿气候，至中侏罗世西山窑组沉积晚期气候开始转变为半干旱半潮湿气候。本书重点介绍中、下侏罗统及其下伏地层郝家沟组及上覆地层齐古组发育情况(图 2-3)。

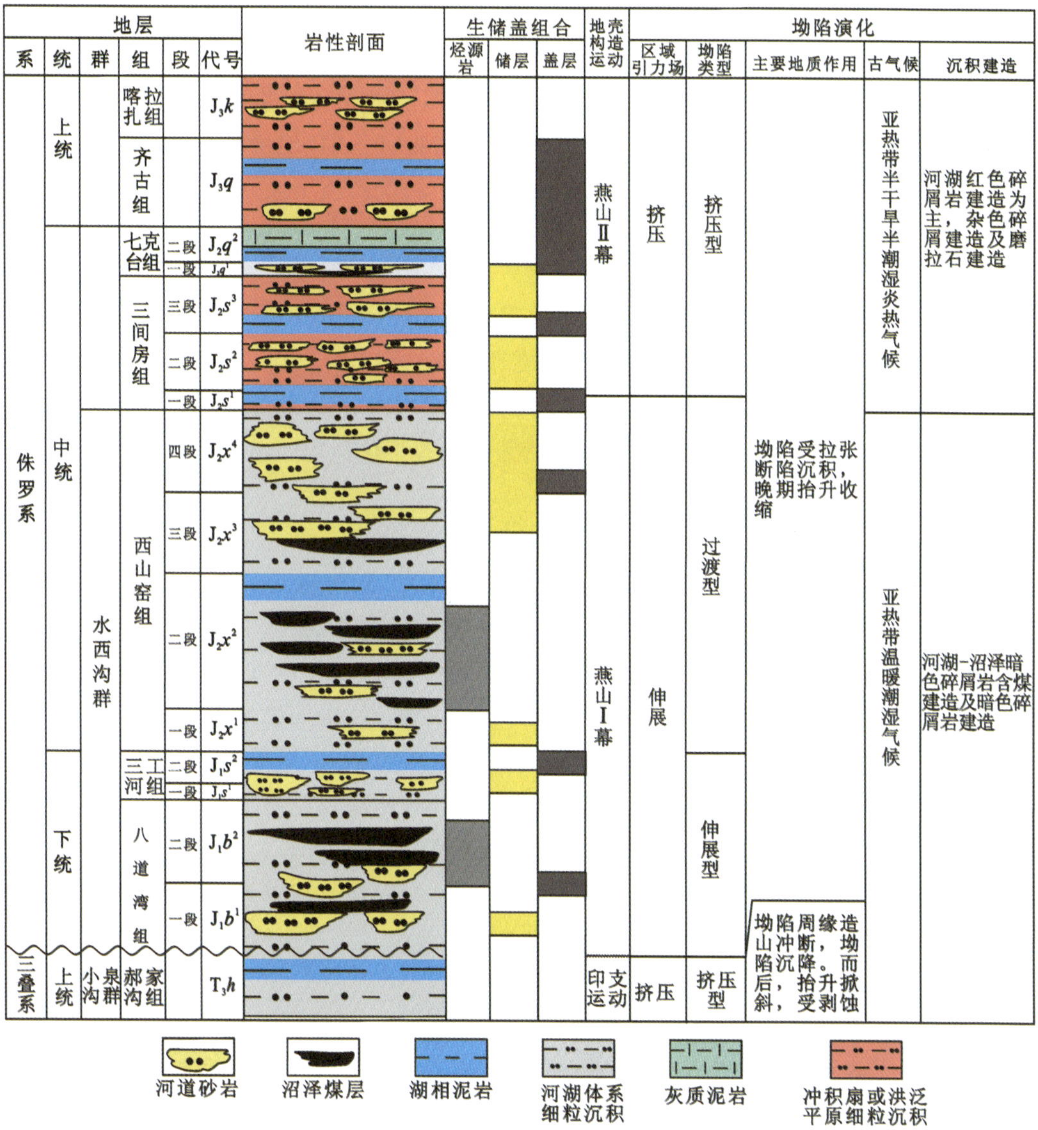

图 2-3　吐鲁番坳陷侏罗纪地层综合柱状图

1. 郝家沟组(T_3h)

郝家沟组是一套以湖相沉积为主，岩性特征为黄绿色、浅灰色、灰绿色细—粉砂岩互层，局部夹薄层碳质泥岩及煤线的地层。地层厚度变化大，与下伏地层黄山街组呈整合接触，以岩性粒度分异相区别(吴因业等,1994;杨红樱,2015)。郝家沟组由于受晚印支运动的影响,各个凹陷地层发育情况存在差异,在台南凹陷及台北凹陷南部等地区的地层有所缺失,其他地区地层发育较为完整,郝家沟组顶部发育一套湖相泥岩沉积。

2. 八道湾组(J_1b)

八道湾组地层总体上以上下两套煤层为特征,两套旋回为标志,整体呈现下粗上细的正旋回特征。八道湾组一段(J_1b^1)主要发育辫状河三角洲、沼泽相、滨浅湖沉积体系为主的沉积岩性:中—厚层煤层夹砂岩、碳质泥岩、灰色泥岩为主;八道湾组二段(J_1b^2)岩性与一段发育岩性大致相同,但二段时期的煤层厚度加厚,表明此时期沼泽相较为发育,主体岩性以厚度煤层、碳质岩泥、砂岩、灰色泥岩为主。总体而言,八道湾组沉积期,地层沉积范围较广,厚度相对较大,与下伏郝家沟组呈不整合接触。

3. 三工河组(J_1s)

三工河组地层厚度整体较薄,主要发育有两套正旋回,顶部以一套全区可对比的灰绿色泥岩,俗称“毡子层”结束,三工河组整体厚度较薄。三工河组一段(J_1s^1)粒度较粗,以浅灰色砂岩、砾岩、含砾砂岩为主,较少发育有煤线;三工河组二段(J_1s^2)粒度较细,主要发育粉砂质泥岩、浅色泥岩,顶部发育一套湖相灰绿色泥岩。本组与下伏地层八道湾组呈整合接触。

4. 西山窑组(J_2x)

西山窑组地层是吐鲁番坳陷内厚度最大且变化最大,同时也是分布范围最广的一套地层,从坳陷边缘至中心,其沉积较广,同时发育多种沉积相类型,从早中期温暖湿润环境下的河流相、辫状河三角洲相、湖泊沼泽相到晚期半干旱半湿润环境下的冲积扇相、扇三角洲相均有发育;西山窑组不仅是研究区侏罗系中重要的煤系烃源岩,而且也是十分重要的储层。西山窑组自下而上分为 4 段:西山窑组一段(J_2x^1)岩性整体较粗,以含砾砂岩、灰色—浅灰色砂岩、灰色泥岩为主;从西山窑组二段(J_2x^2)开始发育煤层,地层以厚层煤层夹砂岩、碳质泥岩、含砾砂岩为主;西山窑组三段(J_2x^3)持续发育煤层但厚度有所缩减,岩性由中层煤层夹砂岩、含砾砂岩、碳质泥岩、灰色泥岩组成;西山窑组四段(J_2x^4)岩性煤层不发育,岩性以含砾砂岩、灰色-浅灰色砂岩、深色泥岩为主。西山窑组自然电位及伽马测井曲线都具有高齿化特征。

5. 三间房组(J_2s)

三间房组地层主要发育于半干旱半湿润气候环境下,形成了以扇三角洲、辫状河三角洲相、滨浅湖相及洪泛平原为主的沉积建造,全区特征主要是灰色泥岩、杂色泥岩与砂岩不等厚互层,主要分为 3 段:三间房组一段(J_2s^1)底部以一套正旋回的砂泥岩组合为特征,坳陷地层厚度东部较西部厚,而三间房组一段与二段以伽马测井曲线值突然变高为界;三间房组二段(J_2s^2)发育岩性主要以杂色泥质粉砂岩、细砂岩、含砾砂岩为特征,三间房组二段与三段以连续长段的低伽马值及低电阻率值为界划分;三间房组三段(J_2s^3)岩性较为细粒,以泥岩、泥质粉砂岩、细砂岩为主。三间房组沉积范围较广,岩性主要为杂色砂泥岩。

6. 七克台组(J_2q)

七克台组地层岩性特征以大套灰色、深灰色、灰绿色泥岩夹薄层泥质粉砂岩为主；七克台组以低伽马及电阻率值划分为上下两段。七克台组一段(J_2q^1)以灰色、灰黑色泥岩、灰白色砂岩为主，底部为一套薄煤线沉积；七克台组二段(J_2q^2)以细粒沉积为主，以大套灰色泥岩、泥质粉砂岩沉积建造为特征，代表半干旱半湿润气候条件下的一套浅湖相沉积，是坳陷内一套重要的烃源岩。

7. 齐古组(J_3q)

齐古组是一套干旱氧化环境条件下的沉积地层，岩性以红色、棕红色泥岩为主，夹灰绿色、浅灰色砂岩或砂泥岩的滨湖-浅湖相和泛滥平原亚相的细粒建造，与七克台组呈整合接触。齐古组主要的化石类型为脊椎类、轮藻及孢粉化石，还有极少量的叶肢介化石。

第三节　吐鲁番坳陷早中侏罗世构造演化特征

吐哈盆地自晚二叠世开始陆内沉积以来，经历了多期次的构造演化，对其造成的影响也大有不同。笔者充分结合前人研究成果，在西北地区的构造演化史背景下，聚焦于吐鲁番坳陷，对本区早中侏罗世的构造演化精细分析，探明其在早中侏罗世的不同演化期次。在本次研究中，主要选择坳陷内 5 条构造演化剖面(4 条南北向、1 条东西向)进行分析(图 2-4)，坳陷北缘博格达山地区及准噶尔盆地南部剖面构造演化根据前人(李文厚等，1997；章惠等，2013；张传恒等，2005；邵磊等，1999；李玮等，2007)沉积格局、地层发育情况、古物源、古水系研究所推测。通过对 5 条线的分析研究，总体上划分出 3 个演化阶段：早侏罗世八道湾组、三工河组断陷时期、中侏罗世西山窑组拉张-挤压转换期、中侏罗世三间房组—七克组全面挤压期。以下剖面均以侏罗纪地层为起点分析其构造演化。

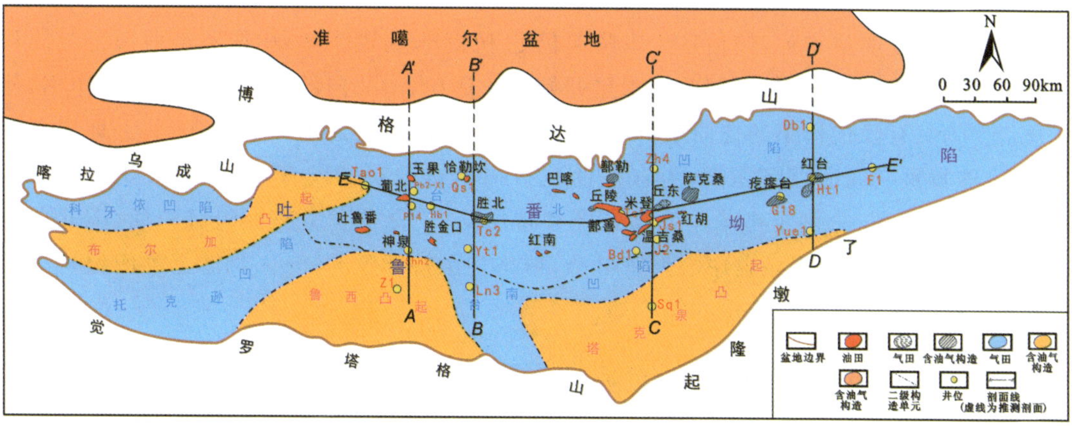

图 2-4　吐鲁番坳陷侏罗纪构造演化剖面平面分布图

1. 剖面 AA′(T02-138)构造演化分析

剖面 AA′为南北向剖面，其由北向南横跨北部准噶尔盆地、博格达山地区，南缘吐鲁番坳陷(图 2-5)。坳陷内过北部玉果构造带、葡北构造带、神泉构造带及南部斜坡。主要分析其从侏罗纪开始的构造演化，聚焦于中下侏罗世各层段，其构造演化分析如下：早侏罗世(八道湾组及三工河组)时期在伸展拉张下，在南部斜坡带及坳陷内部发育具有控层作用的正断层，在其断阶根部地层可容纳空间较大，地层厚度增厚，但总体而言，博格达地区处于汇水区，准噶尔盆地盆缘地层厚度较薄。中侏罗世西山窑组沉积期，由于早燕山运动，构造应力转变为挤压应力，为应力转变的过渡期，坳陷斜坡及坳陷内部断阶开始转变为隐伏断层控制地层厚度，西山窑组沉积期沉积厚度较大，且其沉积厚度中心向北迁移，吐鲁番坳陷内仍具有北厚南薄的特征；此时，博格达山开始隆升，其两侧地层厚度较厚；在三间房组沉积期，继承西山窑组沉积期的构造格局发育沉积地层，由于挤压应力的增强，沉积厚度中心继续向北迁移，南部斜坡仍发育具有控层作用的挠曲坡折，博格达山完全隆升，分割了吐鲁番坳陷与准噶尔盆地，使其独立发育；在七克台组沉积期，由于南北向挤压应力的再度增强，沉积厚度中心迁移至博格达山前，在湖盆中心开始发育低凸，控制着沉积的发育，博格达山持续隆升提供物源；晚侏罗世之后至第四纪，开始了多期次的拉张与挤压构造活动，总体地层厚度仍为北厚南薄，坳陷沉积范围萎缩，在吐鲁番坳陷南部斜坡、中部及北缘盆地发育多期次逆断层，形成现今构造格局。

2. 剖面 BB′(SY02-174)构造演化分析

剖面 BB′仍为南北向剖面，其从北至南依次为准噶尔盆地、博格达山地区、吐鲁番坳陷(图 2-6)。坳陷内部从北向南依次横跨恰勒坎构造带、胜北构造带、台南凹陷，依次跨越台参 2(Tc2)井、陵深 2(Ls2)井、玉探 1(Yt1)井、鲁南 3(Ln3)井。吐鲁番坳陷内从早侏罗世至第四纪地层厚度均呈现南薄北厚的趋势，且其沉积厚度中心持续向北迁移：早侏罗世时期(八道湾组、三工河组)，南部斜坡 Ln3 井与 Yt1 井之间发育两条具有控砂作用的正断层，其下盘地层厚度明显增加，博格达山未隆起仍处于水下，为汇水区；中侏罗世西山窑组沉积期，早期南部斜坡具有控层作用的正断层开始停止活动，南北向的挤压作用力开始作用，使其开始变为具有隐伏作用的挠曲坡折，控制地层的发育，博格达山开始隆升，其上地层开始减薄；中侏罗世三间房组沉积期，先存挠曲坡折控制着地层的发育，博格达山隆升出露水面，开始提供物源，分割了准噶尔盆地及吐鲁番坳陷；中侏罗世七克台组沉积期，南北向挤压应力的持续增强，使得湖盆中心发育低凸，博格达山持续隆升；晚侏罗世至第四纪构造运动主要为吐鲁番坳陷现今构造的定型期。

3. 剖面 CC′(TB99-244)构造演化分析

剖面 CC′为吐鲁番坳陷东部南北向剖面，向北跨越博格达山地区延伸至准噶尔盆地东南缘(图 2-7)。吐鲁番坳陷内部其从南到北依次横跨照壁山构造带、丘东凹陷、温吉桑构造带

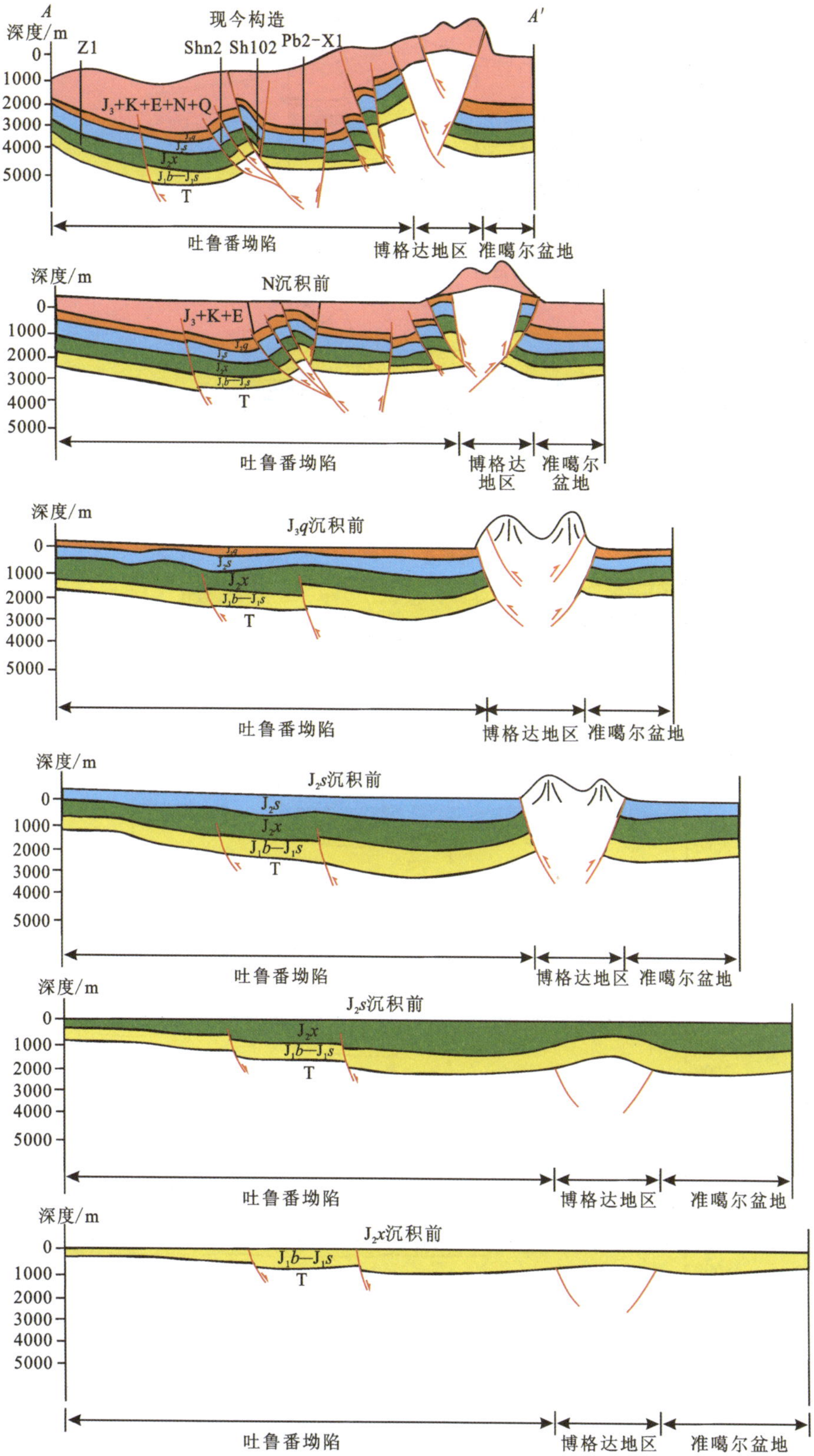

图 2-5 南北向剖面 AA'(T02-138)构造演化示意图

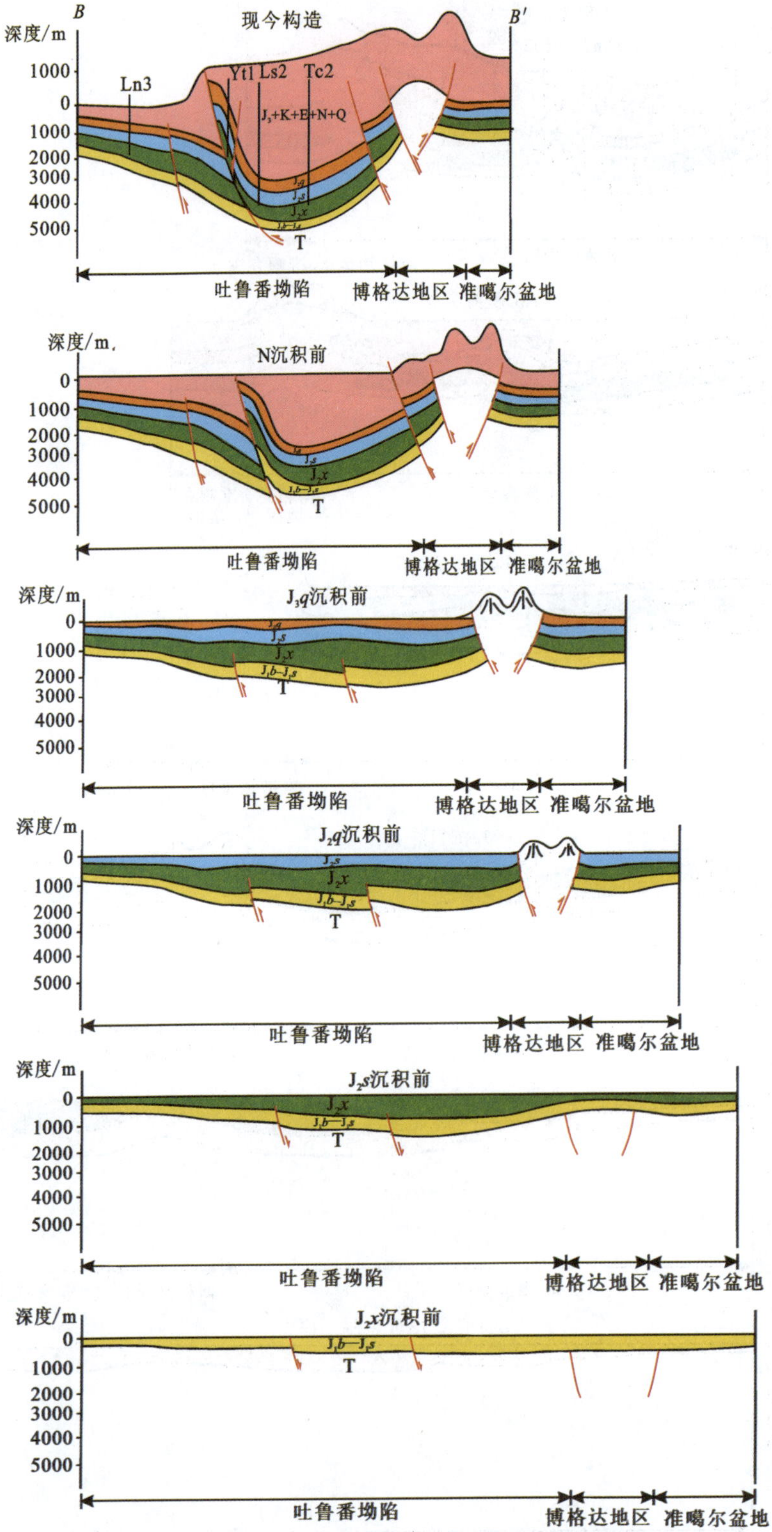

图 2-6　南北向剖面 BB'(SY02-174)构造演化示意图

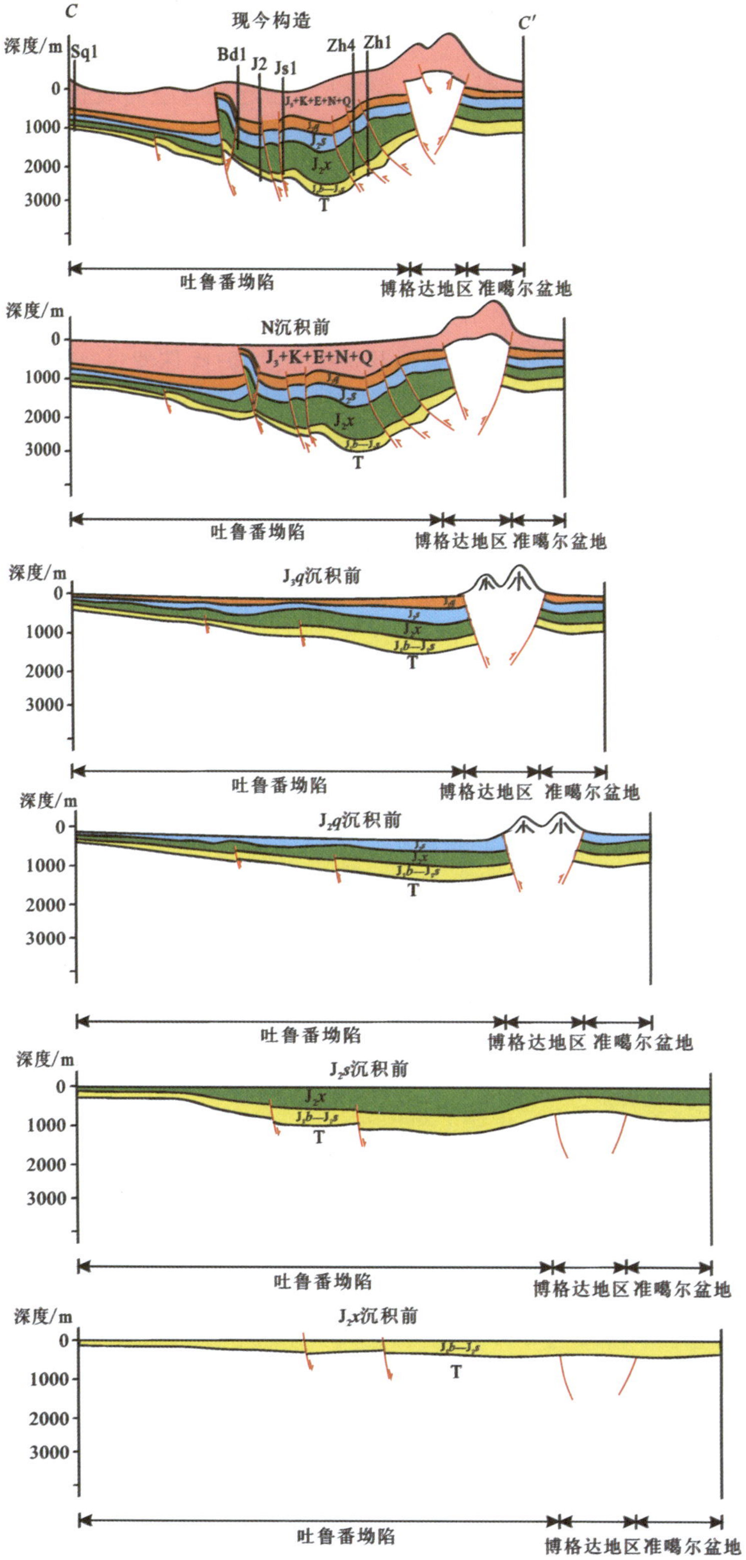

图 2-7　南北向剖面 CC′(TB99-244)构造演化示意图

及南部塔克泉凸起。主要从北到南井位为照1(Zh1)井、照4(Zh4)井、吉深1(Js1)井、巴东1(Bd1)井、沙泉(Sq1)井。早侏罗世八道湾组至七克台组其沉积厚度中心有持续向北迁移的过程。早侏罗世时期(八道湾组、三工河组)南缘塔克泉凸起发育挠曲坡折,坳陷内部Bd1、吉2(J2)井之间、吉深2(Js2)与Js1井之间发育具有拉张作用的断裂,其下盘具有地层加厚的特征,博格达山地区还未隆升,依然成为吐鲁番坳陷及准噶尔盆地的汇水区,为广盆发育;中侏罗世西山窑组沉积期,为应力转换期,南部斜坡两条断裂停止活动,转变为挠曲坡折,博格达山初见隆升迹象,其上沉积地层开始减薄;中侏罗世三间房组—七克台组沉积期,由于挤压作用的再度增强,坳陷内部挠曲控制作用增强,坳陷中心开始发育低凸构造,博格达山完全隆升,提供物源,使得吐鲁番坳陷及准噶尔盆地开始独立发育;晚侏罗世—第四纪开始挤压应力增强,发育多期次旋回的构造运动形成现今的构造特征。

4. 剖面 DD'(T92-303)构造演化分析

剖面 DD' 为东部南北向剖面,北部至南依次为准噶尔盆地、博格达山地区及吐鲁番坳陷(图2-8)。坳陷内部自北向南跨越大步构造带、红台构造带及南部斜坡构造带。早侏罗世八道湾组至七克台组其沉积厚度中心有持续向北迁移的过程。早侏罗世(八道湾组、三工河组)南北斜坡发育挠曲坡折带,在红台构造带以北发育具有拉张作用的正断层,其下降盘的厚度明显增厚,此时博格达山还未隆升,该地区地层厚度较厚;中侏罗世西山窑组沉积期,由于南北向的挤压,使得早期正断层转变为隐伏挠曲坡折控制着沉积的发育,博格达山由于挤压作用开始隆升,其上地层厚度减薄;中侏罗世(三间房组—七克台组沉积期)由于挤压作用的增强,盆地沿短轴方向萎缩,坳陷中心开始出现低凸,分割南北;而博格达山完全隆升,分割吐鲁番坳陷及准噶尔盆地,使其两者独立发育;晚侏罗世—第四纪经历了多期次的构造演化形成现今构造格局。

5. 剖面 EE'(SY97-1)构造演化分析

剖面 EE' 为吐鲁番坳陷东西向剖面,横跨东西,自西向东依次为桃树园、葡北、胜北、丘东、萨克桑、红台构造带(图2-9)。早侏罗世时期(八道湾组、三工河组)总体呈西高东低的格局,胜北和丘东为两个沉积洼陷区,鄯善地区[台参(Tc1)井右侧]为一水下沉积高地,西部葡北地区与火北1(Hb1)井间为坡折区,为有利的岩性圈闭发育区,西部为发育坡折,东部不甚发育;中侏罗世(西山窑组)继承早侏罗世地层格局,继续沉积发育,其沉积厚度较大;从中侏罗世三间房组沉积开始,东部逐渐抬升,丘东洼陷沉积厚度变小直至消失,胜北洼陷沉积厚度较大,洼陷主体位置位于Tc2与Tc1井之间;七克台组沉积期,地层仍具有西厚东薄的特点,且其总体厚度较薄,葡北坡折带在七克台组沉积前较发育,之后以缓坡为主,为岩性圈闭发育有利区;晚侏罗世—第四纪地层坳陷北部发育多次逆冲断层及挤压活动造成了现今格局。

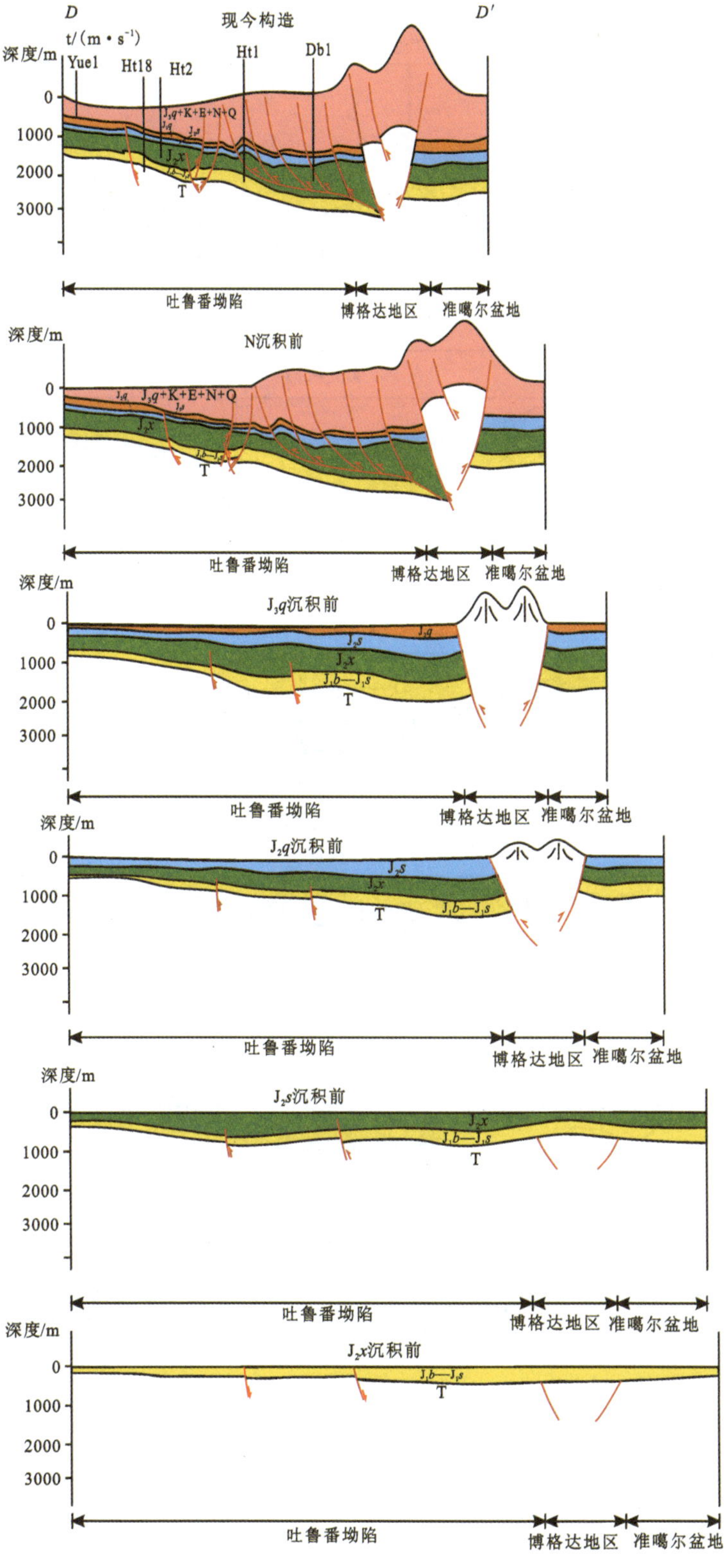

图 2-8 南北向剖面 DD'(T92-303)构造演化示意图

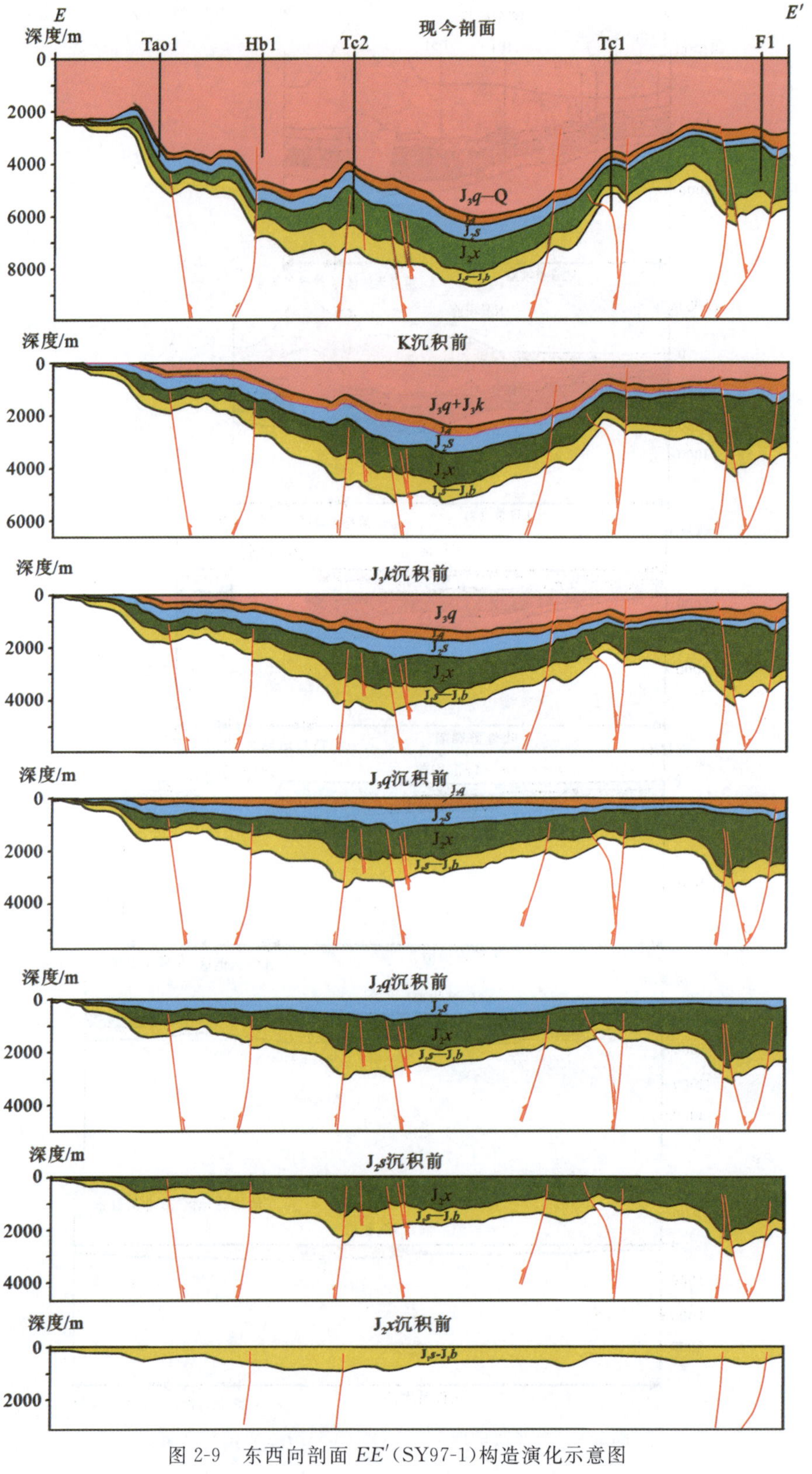

图 2-9　东西向剖面 EE'(SY97-1)构造演化示意图

第四节　吐鲁番坳陷早中侏罗世构造演化模式

侏罗纪西北地区在大拉张的构造应力背景下，吐鲁番坳陷早中侏罗世总体上经历了由拉张到挤压的构造应力转变，其坳陷构造类型也发生着改变，其不同坳陷构造下具有控层作用的古地貌也发生着改变，经过对坳陷内部 5 条构造演化剖面（4 条南北向，1 条东西向）的分析，发现坳陷类型总体经历了 3 种演化：早侏罗世拉张背景下的南部断阶类型、中侏罗世西山窑组沉积期挤压隐伏断坡过渡构造类型、中侏罗世三间房组—七克台组沉积期挤压抬升湖心低凸构造类型（图 2-10）。

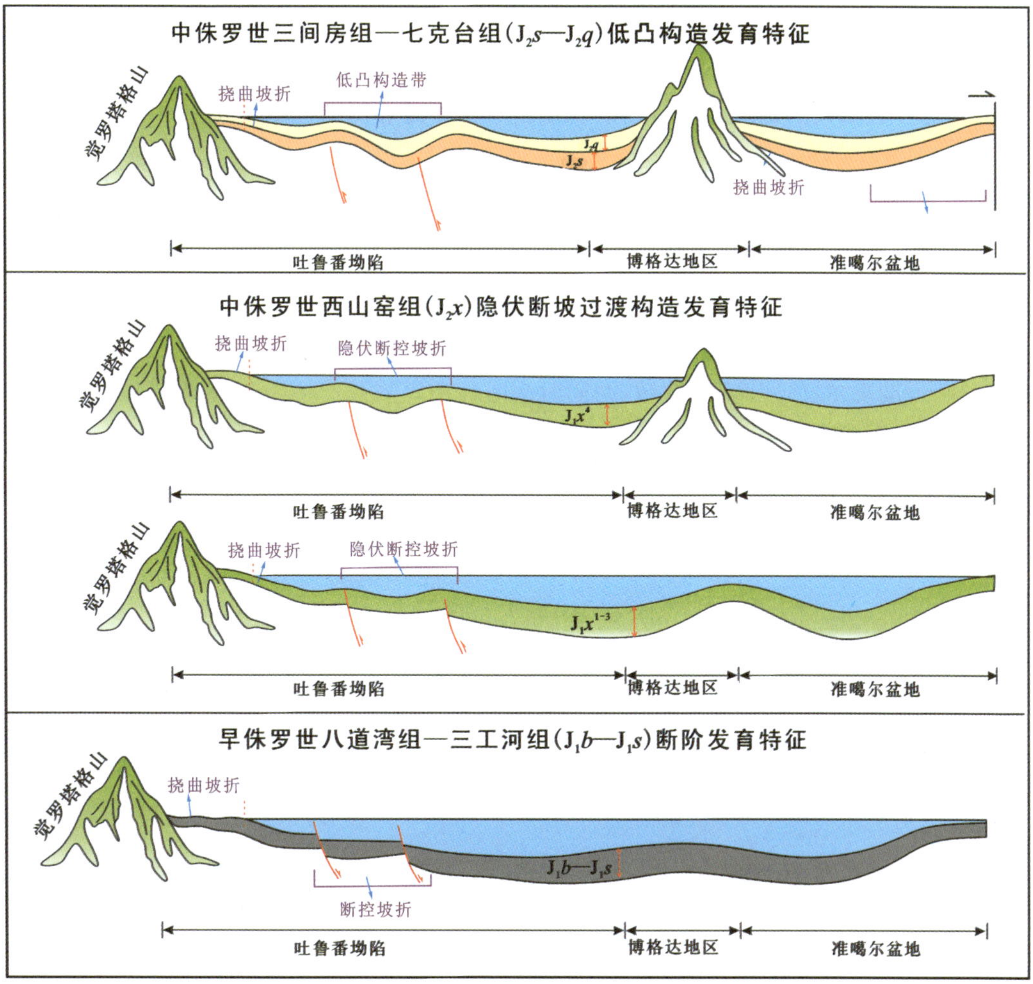

图 2-10　吐鲁番坳陷早中侏罗世坳陷构造演化示意图

1. 早侏罗世拉张背景下的南部断阶类型

早侏罗世吐鲁番坳陷，总体处于弱拉张环境的构造背景，由于断陷作用，湖盆面积较广且湖水相对较深，南部觉罗塔格山持续提供物源，博格达山仍未隆起且处于水下，不提供物源，该地区物源来自更北侧的准噶尔盆地，为辫状河三角洲沉积，而沉积中心位于靠一级断阶前端的湖盆中心。坳陷结构主要特征为：南部为两级断坡的斜坡古地貌特征，而坳陷北部为沉积中心。它的南部斜坡挠曲坡折控制了砂体进入湖盆的搬运路径和空间展布，在断坡带以下提供较大的可容纳空间，致使砂体在断坡以下被快速卸载堆积，形成砂体堆积区带。

2. 中侏罗世西山窑组沉积期挤压隐伏断坡过渡构造类型

进入中侏罗世西山窑组沉积期，吐鲁番坳陷开始进入由拉张转变为挤压的构造背景，南北向的挤压作用，导致坳陷整体抬升，湖盆沉积范围缩小，沉积中心向北迁移，湖水相对于早侏罗世时期变浅，湖面变窄，南部斜坡开始抬升变缓，两级断坡开始由拉张转变为逆冲性质的隐伏断坡，隐伏断坡之上地层由于挤压变形，开始逐渐形成低凸，但未形成凸起；北侧博格达山中侏罗世开始缓慢隆升，西山窑组沉积末期完全隆升，并开始提供物源。

3. 中侏罗世三间房组—七克台组沉积期挤压抬升湖心低凸构造类型

三间房组—七克台组沉积期，由于燕山构造运动的增强，南北向挤压应力持续增强且坳陷继续抬升，使得沉积范围再度缩小，湖水深度更浅，湖面更窄，沉积中心持续向北迁移至博格达山前，由于挤压抬升，南部斜坡变得更缓，两级断坡的断层发生反转成为逆断层，在西山窑组沉积期晚期，形成低凸雏形，由于南北向挤压构造应力增强，在三间房组沉积期，逆断层继承性发育，于七克台组沉积期开始发育为控制沉积的规模低凸。此阶段，博格达山已完全隆升，分割了准噶尔盆地和吐哈盆地，并同时向吐鲁番坳陷及准噶尔盆地提供物源，控制了吐鲁番坳陷北缘沉积。

第三章　吐鲁番坳陷中下侏罗统层序地层格架构建

层序地层学是油田勘探开发重要的理论依据，层序地层单元划分是储层评价和油藏开发的基础。经典层序地层学（Vail et al.，1988）、陆相湖盆层序地层学（李思田，1995）是以地层不整合或可与该不整合对应的整合界面为层序的边界，并与岩性分层具有很好的对应关系。针对吐鲁番坳陷中下侏罗统的地层岩性变化快、厚度变化不稳定、煤系地层发育等特征，本次采用经典层序学、陆相湖盆层序地层学为理论基础，对吐鲁番坳陷中下侏罗统进行地层层序格架建立。

众所周知，在层序地层学研究中最关键的是层序界面的识别，这是层序划分的基础和前提。层序界面的识别是层序地层学研究的基础与关键，层序界面是受构造活动、湖平面升降、气候变化和物源供给等因素综合控制的，其中构造运动和气候变化是影响陆相层序地层形成的主控因素（肖冬生和杨占龙，2013）。层序界面的识别主要从露头、地震、钻井、测井、岩相和地球化学等资料方面进行分析。

第一节　野外露头层序地层学分析

本次研究主要采用地质分析法，主要基于岩芯观察和露头研究，通过沉积学和岩石学分析识别相对海平面旋回变化，实现不同级别层序地层单元的划分。岩芯资料蕴含丰富的古环境信息，是精细层序单元划分的可靠依据。露头层序地层学是基于岩石露头进行层序划分的一种方法，通过观察岩石露头的岩性变化、沉积构造、叠置关系及相序变化实现层序地层单元划分。岩石露头可客观地反映地层的空间变化，真实再现层序变化的界面特征。露头具有高分辨特点，可以采取不同的尺度对其微观特征进行分析和总结。地表露头相比井点数据在数量上占绝对优势，且比岩芯和测井数据容易获取，属于高性价比资料。地质分析法是层序单元划分最可靠的方法，是一切层序研究方法的基础，适用于各类沉积体系的层序地层研究。

露头层序地层学是基于岩石露头进行层序划分的一种方法，通过观察岩石露头的岩性变化、岩性颜色的变化、沉积构造、接触关系及相序变化实现层序界面的识别。本次层序的划分通过对坳陷北部煤窑沟、桃树园，以及盆地中部一带连木沁、七克台组露头剖面的分析，结合构造活动、沉积环境变化，识别出本区中下侏罗统共存在 4 个三级层序界面（SB_1～SB_4）、3 个三级层序、9 个体系域、13 个四级层序（图 3-1、图 3-2）。

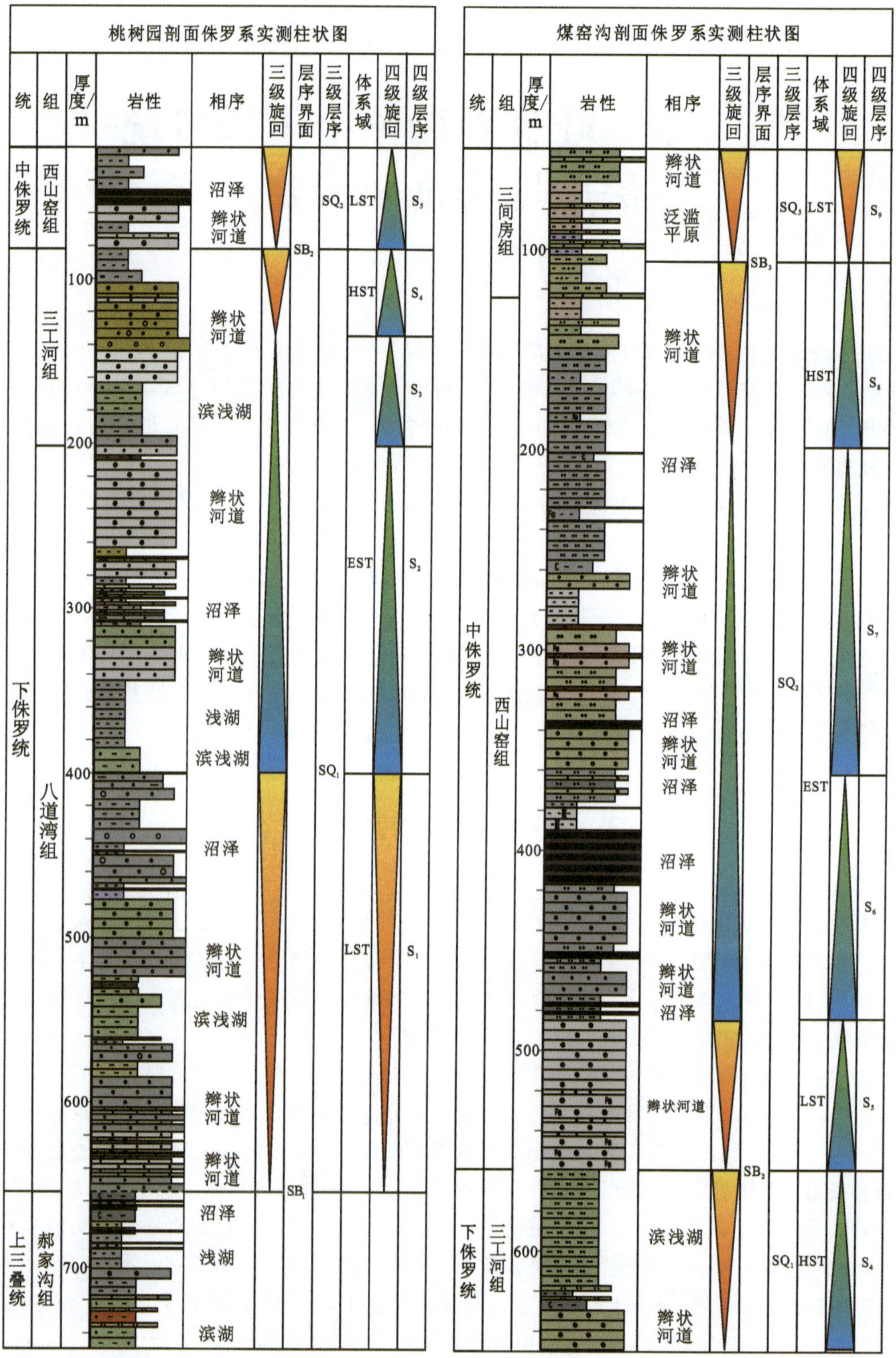

图 3-1 吐哈盆地桃树园+煤窑沟侏罗系野外露头实测剖面示意图

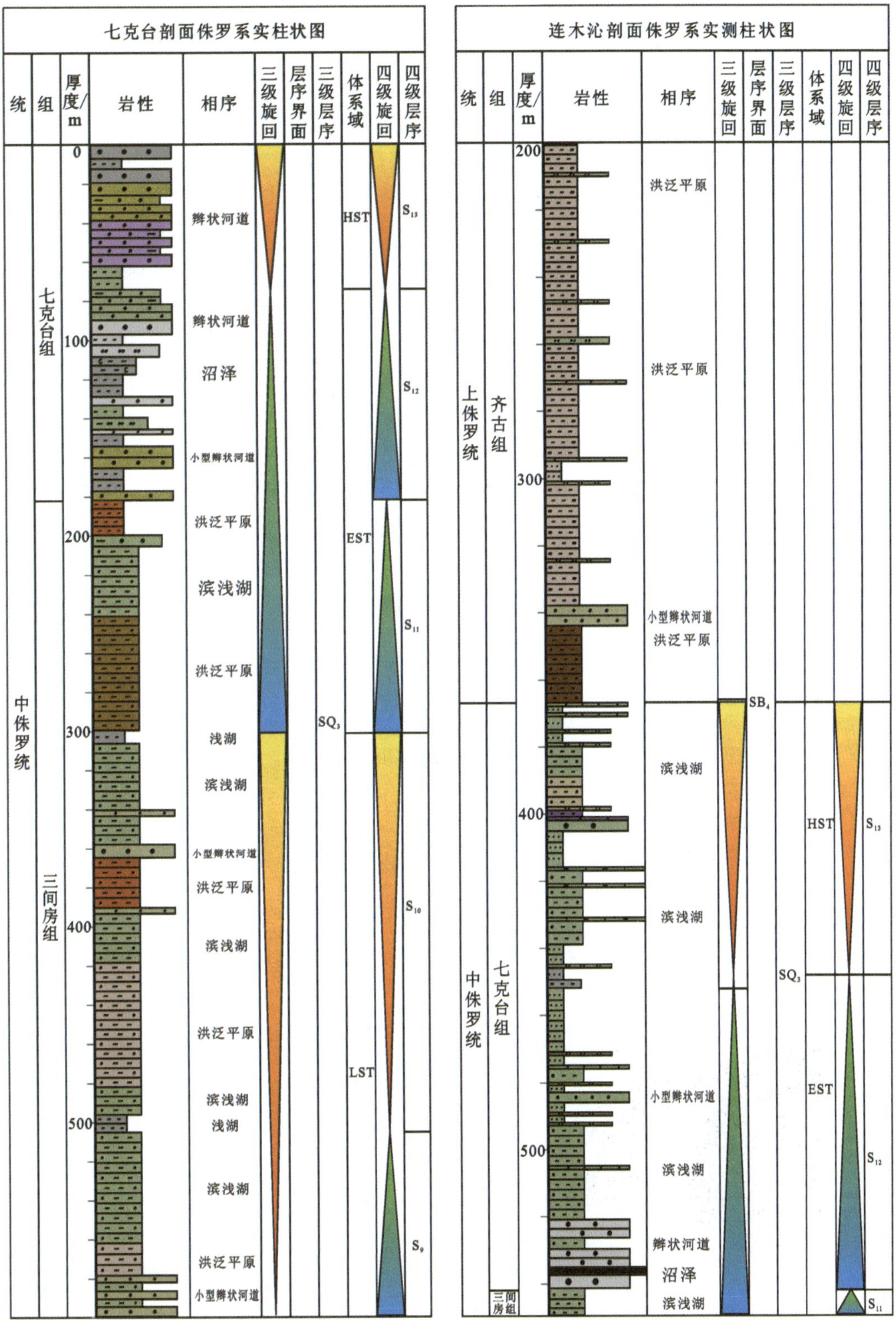

图 3-2 吐哈盆地七克台+连木沁侏罗系野外露头实测剖面示意图

一、野外露头三级层序界面的识别与划分

本区中下侏罗统第一个三级层序界面 SB_1 为上三叠统顶部郝家沟组与下侏罗统八道湾组底部之间的区域平行不整合面，上三叠统顶部郝家沟组发育滨浅湖沉积的黄绿色、浅灰色、灰绿色细—粉砂岩与上覆地层八道湾组底部发育的辫状河道沉积的块状砂砾岩呈冲刷接触，该界面反映了上三叠统晚印支运动的构造活动界面，为第一个三级层序 SQ_1 的底界面(图 3-1)；第二层序界面 SB_2 为中侏罗统西山窑组与下侏罗统三工河组之间的分界面，该界面之下为三工河组，顶部为一套全区稳定的湖相灰绿色泥岩，俗称“毡子层”，界面之上为西山窑组底部辫状河道灰白色块状含砾粗砂岩、细砾岩，该界面具有大型的河道冲刷面，为一岩性转换面，为三级层序 SQ_1 与 SQ_2 的分界面(图 3-3)。第三层序界面 SB_3 为西山窑组顶部与三间房组的分界面，界面之下为西山窑组辫状河道灰黄色、灰色细砂—粗砂岩，界面之上为三间房组泛滥平原棕色、棕红色泥岩及泥质粉砂岩互层，该界面为区域上的角度不整合，反映晚燕山运动构造界面，相当于 SQ_2 与 SQ_3 的分界面(图 3-4)。第四层序界面 SB_4 为中侏罗统七克台组顶部与上侏罗统齐古组之间的分界面，界面之下为七克台组滨浅湖沉积灰绿色泥岩及棕红色砂岩互层，界面之上为洪泛平原沉积砖红色泥岩及棕红色砂岩，该界面为一由较湿润气候转换为干旱气候的气候转换面，相当于三级层序 SQ_3 的顶界面(图 3-5)。

图 3-3　煤窑沟侏罗系三工河组与西山窑组接触面

图 3-4　煤窑沟侏罗系西山窑组与三间房组接触面

图 3-5　连木沁侏罗系七克台组与齐古组接触面

二、野外露头层序内部划分及发育特征

根据对野外露头的观察和分析，三级层序 SQ_1 内部由多个四级层序组成，内部可进一步划分为 4 个四级层序（S_1～S_4）（图 3-1、图 3-6A）。低位体系域（LST）相当于八道湾组一段，四级层序 S_1，底部发育辫状河道及滨浅湖，主要岩性为底部含砾粗砂、细砾岩及砂质泥岩，中部发育辫状河道及沼泽沉积，为细砾和中砂岩与粉砂质泥岩、薄煤线，顶部发育滨浅湖细粒沉积。湖扩体系域（EST）发育 2 个四级层序，相当于八道湾组二段，S_2 和三工河组一段，S_3，四级层序 S_2 底部为浅湖细粒沉积，向上发育辫状河道及沼泽沉积，为灰白色中—粗砂岩、砂质泥岩及薄煤线，顶部发育厚层辫状河道砂岩沉积；S_3 底部发育滨浅湖灰绿色泥岩沉积，顶部发育为厚层辫状河道沉积。高位体系域（HST）发育 1 个四级层序 S_4，对应于三工河组二段，底部发育辫状河道砂岩沉积，向上过渡为滨浅湖细粒沉积。

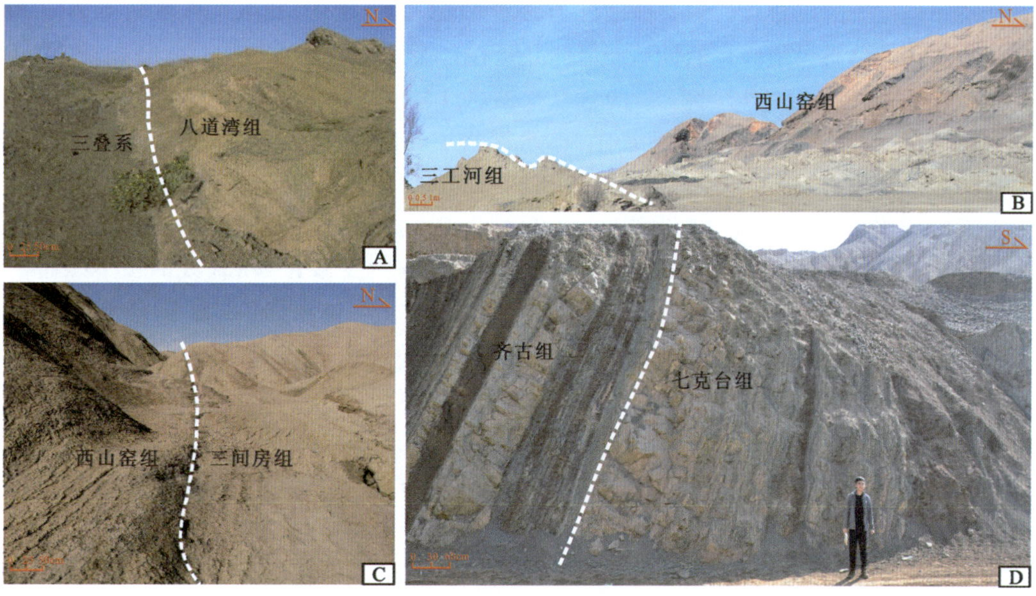

图 3-6　吐鲁番坳陷三级层序界面的识别与划分

SQ_2内部划分为4个四级层序(S_5～S_8)(图3-1、图3-6B)。低位体系域(LST)相当于西山窑组一段，S_5，主要为厚层辫状河道砂砾岩沉积。湖扩体系域(EST)包括2个四级层序：西山窑组二段，S_6及西山窑组三段，S_7，为煤系发育层段。S_6主要发育辫状河道厚层砂岩、沼泽煤层及砂质泥岩交替沉积；西山窑组三段，S_7仍然交替发育辫状河道及沼泽沉积，但其发育规律较S_6小。高位体系域(HST)含2个四级层序：西山窑组四段，S_8和三间房组一段，S_9，西山窑组四段主要发育浅湖砂质泥岩或河道间细粒沉积；三间房组一段底部发育小型辫状河道砂岩沉积，向上变为滨浅湖及浅湖细粒沉积。

SQ_3内部划分为4个四级层序(S_{10}～S_{13})(图3-2、图3-6C、图3-6D)。低位体系域(LST)主要包括1个四级层序：三间房组二段，S_{10}，主要发育滨浅湖沉积，中部夹有洪泛平原细粒及小型辫状河道沉积(图3-6C)；湖扩体系域(EST)包含2个四级层序，三间房组三段，S_{10}和七克台组一段，S_{11}，三间房组三段主要发育滨浅湖细粒沉积；七克台组一段底部发育小型辫状河道沉积夹沼泽煤线沉积，向上发育滨浅湖沉积；高位体系域(HST)相当于七克台组二段，S_{13}，主要发育滨浅湖细粒沉积及小型水下分流河道沉积(图3-6D)。

第二节　单井层序划分与连井剖面层序地层对比分析

一、单井层序界面的识别与划分

测井资料是油田开发过程中的重要基础数据。地层沉积是不同级次层序单元的组合，相对海平面升降引起的岩石学、矿物学、沉积学及构造学特征在测井曲线上具有较好的响应，通过对测井曲线进行分析转换和信息提取，建立测井对层序旋回的响应模型，进而实现地层单元的划分。测井曲线不但纵向分辨率较高，而且曲线形态具有横向对比性，定量解释模型可以实现层序地层研究定量化。测井曲线法有多种方法，通过比较，其中自然伽马及电阻率测井比较适用于吐鲁番坳陷。自然伽马能谱测井是在自然伽马测井的基础上发展起来的，可以定量测试元素铀(U)、钍(Th)、钾(K)的含量。铀(U)含量与有机碳含量、钾(K)含量与黏土矿物含量均呈正相关关系，相对海平面上升，水深增加，有机碳含量和黏土矿物含量均增高，最大海泛面处一般出现测井曲线高值，元素比值(U/Th和K/Th值)的变化指示海平面升降或基准面的变化，其中U/Th和K/Th值降低指示正常海退或基准面下降，U/Th和K/Th值升高反映海侵过程或基准面上升，因此可以通过U/Th曲线和K/Th曲线的包络线在垂向上的变化趋势进行层序地层的划分。电阻率测井的响应是不同周期层序旋回信息综合叠加的结果，不同频带信号代表着不同周期的地层旋回，其中低频信号表征周期较长的地层旋回，高频信号可用来识别短周期地层旋回，旋回中的层序界面和沉积作用转换面可用频带信号中的突变点来界定。

单井层序界面的识别包括对钻井、测井资料的分析识别，主要是对岩性旋回组合及测井曲线形态变化的识别。岩性组合的变化代表沉积环境的强弱，测井曲线的变化，如GR测井曲线值的高低代表沉积环境的强弱。在单井上通过这两种手段对吐鲁番坳陷中下侏罗统各级层序界面进行识别。例如葡14(P14)井(图3-7)J_1b：上下煤系地层，两旋回；分为上下煤层；

上煤层以低伽马(GR)、高电阻(RT)，层数少而厚为特征，一般厚度为 10～60m；下煤层以低伽马、高电阻，层数多而薄为特征，一般厚度为 5～15m。J_1s：整体曲线为两个正旋回，发育两套砂泥组合，测井曲线为两个正旋回特征，顶部发育一套区域性高伽马泥岩(俗称“毡子层”)，顶界与西山窑组底部辫状河道砂岩相区分。J_2x：Ⅰ砂组为一套砂岩＋泥岩，无煤层且层薄；Ⅱ、Ⅲ砂组多发育黑色煤层；Ⅳ砂组基本没有煤层发育；SP、GR 测井曲线具有高齿化特征。J_2s：全区特征主要为灰色泥岩、杂色泥岩与砖红色粉砂岩不等厚互层，J_2s^1 与 J_2s^2 以 GR 测井曲线值突然变高为界，以上划分两个旋回，以长段低 GR＋低 RT 底界为界划分；顶界与

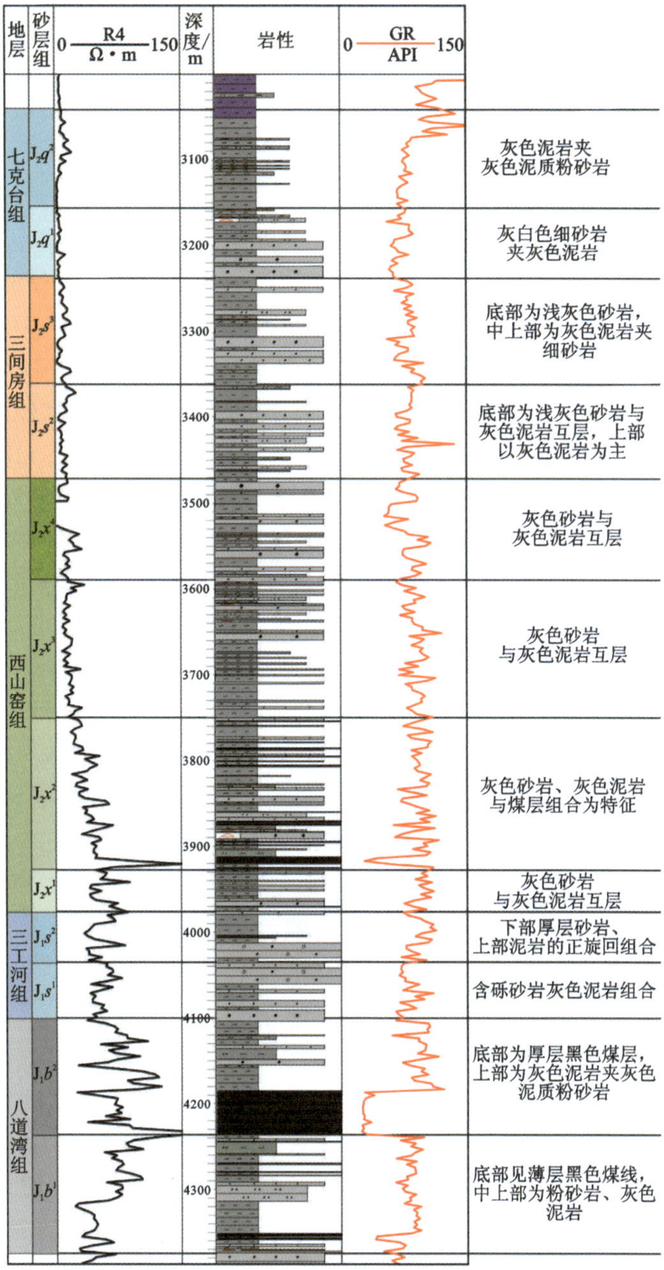

图 3-7　葡 14 井单井层序界面识别示意图

七克台组底界附近煤层相区分，底界与西山窑组高齿化 RT+GR 曲线形态相区分。J_2q：整体特征以厚层泥岩、泥质粉砂岩，底部含薄层线为主，J_2q 内部 GR+RT 低值转换带划分上下旋回；底界附近以薄层煤层与三间房组区分，顶界与齐古组砖红或棕红色砂岩、灰白色泥岩互层区分。

二、连井层序界面的识别与划分

单井的识别只局限于某个构造带层序界面的识别，而连井可以有效地对全区多个构造带之间的层序界面进行识别。本次研究优选研究区重要构造带内近东西向和南北向的连井剖面进行层序地层对比与划分，着重分析工区内不同构造带内四级层序的测井曲线形态特征以及岩性旋回特征，建立本区层序地层格架。

1. 吐鲁番坳陷东西向连井剖面层序地层特征

本次选择近东西向剖面：横跨葡萄沟构造带、胜北洼漕、鄯鄯弧形带、丘东洼漕、疙瘩台、红台、十三间房构造带。总体而言，三级层序 SQ_1 地层厚度在全区相对稳定，由于本区钻遇八道湾组、三工河组的井较少，四级层序 S_1 及 S_2 根据其岩性旋回分析，S_1 主要以多数薄煤层与砂岩、砂泥岩岩性组合为特征；S_2 则以少数厚煤层与砂岩、泥岩互层为特征，可通过附近所钻遇井位预测对比，层厚在全区稳定，可对比变化不大；S_3 以湖相泥岩与一套较纯辫状河道砂岩为主要特征；S_4 底部为辫状河道砂沉积，顶部以一套全区可对比的具有高 GR 测井曲线形态的湖相泥岩，为 SB_2 界面特征。三级层序 SQ_2 总体地层厚度在西部斜坡、葡萄沟、东部十三间房地层较薄，其他构造带较厚，为主要的煤系发育地层，RT、GR 测井曲线形态具有高幅巨齿状形态，沉积中心应在东部丘东洼漕附近，层序 SQ_2 中四级层序 S_5 全区较薄，东部房 1(F1)井较厚；S_6 整体而言西部层厚较东部地层薄，台参 1、吉深 1、疙 18(Ge18)、红台 2(Ht2)及房 1 井地层较厚；S_7 层厚由台参 1、陵深 1(Ls1)、疙 18 井向两侧减小；S_8 仍具有台参 2、陵深 1、疙 18、红台 2 井较两侧厚的特征，为一套锯齿状 GR 及 RT 测井曲线形态的辫状河道砂岩及湖相泥岩沉积；S_9 在全区厚度较薄，但在两侧台参 2、红台 2 及房 1 井出现加厚(较其他构造带厚)的特征；S_9 浅灰色泥岩，俗称“泥脖子”，与上部 SQ_3 的杂色砂泥岩相区分，作为 SB_3 层序界面。不难看出 SQ_3 整体除西部斜坡 S_{13} 被剥蚀外，整体厚度变化不大。S_{10} 在台参 2 井附近层厚增加，较其他构造带厚；S_{11} 则变为疙 18 井附近地层加厚；S_{12} 全区地层稳定；S_{13} 在西部斜坡被剥蚀，其他地区地层稳定可对比，其顶部灰绿色泥岩与上覆地层砖红色泥岩相区分，作为 SB_4 层序界面(图 A-46)。

2. 吐鲁番坳陷西部近南北向连井剖面层序地层特征

西部南北向连井剖面选择跨台南斜坡、玉北构造带、胜北洼漕及恰勒坎构造带。主要选取鲁南 3—玉探 1—台参 2—恰深 1(Qs1)为连井对比。总体厚度北部山前恰勒坎构造带较其他 3 个构造带地层厚度更厚，这与燕山运动及喜马拉雅运动挤压地层，使其加厚有关。层序 SQ_1 与 SQ_2 层厚较恰勒坎构造带薄且其层厚有向台南斜坡带逐渐减薄的趋势。SQ_3 低位及湖扩体系域依次延续该特征，但四级层序 S_9 在向台南斜坡减薄的同时地层尖灭于斜坡之上，这与燕山运动Ⅱ幕的南北向挤压运动密切相关，导致其上升隆起被剥蚀；高位体系域时，S_{13}层厚为玉北及胜北构造带，较厚于其他 2 个构造带（图 A-47）。

3. 吐鲁番坳陷东部近南北向连井剖面层序地层特征

东部南北向剖面选择南部沙泉湖斜坡、七克台构造带、温吉桑、照壁山构造带。选择井位沙泉 1 井、巴东 1 井、吉 2 井、吉深 1 井、照 4（Zh4）为连井剖面。地层厚度除了沙泉湖斜坡 SQ_1、SQ_2、SQ_3低位体系域及湖扩体系域早期被剥蚀外，总体变化不大，较稳定。由于钻遇 SQ_1井位较少，可通过附近井位对比分析，其层厚除沙泉湖被剥蚀外，其他 3 个地区较稳定。SQ_2中 S_5地层吉深 1 井较巴东 1、吉 2、照 4 井薄，沙泉 1 井被剥蚀；S_6厚度有北部山前厚向南部逐渐减薄尖灭的特征；S_7层厚为吉 2 井较两侧厚，沙泉 1 井被剥蚀；S_8有巴东 1 井较北部地层厚、沙泉 1 井被剥蚀的特征，表明沉积中心有向南部迁移的特征。SQ_3地层厚度稳定，且基本特征为地层厚度由北部山前向南部逐渐减薄至沙泉斜坡上尖灭的趋势（图 A-48）。

第三节　地震层序界面对比

层序地层学是在地震地层学的基础上发展起来的学科。由于地震资料具有覆盖面广、空间连续、信息丰富等特点，使其成为建立等时地层格架的主要资料。地质体的外部形态和叠置关系在地震剖面上具有特定的响应特征，这也是地震资料应用于层序地层划分的地质依据。地震反射的终止方式是层序划分中最直接、最可靠的方式，主要表现为层序顶部削蚀与顶超、层序底部上超等现象。其中削蚀是相对海平面下降，地层遭受长期淋滤或剥蚀形成的、具有一定规模的不整合面，不整合面规模的大小是层序级别的反映；顶超代表相对海平面缓慢上升至开始下降时期，形成于沉积物供给充足、可容纳空间受限的条件；上超是相对海平面上升发生退积作用，沉积物在上倾方向覆盖于非相邻连续地层上，而下超是前积作用的结果，沉积物在下倾方向覆盖于非相邻连续地层上。通过识别地震反射的终止方式可以进行层序界面的划分（图 3-8）。

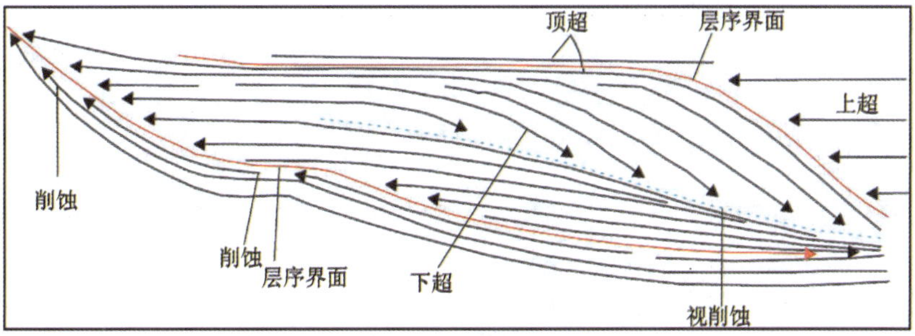

图 3-8　不同类型地震反射终止类型

体系域是由一连串有成因联系的同时代沉积体系所组成，地震剖面能较好地反映沉积体的外部形态和空间叠置样式，可有效指导体系域划分。其中低位体系域以海底扇和峡谷充填沉积为主，海底扇表现为连续性较差的双向前积构型，峡谷充填表现为杂乱前积构型或斜交前积构型;海侵体系域底界在地震剖面上与低位体系域为顶超接触关系,上部为平行连续反射。最大海泛面的下部为削蚀接触关系,上部为下超关系。高位体系域以加积和进积作用为主,地震剖面上具有顶超型前积反射结构。

在地震剖面上,识别层序界面,一是根据界面上下的地震反射终止样式,包括削截、视削截、顶超、上超等。强烈的削截和上超往往与区域不整合面对应,是二级层序界面的标志,而对于三级层序,这些现象主要发育在盆地边缘。吐哈盆地内部的大部分地区地层处于平行不整合或平行整合的情况,在盆地边缘斜坡发育少量地层削截现象(图 3-9)。

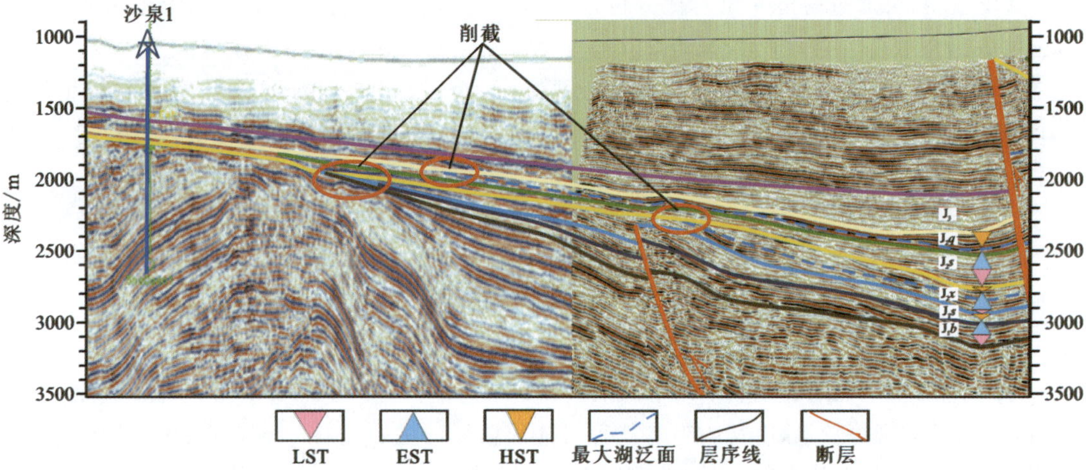

图 3-9　吐哈盆地边缘斜坡地层削截现象

吐哈盆地中下侏罗统总体地层厚度为北厚南薄,并有由北向南逐渐减薄并尖灭的特征。中下侏罗统 3 个三级层序界面总体特征为三套强连续强振幅反射与上下弱反射组合,展现明显的三分性,反映了中下侏罗统三套煤系地层特征,层序内部最大湖泛面在 SQ_1 及 SQ_2 表现为弱反射,为强反射顶部;SQ_3 则表现为强振幅反射(图 3-10);由于不同构造带沉积特征差异,不能随处可见地层削截现象,在本区南部斜坡上与物源相同方向才有可能见到典型的层序地层关键界面(图 3-10)。

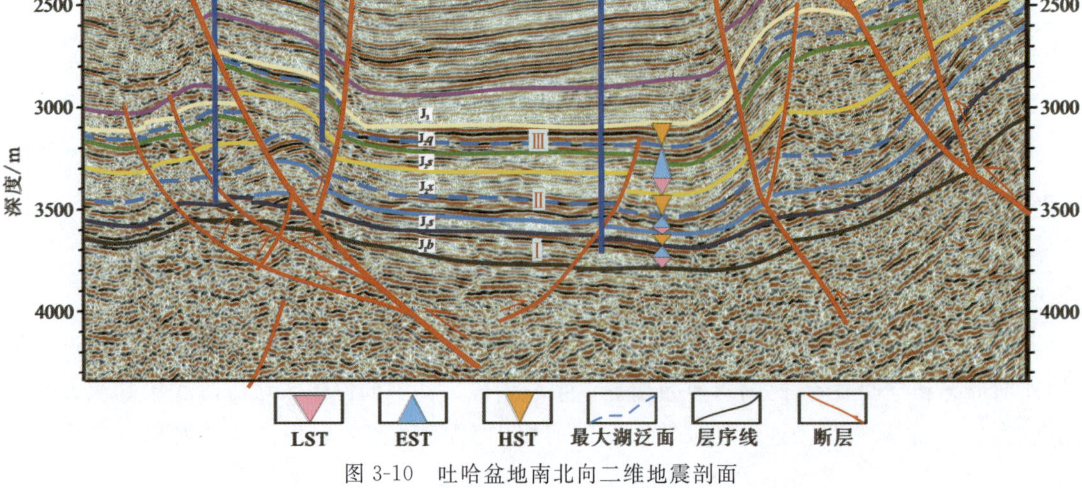

图 3-10　吐哈盆地南北向二维地震剖面

第四节 吐鲁番坳陷中下侏罗统地球化学层序地层学分析

Bohacs 等将层序地层学和有机地球化学相结合，正式提出了层序地层地球化学概念，从而开启了将地球化学方法应用于层序地层研究的思路。它的地质依据为：海平面升降或气候旋回引起沉积环境变化，造成地层记录中具有不同的地球化学响应特征，通过研究地层中地球化学参数的变化趋势可识别重要地层界面，实现层序地层单元的划分。目前，常用微量元素 Sr、Ba、Ca、Fe、B、Ga、V、Cr、Mg、Cu、Ni 的质量分数及其相关比值的大小与变化来研究古沉积环境特征。本次研究分别计算 Sr/Ba、Sr/Ca、Ca/(Ca＋Fe)、B/Ga、V/(V＋Ni)、V/Cr、Mg/Ca、Fe/Mn、Sr/Cu 等比值来研究古水体介质条件，判断吐鲁番坳陷古盐度特征，氧化还原特征以及古气候条件（王鹏等，2013；许中杰等，2012；杨涵菲等，2021）。

一、微量元素识别意义及其研究方法

在沉积的发展过程中，其中所包含的微量元素迁移和富集在受到自身物化性质影响的前提下，也受到了环境的控制，因此，我们可以利用部分元素的含量以及组合特征分类识别沉积环境。

1. 微量元素对古盐度—古水深的识别方法

盐度是盐类物质含量多少的直观体现，海水中的盐类物质以 NaCl 和 KCl 为主，而这两种盐类物质是否溶于水受控于温度和压强，压强的大小取决于水体的深浅，随着温度升高及深度加深，其溶解度就越大，即盐度越大。由此可见，在浅海—半深海的范围内，随着海平面的升高或者海水深度的增加，盐度会随之增加。所以，我们可以通过计算研究区古盐度的变化特征来推测古水深的变化规律。

总体来说，每个层序的低位体系域水体较为浓缩，到了湖扩体系域有所淡化，进入高位体系域之后又开始浓缩，以此形成了一个完整的旋回。

Sr/Ba 比值：通常情况下，Sr 元素含量越低，表明气候背景越倾向于潮湿的气候，在自然界的水体中，由于 SO_4^{2-} 的含量较低，所以 Sr 元素和 Ba 元素的存在形式主要是重碳酸盐，而 Sr 相对 Ba 的迁移能力强，随着盐度的增加，Ba 易形成 $BaSO_4$，由于 $BaSO_4$ 不溶于水，会逐渐析出，同时由于 $SrSO_4$ 溶解度较大，随着盐度进一步升高，一直到 Sr 迁移到盐湖中央时，$SrSO_4$ 才会通过生物沉淀作用而逐渐沉积，因此，Sr/Ba 比值可以确定水体的古盐度高低。

一般来说，Sr 元素在咸水中含量一般为$(800 \sim 1000) \times 10^{-6}$，在淡水中的含量一般为$(100 \sim 300) \times 10^{-6}$。Sr/Ba 比值小于 1 指示淡水沉积环境，大于 1 指示海相沉积物，在这两者之间则为半咸水相，总的来讲，Sr/Ba 比值与盐度呈线性相关关系。

Sr/Ca 比值：Sr 与 Ca 相比，Sr 在海水与大洋水中都表明有绝对的和相对的富集，淡水的 Sr/Ca 明显低于咸水，虽然 Sr/Ca 比值与盐度之间并没有一个具体的计算关系，但总体来说和盐度呈正相关关系。也有学者根据中国陆相盆地研究结果认为该比值受钙含量影响比较

大，当钙的含量过高时，较咸水沉积物的 Sr/Ca 比值反而低于淡水沉积物。Ca 是常量元素，在自然界分布很广，而 Sr 属于微量元素，海水中平均含量约 8×10^{-6}，在页岩和黏土中可达 $300\times10^{-6}\sim450\times10^{-6}$。Sr/Ca 比值与水介质盐度之间尚未建立起确切的量化关系，但相对关系是存在的，即该比值高，则盐度相对高。

Ca/(Ca+Fe)比值：Ca/(Ca+Fe)的值与盐度的正比关系主要由元素 Ca 和 Fe 在水中的迁移习性不同造成，Ca/(Ca+Fe)比与盐度呈正相关关系。有人提出，淡水沉积 Ca/(Ca+Fe)<0.4，海相沉积 Ca/(Ca+Fe)>0.80。

B/Ga 比值：B 元素的迁移能力远大于 Ga 元素，所以这两种元素依次发育在湖相以及河流相之中。一般河流相泥岩中，B/Ga 比值较低，湖相泥岩中 B/Ga 值较高，并随盐度的增高而变大。B/Ga 在 0.5 和 1 之间可以指示河流—三角洲相，B/Ga 在 1.5 和 2.5 之间可以用来指示远岸开阔湖相，闭塞湖相的比值在 4 和 5.5 之间，5<B/Ga<7.5 指示非闭塞成水湖相沉积（魏巍等，2021；樊秋爽等，2021）。

2. 微量元素对氧化-还原性的识别方法

地层中微量元素的分布、分配与其形成的环境密切相关，同时许多微量元素的赋存不受成岩后环境变化的影响，因此，某些微量元素的含量，特别是相关元素的比值[V/Cr 和 V/(V+Ni)等]成为判别沉积环境的良好标志。当前判断氧化还原环境的主要微量元素有 V、Ni、Mo、U、Cr 等，这些元素对氧化还原性较为敏感，因此这些元素的比例可以用来重建沉积物所处的氧化还原环境。

V/(V+Ni)比值：V/(V+Ni)比值可以用来判断水体分层性强弱，研究表明，高 V/(V+Ni)值（0.77～0.89）时，厌氧环境出现在水体的最底部；低 V/(V+Ni)值（0.46～0.60）时，显示分层弱的贫氧环境；中等比值（0.60～0.77）时，为水体分层不强烈的厌氧环境。

V/Cr 比值：在氧化条件下，这两种元素都较易溶于水，而还原条件下都易富集在沉积物质之中，但不同的是它们的溶解以及析出被反硝化作用界线所分隔，因此可以用来判断氧化还原性。

Ni/Co 比值：Ni/Co 的比值同样可以用来证明氧化还原性，通常情况下，Ni 含量较高指示的是还原条件，反之则是氧化条件。

Cu/Zn 比值：根据前人的研究成果可知，Cu/Zn 值<0.21，沉积环境多为还原环境；Cu/Zn 值在 0.21～0.35 之间，则指示弱还原环境；Cu/Zn 值在 0.35～0.5 之间，代表此时处于还原—氧化环境（樊秋爽等，2021；冯永等，2021；宋力等，2019；范萌萌等，2019）。

3. 微量元素对古气候的识别方法

古气候的变化在一定程度上影响着微量元素的分配、组合以及比值，这是由于虽然沉积物中的微量元素分布规律主要取决于其物理化学性质，但是在物理化学性质固定的情况下，也受古气候的影响，所以，可以通过选取部分对古气候变化较为敏感的元素及其相对含量，通过其分布规律来探究古气候的变化规律。

Mg/Ca 比值：Mg/Ca 也可以用来判断古气候条件。在干旱环境中 Mg 的含量比潮湿环境中高，通常情况下，较高的比值指示干旱气候，低值则是潮湿气候的反映。

Fe/Mn 比值:在干旱环境中 Mn 的含量比潮湿环境中高,而在潮湿环境下 Fe 更易以胶体的形式析出,因此,沉积物中较低的 Fe/Mn 比值可以反映干热气候,反之则反映温湿气候。

Sr/Cu 比值:通常情况下,Sr/Cu 比值大于 1 并小于 10 时,说明此时为温湿气候;该值大于 10 则指示干旱气候(余继峰等,2021;王彤等,2020;李继东等,2020)。

4. 微量元素判别标志

在本次对研究区微量元素进行分析的前提下,结合工区实际情况,可以大致地总结出不同微量元素比值在沉积环境判断上的应用。本次研究分别计算了 Sr/Ba、Sr/Ca、Ca/(Ca+Fe)、B/Ga、V/(V+Ni)、V/Cr、Mg/Ca、Fe/Mn、Sr/Cu 等比值,并通过这些元素组合来判断其沉积环境及演化过程(表 3-1)。

表 3-1 微量元素判别标志及指标统计表

<table>
<tr><td rowspan="9">古水体盐度识别</td><td rowspan="2">Sr/Ba</td><td>Sr/Ba>1</td><td>咸水介质(海相,咸湖湘)</td></tr>
<tr><td>Sr/Ba<1</td><td>淡水介质(淡水湖泊,河流-三角洲相)</td></tr>
<tr><td>Sr/Ca</td><td colspan="2">高值反映水体盐度高</td></tr>
<tr><td rowspan="2">Ca/(Ca+Fe)</td><td>Ca/(Ca+Fe)>0.8</td><td>海相沉积</td></tr>
<tr><td>Ca/(Ca+Fe)<0.4</td><td>陆相沉积</td></tr>
<tr><td rowspan="3">B/Ga</td><td>0.5<B/Ga<1.0</td><td>河流-三角洲相</td></tr>
<tr><td>1.5<B/Ga<2.5</td><td>远岸开阔湖相</td></tr>
<tr><td>4<B/Ga<5.5</td><td>闭塞湖相</td></tr>
<tr><td rowspan="6">氧化还原</td><td rowspan="3">V/(V+Ni)</td><td>V/(V+Ni)>0.77</td><td>缺氧、极贫氧</td></tr>
<tr><td>0.6<V/(V+Ni)<0.77</td><td>贫氧、次富氧</td></tr>
<tr><td>V/(V+Ni)<0.6</td><td>富氧</td></tr>
<tr><td rowspan="3">V/Cr</td><td>V/Cr>4.25</td><td>缺氧、极贫氧</td></tr>
<tr><td>2.0<V/Cr<4.25</td><td>贫氧、次富氧</td></tr>
<tr><td>V/Cr<2.0</td><td>富氧</td></tr>
<tr><td rowspan="4">古气候判别</td><td>Mg/Ca</td><td colspan="2">高值反映环境干旱</td></tr>
<tr><td>Fe/Mn</td><td colspan="2">高值反映环境潮湿</td></tr>
<tr><td rowspan="2">Sr/Cu</td><td>Sr/Cu>5.0</td><td>气候干旱</td></tr>
<tr><td>1.3<Sr/Cu<5.0</td><td>气候潮湿</td></tr>
</table>

二、研究区微量元素特征分析

1. 研究区古盐度与古水深分析

分别计算吐鲁番坳陷中下侏罗统全盆 80 多口井的古盐度相对指标 Sr/Ba、Sr/Ca 以及

Ca/(Ca+Fe)，按照所处具体层位以及深度进行投点(图 3-11)。

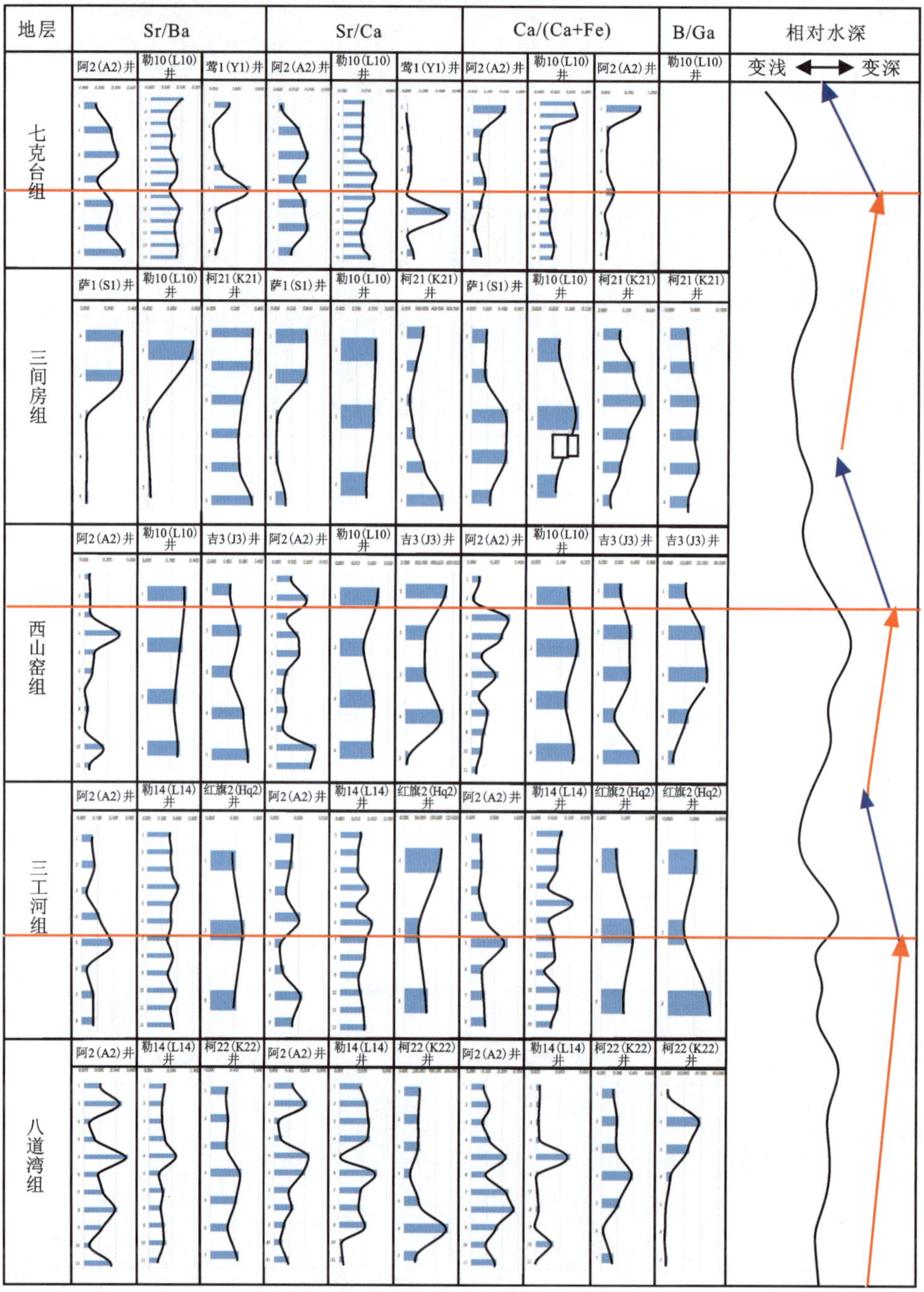

图 3-11　吐鲁番坳陷中下侏罗统古盐度分析

由于吐鲁番坳陷中下侏罗统整体处于一个浅水沉积的沉积环境，所以古水深与古盐度有相同的变化趋势，根据古盐度指标的变化趋势，可以推测出：从八道湾组早期开始，水体一直在持续加深，三工河组初期气温相对下降，苏铁类植物减少，空气中湿度加大，到三工河组一段晚期时水体深度达到了最深值，随后水体又开始下降，大概到西山窑组一段早期时水体达到了最浅，随后水体深度持续加深，在西山窑组三段晚期与西山窑组四段早期水体又再次达到了最深点，而后开始下降，到三间房组二段时，水体下降到最低点，而后上升到七克台组一段再次达到最大点，而后继续下降。

总的来说，可以清楚地看出本区中下侏罗统呈现3次大的湖平面由浅—深—浅的演化趋势：第一次出现在 J_1b^1—J_1s^2—J_1s^3，第二次出现在 J_2x^1—J_2x^3—J_2s^1，第三次出现在 J_2s^2—J_2q^1—J_2q^2。

2. 研究区氧化还原性环境分析

结合研究区已有微量元素资料，同样对其进行氧化还原性指示微量元素比值V/(V+Ni)的计算，并观察其变化规律(图3-12)。

大致趋势为：从中下侏罗统八道湾组早期到三工河组一段晚期呈现上升趋势，在三工河组一段晚期达到最大值，而后从三工河组一段晚期到三工河组二段末期下降并持续上升至西山窑组三段早期，在西山窑组三段达到最大值，随后继续下降，在三间房组一段晚期水体达到最低值，之后又开始上升，到达七克台组一段晚期时水体进入最大值，而后缓慢下降。

总的来说，研究区目的层段出现了3次较大的由氧化环境向还原环境转换趋势：第一次出现在 J_1b^1—J_1s^2，第二次出现在 J_2x^1—J_2x^3，第三次出现在 J_2s^3—J_2q^1。

3. 研究区古气候的判别

根据古气候指示微量元素比值Mg/Ca与Fe/Mn，综合分析判断出在吐鲁番坳陷中下侏罗统的古气候由早到晚具有较为频繁的变化趋势，但总的来说，大致以西山窑组为分界线，从下侏罗统到中侏罗统沉积环境有一个由潮湿环境向干旱环境转化的趋势。因此，吐鲁番坳陷中下侏罗统古气候为：下侏罗统八道湾组—三工河组—西山窑组为湿润气候，三间房组—七克台组为干旱气候(图3-13)。

根据以上微量元素综合分析，由图3-14可知：

1)古水深分析

按照研究区内Sr/Ba，Sr/Ca，Ca/(Ca+Fe)的计算，本区中下侏罗统呈现3次大的湖平面由浅-深-浅的演化趋势：第一次出现在 J_1b^1—J_1s^1—J_1s^2，第二次出现在 J_2x^1—J_2x^3—J_2s^2，第三次出现在 J_2s^3—J_2q^1—J_2q^2。

2)氧化还原环境分析

结合前人关于地球化学指标与沉积环境的相互关系讨论，根据研究区样品V和Sr的含量以及V(V+Ni)、V/Cr值分析，本区中下侏罗统呈现3次大的由氧化环境向还原环境转换趋势：第一次出现在 J_1b^1—J_1s^1—J_1s^2，第二次出现在 J_2x^1—J_2x^3—J_2s^2，第三次出现在 J_2s^3—J_2q^1—J_2q^2。前两次演化时间长，而第三次演化时间短。

3)古气候分析

古气候的变化在一定程度上影响着地层微量元素转变，导致地层中一些指示环境变化的微量元素比值改变，本次研究发现，本区中下侏罗统主要发生一次较大的气候转变：下侏罗统八道湾组—三工河组—西山窑组为湿润气候，三间房组—七克台组为干旱气候。

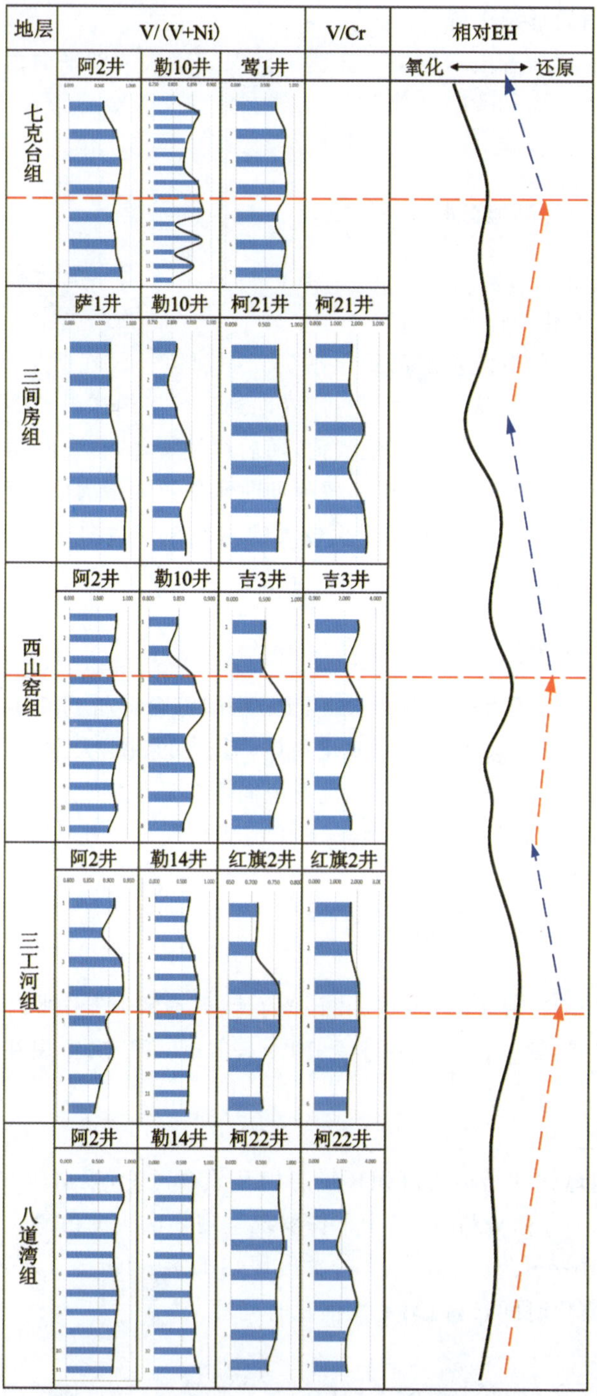

图 3-12　吐鲁番坳陷中下侏罗统古氧化还原分析

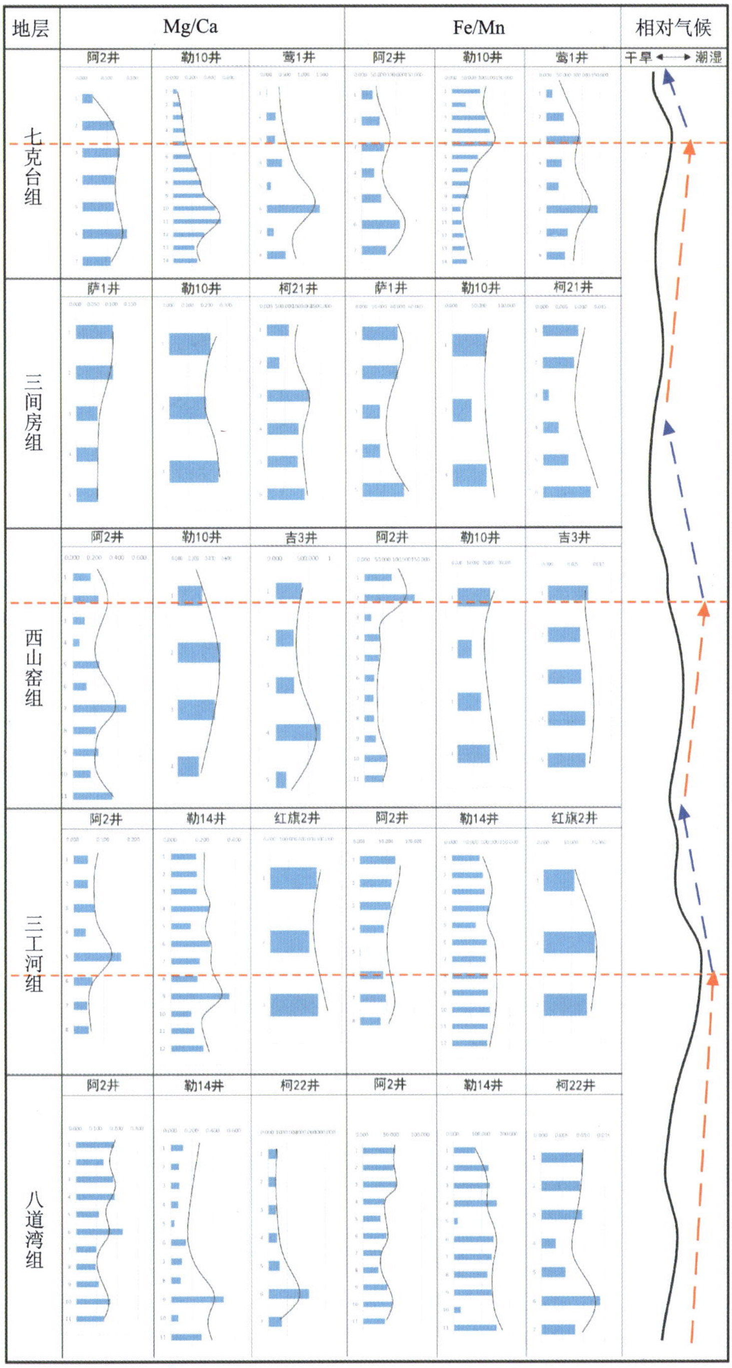

图 3-13　吐鲁番坳陷中下侏罗统古气候分析

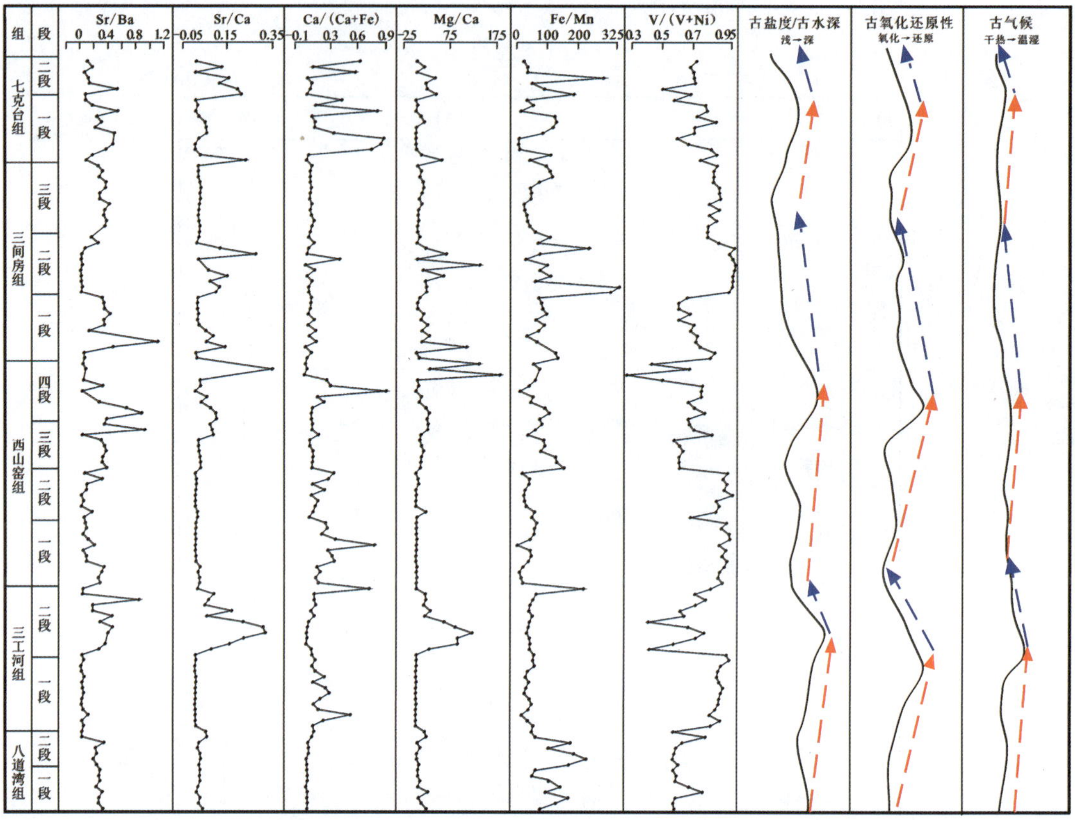

图 3-14　吐鲁番坳陷中下侏罗统地化层序地层分析

第五节　吐鲁番坳陷中下侏罗统气候演化特征

古生物是确定相对地质年代、建立地层系统的主要依据，可以利用不同生物在进化的不同阶段具有不同的生物面貌这一特点，从而通过古生物方法来辅助地层系统的建立，因此可以综合化石等古生物资料，同时利用各个类型的古生物在不同时间段的进化方向以及生物面貌，进行相对地质年代的确定以及地层系统的建立。

古生物也可以用来划分地层以及进行地层对比，按照不可逆定律，生物在发展过程中总是由低级到高级，由简单到复杂的进化规律，在这个过程中生物不可再现，而且不可逆，按照这个规律，不同类别的化石可以反映出不同的地质年代，这是利用化石来划分地层的基本方法。地层对比则是针对不同地区或者不同剖面的地层，将之进行比较，从而确定地层年代，对不同层位进行区分，总体来说，采取古生物对比方法具有较高的精度，有一定的普适性，在当前的地层分析中得到了广泛的应用（刘格升，2016；袁静等，2018；蒋海军等，2011；李康康，2019）。

另外，古生物在恢复古环境等方向也起到了重要作用。古生物都生存在比较适合自身的自然环境中，为了生存会不断进化，以此来适应环境的变化，所以生物的生活习性可以反映当时的气候条件，不同的地质年代发育有不同类型的古生物，所以可以通过研究古生物的类型反过来推测古环境的变化趋势，通过这些变化特征可以进一步判断一个地区古气候的变化、海平面及湖平面的变化，从而为层序界面的识别提供依据(蓝先洪，申顺喜，2004；祝幼华等，2004；董宁等，2008；黄德理，2015)。

一、古生物识别意义及研究方法

在进行古生物的研究过程中，由于化石大都只能通过油田钻井获得，加之古化石的脆弱性，在生态演化过程中不易被保存，再加上人为开采过程中造成的损害，往往极难取得完整的、体积较大的生物化石，这给古环境的研究带来了极大的困难，但是我们可以通过孢粉研究来丰富古环境的判别内容，同时也在地层划分过程中起到了提高准确性的辅助作用。

首先，引入优势度的计算方法，优势度[d(m)]指的是种群内最丰富的物种占所有物种的百分比。在热带雨林中，生物种类复杂多变，优势度低；温带森林中属种较少，优势度高；一些生态环境比较极端的生态条件(如干旱，土壤盐碱化等)，让适应这种生存状态的植物迅速繁殖，其优势度较高，植物类别少。

其次，引入简单分异度的概念，简单分异度(G)计算的是化石群中属、种的数目，具有和古温度相同的变化趋势。

最后，在简单分异度的基础上引入复合分异度的概念，复合分异度(H(G))在简单分异度的基础上多加考虑了各类型个体的数量；其中，采取信息函数的方法来对复合分异度进行评价，即 $H(G)=-\sum_{i=1}^{G}P_i\ln P_i$，H(G)为复合分异度；G 指的是简单分异度；$P_i$指的是在所有的样品统计数中第 i 种的个体数所占的比例，$\ln P_i$则为 P_i的自然对数。复合分异度具有和优势度相反的变化趋势，在热带雨林中物种丰富，复合分异度的值较高；温带雨林中复合分异度的值较低；较极端环境下则具有最低的复合分异度(杨彦敏等，2012)。

就此而言，孢粉组合的特征会在一定程度上反映这种沉积环境的变化特征，分异度可以反映种群内部多样化的程度，孢粉组合分异度可以反映古环境的特征，比如古温度、古湿度或者古植被类型。而孢粉组合分异度的决定因素是组合中各类别族群的分异度、各类别孢粉量、运移方式，分布区域以及孢粉留存状态；影响因素主要为沉积环境、古地貌和古气候(雷作淇，1986；肖良等，2017；刘璐，2021；邵龙义等，2006；李瑞云等，2013)。

二、研究区孢粉化石特征分析

本次研究收集了吐鲁番坳陷 80 余口井不同层位的古生物孢粉资料，通过分析总结得出本区中下侏罗统主要孢粉化石种类为蕨类孢粉(桫椤孢属、三角孢属、紫萁孢属、网叶蕨孢属、金毛狗孢属等)、裸子孢粉(克拉梭粉属、苏铁粉属、原始松粉属、原始松柏粉属、双束松粉属、四字粉属等)。

1. 八道湾组

对吐鲁番坳陷八道湾组的孢粉类型以及其含量特征进行分析概括，可以得出其蕨类孢粉主要包括三角孢属、桫椤孢属、网叶蕨孢属等，其裸子孢粉主要包括原始松柏粉属、苏铁粉属、云杉粉属等(表 3-2)。

表 3-2　吐鲁番坳陷八道湾组孢粉化石统计表　　单位：%

	陵深 2 (Ls2)井	恰深 1 (Qs1)井	鄯科 1 (Sk1)井	温深 1 (Ws1)井	葡 14 (P14)井	玉东 1 (Yd1)井	勒 7 (L7)井	红旗 2 (Hq2)井
三角孢属	20.4	—	3.6	17.0	2.5	3.5	3.5	10.7
桫椤孢属	1.1	—	—	—	—	—	—	1.8
网叶蕨孢属	14.0	—	5.4	3.8	1.6	—	2.4	5.4
紫萁孢属	—	23.3	1.8	1.9	5.7	3.5	5.4	
背光孢属	—	—	7.2	3.8	—	1.8	0.2	—
脊缝孢属	—	—	3.6	1.9	1.6	1.8	—	5.4
圆形孢属	—	—	5.4	—	0.8	12.3	3.6	—
犁形孢属	—	—	7.1	—	0.8	3.5	1.2	—
单束松粉属	1.1	—	1.8	—	0.8	—	5.9	3.6
云杉粉属	—	—	—	3.8	5.7	8.8	2.4	8.9
假云杉粉属	3.2	1.7	—	—	4.1	—	1.2	3.6
罗汉松粉属	2.2	—	3.6	—	2.5	5.3	7.1	3.6
拟云杉粉属	8.6	6.7	1.8	5.7	4.9	1.8	1.2	3.6
苏铁粉属	6.5	1.7	12.5	3.8	4.9	12.3	14.1	1.8
双束松粉属	1.1	5.0	12.5	3.8	5.7	12.3	11.8	1.8
原始松柏粉属	11.8	1.7	3.6	11.3	9.0	8.8	2.4	1.8
单沟粉属	—	5.0	3.6	—	3.3	—	1.2	—
宽沟粉属	—	6.7	5.4	—	3.3	—	—	3.6
四字粉属	1.1	3.3	—	—	1.6	—	—	1.8
原始松粉属	—	—	—	1.9	0.8	3.5	3.5	1.8
蕨类孢粉	47.3	54	41.1	50.9	24	60	47.1	36.65
裸子孢粉	52.7	46	58.9	49.1	76	40	52.9	63.35

由表 3-2 可知，吐鲁番坳陷八道湾组的化石组合特征大致如下：①组合中蕨类植物占比约为 50%(24%～54%)，裸子植物含量达到 50%(46%～76%)，总体来说，在八道湾组沉积期，裸子植物与蕨类植物含量相当。②蕨类孢粉中，主要发育有湿生三角孢属 *Deltoidospora* (2.5%～20.4%)与网叶蕨孢属 *Dictyophyllidites* (1.6%～14%)。③裸子孢粉中，主要发育中生苏铁粉属 *Cycadopites* (3.8%～14.1%)和湿生云杉粉属 *Piceaepollenites* (1.2%～8.6%)。

在八道湾组沉积期，新疆吐哈盆地周缘生长着大量的青松、松树一类的植被，苏铁类植物大面积分布于吐哈盆地的沼泽处，由于苏铁类植物的生长条件需要充足的水分，而吐哈盆地西部为较平缓的斜坡地带，其周围环境多为湖泊、河流以及沼泽，所以苏铁类植物的大量繁殖恰恰反映了八道湾组沉积期吐鲁番坳陷的主要气候为温暖潮湿的温带亚热带气候，在这种气候条件下，植物的交替和生物的变迁较为频繁，同时，这种气候条件恰恰为八道湾组发育的煤层提供了充足的物质条件以及环境基础。

2. 三工河组

同样，对于吐鲁番坳陷三工河组的孢粉化石以及孢粉含量特征进行详细的分析概括，可以得出其蕨类孢粉主要包括三角孢属、桫椤孢属、网叶蕨孢属、三面孢属等，其裸子孢粉主要包括原始松柏粉属、苏铁粉属、原始松粉属、云杉粉属等(表 3-3)。

表 3-3 吐鲁番坳陷三工河组孢粉化石统计表 单位：%

	陵深 1(Ls1)井	陵深 2(Ls2)井	照 1(Zh1)井	泉 5(Q5)井	鄯科 1(Sk1)井	红南 3(Hn3)井	红台 1(Ht1)井	柯 19(K19)井
圆形孢属	1.0	0.9	—	0.7	1.8	—	0.8	—
金毛狗孢属	4.0	—	1.2	—	—	—	—	0.6
三角孢属	18.0	33.0	3.2	14	12.3	30.2	24.8	21.5
拟桫椤孢属	—	0.9	—	—	—	7.8	—	—
桫椤孢属	32.0	5.7	2.0	1.4	4.1	31.0	30.4	26.4
网叶蕨孢属	—	—	2.0	2.8	11.7	—	4.8	5.5
紫萁孢属	—	—	1.0	5.6	1.2	—	4.8	—
三面孢属	24.0	3.8	—	0.7	2.3	8.6	—	8.6
克拉梭粉属	—	42.5	2.4	—	2.3	—	2.4	
罗汉松粉属	—	—	8.0	2.1	1.8	—	—	1.2
云杉粉属	—	1.9	7.0	5.6	5.8	—	—	7.4
假云杉粉属	2.0	—	6.0	1.4	2.3	—	—	1.2
拟云杉粉属	1.0	1.9	2.0	2.8		—	—	1.2
双束松粉属	—	—	6.0	6.3	10.5	1.7	—	2.5
松科	1.0	—	6.0	1.4	2.9	3.4	1.6	—
四字粉属	—	1.9	3.0	1.4	—	1.7	0.8	1.8
苏铁粉属	9.0	0.9	6.0	7.7	6.4	3.4	11.2	1.2
原始松柏粉属	5.0	0.9	16.0	3.5	11.1	0.9	—	3.1
原始松粉属	—	—	11.0	0.7	1.8	—	1.6	—
宽沟粉属	—	0.9	2.4	8.4	1.2	—	1.6	—
蕨类孢粉	82	47.2	13	35	43.9	85.3	32.6	74.2
裸子孢粉	18	52.8	87	65	56.1	14.7	60.7	25.8

由表 3-3 可知，吐鲁番坳陷三工河组的化石组合特征大致如下：①组合中蕨类孢粉占比约为 50%(13%～85.3%)，裸子孢粉含量占比在 50%左右(14.7%～87%)，整体来说，蕨类

孢粉与裸子孢粉含量大致相等。②蕨类孢粉中，主要发育湿生三角孢属 *Deltoidospora*（3.2%～33%）以及湿生桫椤孢属 *Cyathidites*（1.4%～32%）。③裸子孢粉中，主要发育苏铁粉属 *Cycadopites*（0.9%～11.2%）以及原始松柏粉属 *Protoconiferus*（0.9%～16%）。

在侏罗世晚期，三工河组沉积期的气温偏低，此时苏铁类植物大量减少，空气中湿度较大，所以此时由于气温以及空气中水分含量的影响，温性潮湿的植物群（松柏类植物）开始大量繁殖，而生性干热的植物则受到了强烈的影响，生长受到了抑制，繁殖较少，受此影响，原本进行沉积的沼泽类地区湿度进一步增加，逐渐演化成河流以及湖泊，此时，早期的河流以及三角洲相沉积都逐渐退缩或者大规模减少，此时由于积水较多，所以在三工河组沉积晚期逐渐发展过渡为湖侵期，在平缓地带多发育滨浅湖沉积，这种沉积环境虽然也可以形成一定规模的生油层，但不足以生成煤。

综合分析三工河组发育的孢粉特征，结合其裸子植物以及蕨类植物的发育占比，大致可以判断吐鲁番坳陷中侏罗统三工河组处于一个温暖潮湿的温带亚热带气候。

3. 西山窑组

通过对吐鲁番坳陷西山窑组沉积序列的孢粉化石进行详细的定性及定量解释，发现其中蕨类孢粉主要包括三角孢属、桫椤孢属、凹边孢属、三面孢属、金毛狗孢属、三角孢属、波缝孢属、脊缝孢属、圆形细刺孢属、三角粒面孢属、旋脊孢属、网叶蕨孢属、光面三缝孢属、紫萁孢属、芦木孢属、犁形孢属、斑点圆形孢属、环圈孢属、凹边孢属、瘤面三缝孢属、棒瘤孢属等。

裸子孢粉主要包括原始松柏孢属、苏铁粉属、双束松粉属、罗汉松粉属、宽沟粉属、单束松粉属、云杉粉属、克拉梭粉属、四字粉属、原始松粉属、脑形粉属、假云杉粉属、冠翼粉属、薄壁粉属、锥刺三角粉属等。

由表 3-4 可知，对吐鲁番坳陷西山窑组孢粉化石进行总结分析，蕨类植物和裸子植物含量大致相当，西山窑组沉积期的蕨类植物以湿生三角孢属为主，同时也可见湿生桫椤孢属，而裸子孢粉主要以中生苏铁粉属为主，见湿生云杉粉属及原始松柏粉属组合（表 3-4）。

表 3-4　吐鲁番坳陷西山窑组孢粉化石统计表　　单位：%

	陵深 1 (Ls1)井	泉 2 (Q2)井	桃 1 (Tao1)井	雁 3 (Yan3)井	跃 1 (Yue1)井	吉 3 (J3)井	吉深 1 (Js1)井	大步 1 (Db1)井
三角孢属	29.4	26.1	29.4	3.8	25.3	4.8	16.2	13.4
桫椤孢属	21.6	18.9	38.6	3.8	27.4	3.6	—	—
凹边孢属	11.8	4.5	1.1	—	1.1	—	2.7	6.7
三面孢属	5.9	8.1	14.8	—	—	—	—	1.7
脊缝孢属	5.9	0.9	1.1	—	—	—	2.7	3.3
波缝孢属	3.9	—	—	—	—	2.4	—	—
金毛狗孢属	—	9.9	2.3	—	1.1	1.2	1.4	—
网叶蕨孢属	3.9	1.8	—	1.9	—	—	—	—

续表 3-4

	陵深 1 (Ls1)井	泉 2 (Q2)井	桃 1 (Tao1)井	雁 3 (Yan3)井	跃 1 (Yue1)井	吉 3 (J3)井	吉深 1 (Js1)井	大步 1 (Db1)井
坚实孢属	3.9	—	—	—	1.1—	—	—	
假云杉孢属	—	0.9	1.1	1.0	—	1.2	—	5.0
宽沟粉属	5.9	1.8	—	1.9	3.2	—	—	—
克拉梭粉属	2.0	2.7	—	3.8	3.2	—	—	—
拟云杉粉属	—	1.8	1.1	—	—	1.2	—	1.7
苏铁粉属	5.9	1.8	1.1	15.4	6.3	—	2.7	—
原始松柏粉属	—	1.8	6	17.3	7.4	3.6	1.4	13.3
四字粉属	—	5.4	3.4	2.9	2.1	2.4	2.7	1.7
罗汉松粉属	—	—	2.3	1.9	2.1	—	2.7	—
蕨类孢粉	86.3	75.7	85	12.5	55	22.9	36.5	48.3
裸子孢粉	13.7	24.3	15	87.5	45	77.1	63.5	51.7

吐鲁番坳陷西山窑组的化石组合特征基本如下：①组合中蕨类植物的含量占比约为 66%（12.5%～86.3%），裸子植物的平均含量达到 30%（13.7%～87.5%）；在西山窑组不同区域中，由于沉积环境不尽相同，所以局部的数据不能准确地提供完全的参照价值，但是总体来看，在吐鲁番坳陷的西山窑组中，发育的最主要的孢粉化石是蕨类孢粉以及裸子孢粉，而且蕨类孢粉和裸子植物两者比重相当。②蕨类孢粉中以湿生三角孢属 *Deltoidospora*（3.8%～29.4%）为主，同时可见大量的湿生桫椤孢属 *Cyathidites*（3.6%～38.6%）发育。③裸子孢粉则主要发育有中生苏铁粉属 *Cycadopites*（1.1%～15.4%）。

在西山窑组沉积期植物化石数量以及种类都较为丰富，化石中以蕨类植物为主，主要产 *Deltoidospora*—*Cyathidites*—*Cycadopites* 孢粉组合，在西山窑组沉积期，气温回升，雨水充足，其中三角孢属 *Deltoidospora* 以及桫椤孢属 *Cyathidites* 在适宜的环境下大量发育，克拉梭粉属 *Classopollis* 开始逐渐出现，但是含量始终较低，反映出一种桫椤科植物大发展的植被面貌，整个盆地的植被在丰度以及分布范围方面都有了很大的提升，这给成煤以及生油提供了较为适宜的沉积环境，其中的沼泽以及煤层都是在这种生油湖沼中大量生成的。

通过调查西山窑组发育的孢粉特征，结合其裸子植物以及蕨类植物的发育占比，大致可以判断吐鲁番坳陷中侏罗统西山窑组处于一个温暖潮湿的温带亚热带气候。

4. 三间房组

对三间房组进行孢粉化石的分类统计，在吐鲁番坳陷三间房组沉积期发育的孢粉同样只有蕨类植物和裸子植物两种，其中蕨类植物主要发育有三角孢属、桫椤孢属、脊缝孢属、坚实孢属、波缝孢属、金毛狗孢属与三面孢属等。裸子植物则主要发育有假云杉粉属、双束松粉属、四字粉属、克拉梭粉属、云杉粉属、苏铁粉属与原始松柏粉属等（表 3-5）。

表 3-5 吐鲁番坳陷三间房组孢粉化石统计表 单位:%

	陵南 1 (Ln1)井	葡北 1 (Pb1)井	阿 2 (A2)井	胜北 7 (Sb7)井	胜深 3 (Ss3)井	跃 1 (Yue1)井	红南 3 (Hn3)井	勒 10 (L10)井	连 4 (L4)井
三角孢属	5.3	—	7.8	—	11.3	4.6	6.0	15.1	17.5
桫椤孢属	6.1	2.3	—	2.8	15.1	12.3	3.0	2.7	4.9
脊缝孢属	—	—	—	0.9	3.8	—	1.5	2.7	1.0
坚实孢属	—	—	—	—	1.9	3.1	—	—	1.0
波缝孢属	—	—	—	—	1.9	4.6	1.5	2.7	—
金毛狗孢属	—	—	3.1	—	—	1.5	—	1.4	1.0
三面孢属	—	—	3.1	—	9.4	—	1.5	—	1.9
假云杉孢属	—	1.1	1.6	8.3	3.8	1.5	—	4.1	—
雏球孢属	0.9	—	—	—	—	—	—	—	—
双束松孢属	1.8	1.1	1.6	27.5	3.8	10.8	3.0	4.1	—
四字粉属	2.6	—	—	6.4	3.8	4.6	—	11.0	—
克拉梭粉属	59.6	88.5	15.6	2.8	—	7.7	61.2	2.7	55.3
云杉粉属	7.9	2.3	4.7	22.9	—	3.1	3.0	4.1	—
苏铁粉属	12.3	3.4	56.3	1.8	18.9	4.6	6.0	5.5	4.9
原始松柏粉属	3.5	1.1	1.6	—	11.3	15.4	1.5	2.7	1.0
拟云杉粉属	—	—	—	7.3	—	—	—	6.9	—
罗汉松粉属	—	—	—	0.9	7.5	4.6	1.5	4.1	—
蕨类孢粉	13.7	10	15.6	6.4	40	30	14	30.1	19.8
裸子孢粉	86.3	90	84.4	93.6	60	70	86	69.9	80.2

由表 3-5 可知,吐鲁番坳陷三间房组的化石组合特征大致如下:①组合中蕨类植物占比约为 20%(10%~40%),裸子植物含量达到 80%(60%~90%),总体来说,在三间房组沉积期,裸子植物占比较高。②蕨类孢粉中,主要发育有湿生桫椤孢属 *Cyathidites* (2.3%~15.3%)与湿生三角孢属 *Deltoidospora* (5.3%~17.5%)。③裸子孢粉中,主要发育有旱生的克拉梭粉属 *Classopollis* (15.6%~88.5%),还可见部分苏铁粉属 *Cycadopites* (1.8%~56.3%)与云杉粉属 *Piceaepollenites* (2.3%~22.9%)。

在吐鲁番坳陷三间房组沉积期,主要发育有辫状河三角洲沉积,产 *Cyathidites*—*Piceaepollenites*—*Classopollis* 孢粉组合,其中 *Classopollis* 和 *Cycadopites* 占据主要地位,综合三间房组沉积期发育的蕨类孢粉与裸子孢粉的含量特征,发现裸子孢粉占据主要地位,裸子孢粉中,旱生的克拉梭粉属含量最多,占据次要地位的是苏铁粉属以及云杉粉属;蕨类孢粉以湿生三角孢粉为主,整体体现出了一种半干旱半潮湿的沉积环境。

在三间房组沉积期气候与早期不同,主要体现在气温上升,湿度变低,干燥的气候与少量的降水导致植物的发育受到影响,同时由于博格达山的隆升,使得盆地内地势差增大,气候的干旱进一步导致湖水面积萎缩，形成了以湖泊为主要发育特征的浅水沉积环境。

通过以上各个因素的分析，初步判断此时的吐鲁番坳陷处于一个半干旱半潮湿的温带亚热带气候。

5. 七克台组

以同样的方式对吐鲁番坳陷七克台组进行孢粉统计，在七克台组同样主要发育蕨类植物和裸子植物两种孢粉类型，蕨类植物主要有三角孢属、桫椤孢属、波缝孢属、单束松孢属、紫萁孢属、金毛狗孢属、三面孢属与雏球孢属等。裸子植物主要有双束松粉属、假云杉粉属、四字粉属、克拉梭粉属、云杉粉属、苏铁粉属、原始松柏粉属、拟云杉粉属与罗汉松粉属等(表 3-6)。

表 3-6　吐鲁番坳陷七克台组孢粉化石统计表　　单位：%

	陵南 1 (Ln1)井	葡北 1 (Pb1)井	萨南 1 (Sn1)井	胜北 7 (Sb7)井	阿 2 (A2)井	果 1 (G1)井	红南 2 (Hn2)井	连 4 (L4)井	连砂 2 (Ls2)井
三角孢属	10.3	1.5	3.5	1.2	4.7	2.2	7.1	1.8	6.3
桫椤孢属	17.8	1.5	12.8	1.2	0.9	2.2	10.2	0.9	0.8
波缝孢属	—	—	2.3	—	0.9	—	—	—	0.8
单束松孢属	—	—	—	—	1.9	1.1	—	9.0	—
紫萁孢属	6.5	2.3	—	—	—	1.1	—	—	—
金毛狗孢属	—	—	—	—	0.9	—	1.0	—	—
三面孢属	—	—	1.2	1.3	0.9	—	—	—	1.6
雏球孢属	1.9	—	—	1.3	—	—	—	—	—
双束松粉属	4.7	3.8	2.3	7.3	1.9	2.2	6.1	—	0.8
假云杉粉属	1.9	—	5.8	11.8	—	—	—	—	0.8
四字粉属	8.4	1.5	—	—	1.9	1.1	1.0	1.8	7.0
克拉梭粉属	24.3	64.9	48.8	27.3	78.3	72.2	57.1	55.0	51.6
云杉粉属	8.4	9.9	5.8	15.5	0.9	5.6	2.0	12.6	3.9
苏铁粉属	11.2	9.9	1.2	—	3.8	5.6	3.1	1.8	0.8
原始松柏粉属	1.9	3.8	4.7	2.7	—	1.1	8.2	7.2	1.6
拟云杉粉属	—	—	—	4.5	—	—	—	—	—
罗汉松粉属	—	—	1.2	1.8	—	3.3	2.0	3.6	1.6
蕨类孢粉	13.7	5	21	5	9.4	6.5	20.4	4.5	13.3
裸子孢粉	86.3	95	78	95	90.6	93.5	79.6	95.5	86.7

由表 3-6 可知，吐鲁番坳陷七克台组的化石组合特征大致如下：①组合中蕨类植物占比约为 18%(5%～21%)，裸子孢粉占比约为 82%(78%～95.5%)，在七克台组沉积期，裸子孢粉占比较大。②蕨类植物中主要发育有湿生三角孢属 *Deltoidospora* (1.2%～10.3%)与湿生桫椤孢属 *Cyathidites* (0.8%～17.8%)。③裸子植物较为丰富，在裸子植物中主要发育克

拉松粉属 *Classopollis*，占比约为 57%（24.3%～78.3%），其次是苏铁粉属 *Cycadopites*（1.2%～11.2%）与云杉粉属 *Piceaepollenites*（0.9%～15.5%）。

在吐鲁番坳陷七克台组早期，有碳质泥岩，薄煤层发育，此时水生双壳类开始发育，反映了一种亚热带温暖气候，此时出现了大量的暗色泥岩夹粉砂岩的岩性组合特征，发育 *Classopollis*—*Cycadopites*—*Piceaepollenites* 孢粉组合，由孢粉化石可以判断，其主要成分为西山窑组沉积期化石的延展，裸子植物中克拉松粉属出现较多，到七克台组沉积期达到顶峰，占所有孢粉含量的 50%以上，由此可以判断当时气候较为干旱。

此时的植被特征为沼泽以及湖泊周边生长的大量桫椤科、蚌壳蕨科以及苏铁类植物；在丘陵地带则分布着大量掌鳞杉科植物；乔木及银杏类植物多分布于山地区域，有部分苏铁类以及草木灌丛类植物，正是这一类植物的生长抑制了泥炭沼泽区域主体植物的生长发育并控制了其有机质的繁衍生长。这一类植物的发育影响了区域内的降水条件并对区域内部的水资源进行了一定的控制，从而破坏了煤和泥炭的发育条件和成长环境，导致三间房组沉积期和七克台组沉积期的煤炭发育不完善也不充分。

在七克台组早期，气温继续下降，降雨量有所增强，但是到了晚期，降雨量开始下降，气候向干旱转换，其植物发育远不及西山窑组。总的来说，在七克台组沉积期，吐鲁番坳陷处于半干旱半潮湿的温带亚热带气候（潘安定，1994；李志中等，1996；李玉梅，2015）。

6. 吐鲁番坳陷中下侏罗统分异度研究

同时，结合利用孢粉化石的种类以及含量，计算收集到的全盆 150 个孢粉的复合分异度（表 3-7），利用分异度可以反映孢粉的属种多样化程度的特点，可以通过计算孢粉组合分异度，借此来分析古环境的变化规律。

表 3-7 吐鲁番坳陷中下侏罗统孢粉化石分异度统计表

层位	复合分异度 H(G)	简单分异度 G	优势度 dm/%
J_2q	1.91	17/(5-28)	41.8
J_2s	2.20	19/(9-27)	34.7
J_2x	2.37	18/(9-27)	37.2
J_1s	2.18	19/(18-20)	34.7
J_1b	2.31	21/(14-34)	39

对吐鲁番坳陷中下侏罗统的孢粉化石进行分异度计算可得八道湾组的复合分异度为 2.31，优势度为 39%；三工河组的复合分异度为 2.18，优势度为 34.7%；西山窑组的复合分异度为 2.37，优势度为 37.2。从八道湾组到西山窑组的复合分异度以及优势度反映出当时植被发育较为复杂多样，环境为温暖潮湿的特征，这种温暖潮湿的气候条件适合大部分植物生长，而到了三间房组，虽然其复合分异度也较大，但由于在三间房组沉积期，吐鲁番坳陷正处于由潮湿向干旱转化的阶段，所以其植被类型较为复杂多样，分异度反而会有显著的提高，而到了七克台组沉积期，其复合分异度在 2.0 左右，说明此时的吐鲁番坳陷的植被生长具有较大的优势度，反映了一种半干旱半潮湿的温带亚热带气候，这是由于在干旱的气候下，只适合某一类别的植物大量生长（如克拉梭粉属），在这一类植物充分繁殖的情况下，占据了研究区

域的大部分水分与养料，从而进一步抑制了研究区其他类型植物的生长繁殖，使优势化程度进一步加深。

总体来说，通过对吐鲁番坳陷中侏罗统分异度的研究，结合吐鲁番坳陷中侏罗统孢粉组合特征，可以判断出在中侏罗统早期八道湾组沉积期、三工河组沉积期以及西山窑组沉积期，整个研究区处于温暖潮湿的温带亚热带气候，三间房组沉积期以及七克台组沉积期处于半干旱半潮湿的温带亚热带气候(刘兆生，1999；任来义等，2001；李珍等，2002)。

三、研究区环境分析与判别

通过以上对各个层位的分析，利用吐哈盆地孢粉资料，总结孢粉组合特征以及孢粉亲缘关系，在侏罗纪时期，吐鲁番坳陷主要有以下几个植物种属：松柏纲的罗汉松科、松科植物；真蕨纲的桫椤科、蚌壳蕨科、掌鳞杉科、紫萁科植物；苏铁类植物以及石松纲植物共同组成(图 3-15)。

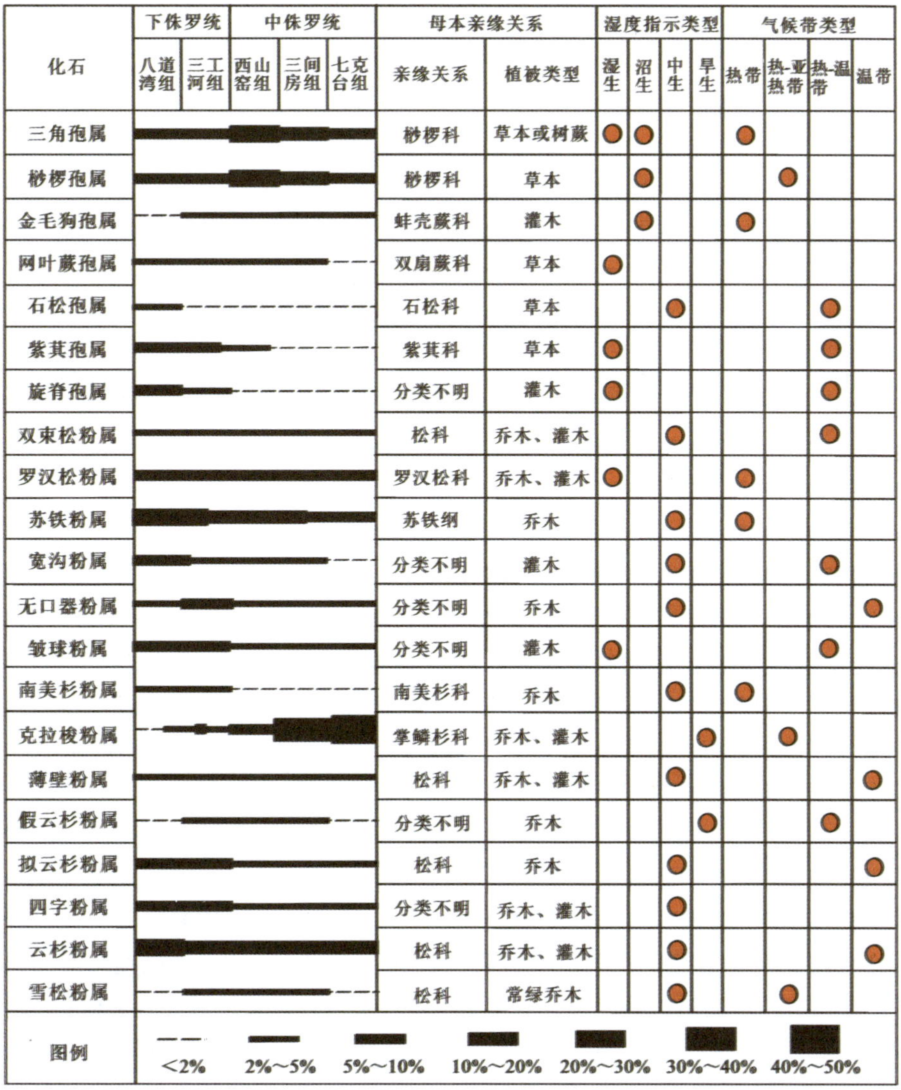

图 3-15 吐哈盆地侏罗系主要孢粉属及其亲缘关系图(据张代生，2002，修改)

通过本区中下侏罗统5个地层孢粉的组合特征分析，结合各类孢粉对湿度以及气候带类型的指示意义，得出本区八道湾组、三间房组、西山窑组：裸子孢粉与蕨类孢粉组合富集，两者比重相当，蕨类孢粉以湿生三角孢属为主，同时还可见湿生桫椤孢属等；裸子孢粉主要是以中生苏铁粉属为主，见湿生云杉粉属及原始松柏粉属组合，为温暖潮湿的温带亚热带气候。

七克台组、三间房组：以裸子孢粉占主要优势，约为85%，其中以旱生的克拉梭粉属占据主要地位，还可见少量苏铁粉属以及云杉粉属；蕨类孢粉主要以湿生三角孢属为主，为半干旱半潮湿的温带亚热带气候。

通过对于吐鲁番坳陷孢粉组合特征的研究，我们将吐鲁番坳陷中下侏罗统分成了两个不同的古气候背景，分别是下侏罗统时期以及中侏罗统西山窑组沉积期，此时的气候条件为温暖潮湿的温带亚热带气候；在中侏罗统三间房组沉积期和七克台组沉积期，气候条件为半干旱半潮湿的温带亚热带气候。

根据古气候的变化趋势，可以梳理出3次气候变化旋回规律，即第一次旋回变化发生在八道湾组一段到三工河组二段沉积阶段；第二次旋回变化发生在西山窑组一段到三间房组一段沉积阶段，从西山窑组一段到西山窑组三段，气候经历了由干旱气候向潮湿气候的第二次转化，在西山窑组四段到三间房组一段则又由潮湿气候向干旱气候转化，在西山窑组三段末期达到最大湖泛；第三次旋回变化发生在三间房组二段到七克台组二段，从三间房组二段到七克台组一段，气候经历了由干旱气候向潮湿气候的第三次转化，在七克台组一段则是由潮湿气候转变为干旱气候，在SQ_3时期，处于半干旱半潮湿的温带亚热带气候，在七克台组一段末期达到了最大湖泛面（张丽丽，2020；魏信祥等，2015；李强等，2009；毛广振，2015）。

第六节　吐鲁番坳陷中下侏罗统层序地层格架构建

在对野外剖面、测录井、地震资料分析的基础上，结合古构造、古气候、古水深及古氧化还原等资料，综合3次野外露头颜色的转变、三套煤层的发育特征，三次强地震发射特征建立了吐鲁番坳陷中下侏罗统层序地层格架（图3-16）。

层序SQ_1发育于燕山Ⅰ幕早期构造运动，构造运动较弱。此时古生物发育以湿生的裸子孢粉与蕨类为主，为温暖潮湿的温带亚热带气候。SQ_1低位体系域时，坳陷处于氧化环境及水体较浅的环境，在SB_1层序界面之上发育辫状河道砂岩及沼泽薄煤层沉积，界面之下发育的湖相泥岩沉积区；进入湖扩体系域早期，煤层开始广泛发育及浅湖发育，随着水体加深，环境转化为还原环境，达到湖扩体系域晚期，煤层减少，泥岩增多；在高位体系域时期，高位早期发育一套厚层的辫状河道砂岩沉积，晚期发育为全区可对比的湖相泥岩。

层序SQ_2时期，为燕山Ⅰ幕晚期构造运动，构造运动仍较弱。所发育古生物组合特征与SQ_1时期相差不大，仍以湿生的裸子孢粉及蕨类为主，气候仍为温暖潮湿的温带亚热带气候。SB_2界面之上发育一套层厚较薄的湖相泥岩及砂质泥岩组合，随着水体的逐渐加深，还原环境的转变，湖扩体系域早期煤层开始广泛发育，同时仍发育辫状河道沉积，到达晚期时，水体达到最深，煤层开始不发育，发育辫状河道及湖相泥岩沉积；高位体系域时期，主要发育辫状河道砂沉积及浅湖泥岩或砂质泥岩沉积。

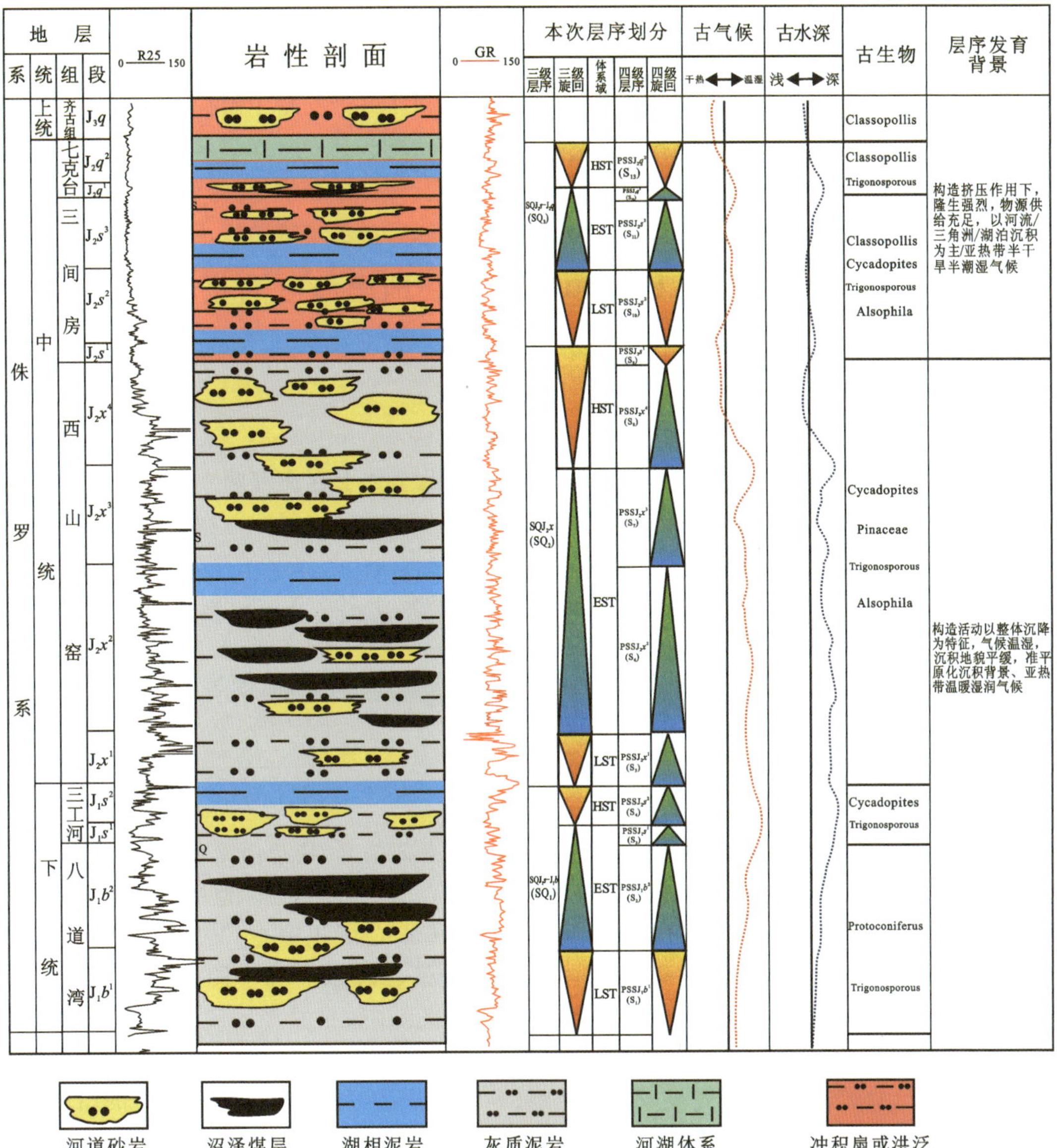

图 3-16 吐鲁番坳陷中下侏罗统层序格架

层序 SQ_3 时期，为燕山Ⅱ幕，构造运动增强，南北向的挤压运动，造成坳陷隆升，遭受剥蚀，形成假整合面 SB_3。此时古生物发育以旱生的裸子孢粉与蕨类为主，气候变为半干旱半潮湿的温带亚热带气候。SQ_3 由于气候的干旱条件，水体相对较浅。主要发育棕色、棕红色、褐色等氧化色岩性。低位体系域时，主要发育辫状河道及湖相泥、砂质泥岩沉积。随着水体的加深，到达湖扩体系域早期，继续发育辫状河河道沉积，晚期时，水体到达最深，发育沼泽薄煤层及滨浅湖泥岩沉积；高位体系域时，发育滨浅湖灰绿色泥质砂岩沉积，与上覆地层上侏罗统齐古组砖红色钙质泥岩相区别。

对于本次层序格架的建立，可以发现储集体在纵向上的规律性，不难发现，在 SQ_1 及 SQ_2 处于温暖潮湿的温带亚热带气候时，雨水充足，水体较深，煤层广泛发育于湖扩体系域早期且可以作为烃源岩，有利储层发育在其上，既湖扩体系域晚期及高位体系域早期；SQ_3处于半干旱半潮湿的温带亚热带气候，水体较浅，煤层不甚发育，仅发育于湖扩体系域晚期且厚度较薄，更多的是湖相或洪泛平原泥岩作为烃源岩，但其有利储层仍发育于湖扩体系域；证实湖扩体系域对于储集体的控制作用，SQ_1及SQ_2有利储层位于湖扩体系域晚期及高位体系域早期、SQ_3位于整个湖扩体系域。

第七节　吐鲁番坳陷中下侏罗统地层厚度演化特征

一、SQ_1地层厚度展布特征

早侏罗世时期，整个坳陷为拉张应力背景的断陷期，整体上存在着两大沉积中心：西南部以及坳陷中北部；除此之外，坳陷全区厚度总体在100～1100m之间。西南部托克逊[托参1(Tuoc1)]井附近地层厚度较大，其最大厚度在1100m左右，在其东部还存在着一个小的沉积中心，最大厚度为700m左右；坳陷中北部沉积中心大致位于Pb2-X1井-柯19(K19)井-Hq2井一线，其横跨坳陷东西，呈东西向展布，地层厚度在700～900m之间；南部斜坡Hb1井-温南5(Wn5)井-协作1(Xz1)井一线较薄，地层厚度在100～300m之间(图3-17)。

二、SQ_2地层厚度展布特征

中侏罗世西山窑组沉积期，南北向挤压应力开始，南部抬升，使得西南部沉积厚度中心迅速缩小减薄，由于坳陷持续向北部挤压，中北部沉积中心整体向北迁移，地层厚度加深且其沉积范围较大。整体上沉积中心位于中北部，大致存在着3个沉积中心：玉果—七泉湖[疙12(G12)井-Qs1井附近]构造带、胜北(Tc2井附近)构造带、鄯勒弧形带—照壁山前[Ls1井-草南2(Cn2)井北侧]构造带一带，前两者的沉积中心展布范围较窄且厚度较小，后者展布范围宽且厚度较大。整体上均呈东西向展布，靠北部的玉果—七泉湖(G12井-Qs1井附近)、鄯勒弧形带—照壁山构造带其沉积厚度较胜北洼陷(Tc2井附近)大，其中山前构造带的厚度最大能达到1200m左右，胜北洼陷其地层最大厚度为800m(图3-18)。

三、SQ_3地层厚度展布特征

中侏罗世三间房组-七克台组沉积期，南北向的挤压持续加强，原先中部的沉积中心向北侧迁移，而北部的沉积中心仍位于北部山前构造带但其展布范围迅速减小，其厚度早期增加，后期迅速减薄。三间房组沉积期，随着南北挤压的增强，南部持续向北挤压，沉积中心范围缩小厚度加大，均位于北部山前构造带，沉积厚度中心由原先的较厚且广转变为厚且多，其最大厚度可达1800m(图3-19A)。在七克台组沉积期，由于南北向挤压应力的强度挤压，整体还存在着坳陷抬升的过程，该时期全区地层厚度迅速减薄，沉积中心仍位于北侧恰勒坎-巴喀构造带，但其展布范围极速缩小且厚度减薄，坳陷整体沉积厚度为100～300m，北部沉积中心厚度最大减至600m(图3-19B)。

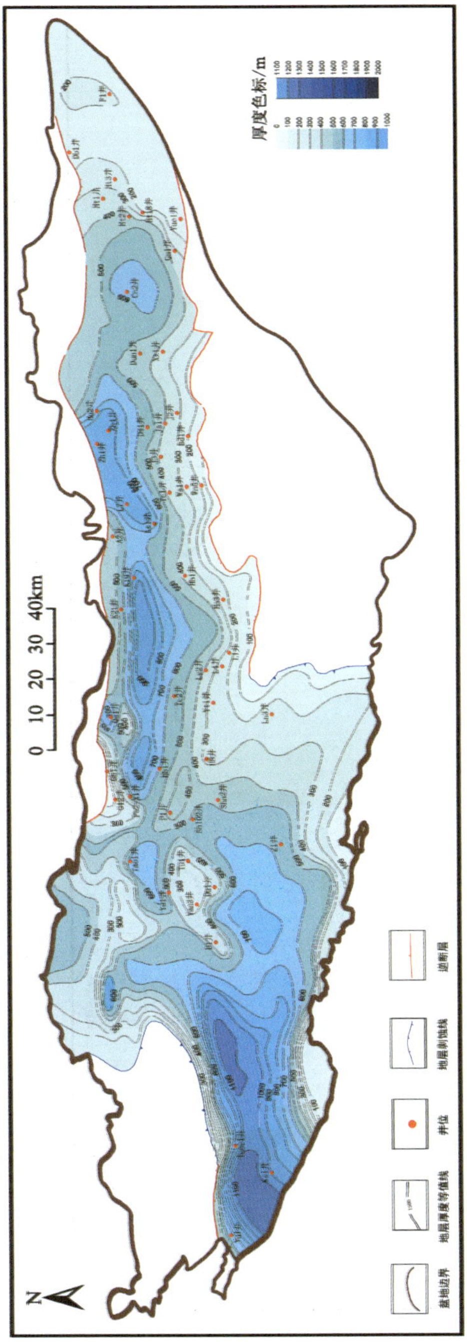

图 3-17 吐鲁番坳陷早侏罗世三级层序SQ_1地层厚度平面分布图

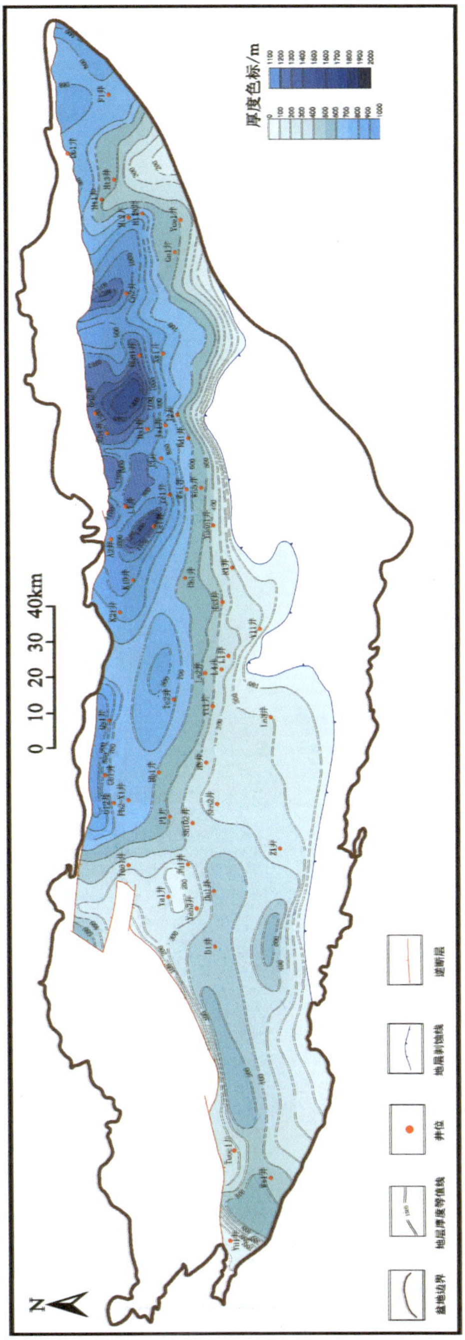

图 3-18 吐鲁番坳陷中侏罗世三级层序SQ_2地层厚度平面分布图

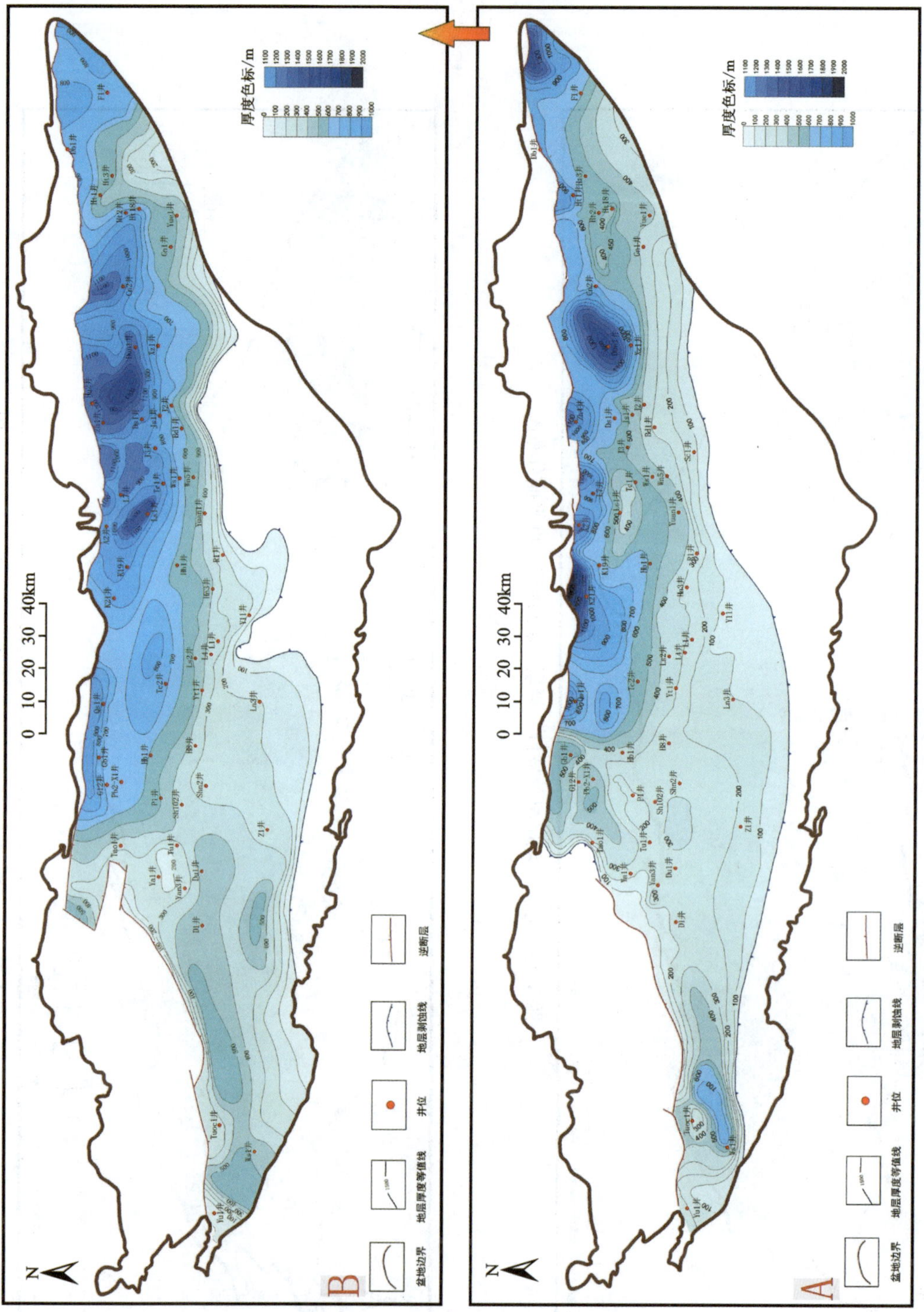

图 3-19　吐鲁番坳陷中侏罗世SQ_3地层厚度平面分布图

A. 中侏罗世三间房组地层厚度平面分布图；B. 中侏罗世七克台组地层厚度平面分布图

第四章　吐鲁番坳陷中下侏罗统沉积体系发育特征

基于对吐鲁番坳陷中下侏罗统层序地层格架的构建，本章主要通过对本区中下侏罗统物源体系的演化规律分析，明确三大物源方向；针对煤层的发育特征，泥岩颜色以及泥岩厚度的平面展布特征，明确本区中下侏罗统为浅水环境；通过对岩芯、单井及连井相的对比分析，总结出研究区发育的四种沉积相类型，并阐述了中下侏罗统四级层序沉积相平面展布特征。

第一节　吐鲁番坳陷周缘山脉及物源供给特征

吐鲁番坳陷的形成、演化、发展，以及周缘山脉（喀拉乌成山、博格达山、了墩隆起、觉罗塔格山）有着密不可分的关系。东南缘了墩隆起在三叠纪之后一直处于抬升背景之下（章惠等，2013），南缘觉罗塔格山在早石炭世晚期逆冲于坳陷之上，之后一直处于隆升状态，为坳陷中生代提供主要物源，由于构造活动结束较早，受剥蚀时间较长，因此其沉积地貌较为宽缓，南部觉罗塔格山在早中侏罗世已经开始提供沉积物源，西北缘喀拉乌成山形成于早燕山运动，时间大致与博格达山同时隆升，但其远离坳陷，对坳陷的沉积控制作用较小（符迪，2011）。而博格达山紧邻坳陷，作为北缘主要供源山脉，在中侏罗世有一次隆升运动，对坳陷的沉积有极强的控制作用，下文通过对早中侏罗世沉积格局、物源及古水流的分析探讨其隆升时间。

一、吐鲁番坳陷早中侏罗世沉积格局

早侏罗世（水西沟群）时期为沼泽化沉积，为广盆发育阶段，此时，博格达山仍处于水面之下，吐鲁番坳陷与西北部准噶尔盆地为统一沉积盆地（李文厚等，1997）（图 4-1）。吐鲁番坳陷主要发育辫状河三角洲及其河控沼泽相沉积。台北凹陷南缘主要发育辫状河三角洲，北缘柯克亚、桃树园及科牙依地区仍主要发育辫状河三角洲，由于其搬运距离较远，砂岩中结构成熟度及成分成熟度较好；总体物源自南向北；坳陷内部主要发育河控沼泽相沉积，分布较广，其成煤期主要为八道湾组及西山窑组二、三段，其煤层厚度较大，稳定性较强；水西沟群后期其物源方向仍为南北向，地层常超覆于三叠系及上古生界之上。

中晚侏罗世包括三间房组、七克台组、齐古组、喀拉扎组，水西沟群晚期，燕山运动Ⅱ幕加强，坳陷周缘山体进一步隆升，而北侧处于水下的博格达山开始隆升并提供物源，致使水西沟群时期广盆发育的沉积格局开始转变，进而使得吐哈盆地及准噶尔盆地成为两个各自独立发

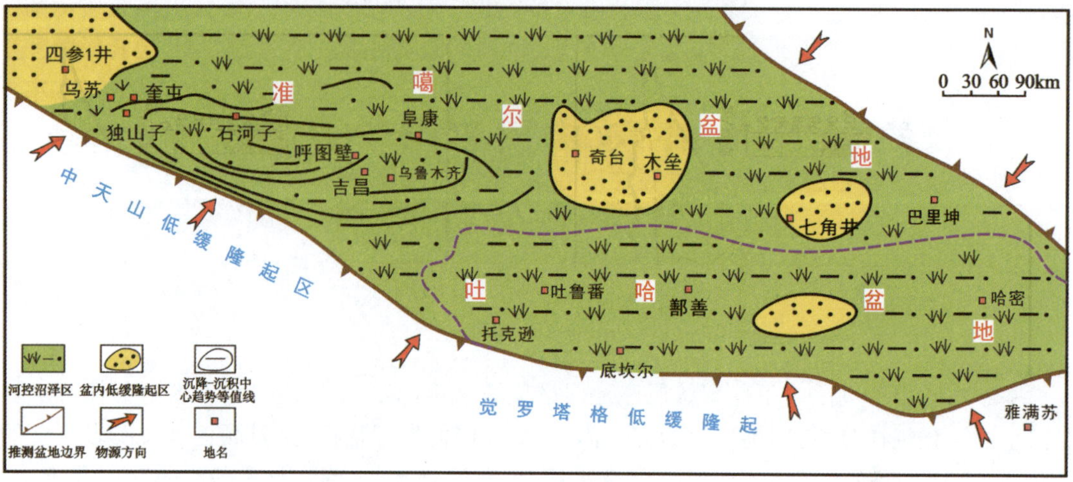

图 4-1 吐鲁番坳陷早中侏罗世(水西沟群)沉积格局图(据李文厚等,1997,修改)

展的盆地,结束了博格达山作为沉积中心的格局(章惠等,2013);此时,古气候也开始由湿润气候转向干旱炎热的气候,形成了一套紫色、棕红色具有氧化色的沉积建造。西山窑组末期-三间房组沉积期,由于博格达山的隆升,北侧开始提供物源,由于南北向的挤压使得坳陷沉积萎缩,坳陷南缘发育辫状河三角洲,北侧开始发育扇三角洲,为一套杂色砂岩、砾岩沉积建造;至七克台组沉积期,南北向的挤压加强,使得坳陷湖盆中心先存低凸隆升,绕低凸发育滩坝沉积,南缘由于坡度变缓发育小型辫状河三角洲沉积,北侧随着博格达山的隆升发育中-大型扇三角洲沉积,三角洲周源发育沼泽沉积。至晚侏罗世,齐古组及喀拉扎组时期,由于在中燕山运动末期,南北向挤压加强,湖盆沉积范围更小,南北供源,其沉积物粒度更粗,北侧发育扇三角洲,南缘仍发育辫状河三角洲沉积。

二、吐鲁番坳陷早中侏罗世古水流、物源体系演化特征

1. 早中侏罗世吐鲁番坳陷古水流演化特征

根据坳陷内部砾石最大扁平面的统计分析,可以大致判断古水流方向,并确定其水流方向。早侏罗世-西山窑组早期,博格达山处于汇水区,古水流方向由准噶尔盆地及坳陷北侧流向博格达山内部,南部还有由南缘觉罗塔格山流向坳陷中心的古水流(章惠等,2013;张传恒等,2005;邵磊等,1999;李玮等,2007);进入西山窑组晚期-三间房组沉积期,坳陷内部南缘由南向北的古水流仍存在,而北侧古水流流向与早侏罗世-西山窑组早期截然相反,古水流方向开始转变为由博格达山流向准噶尔盆地内部及吐鲁番坳陷中心,表明博格达山不再是汇水中心,开始成为古水流的发源地,推测此时博格达山已经开始隆起(章惠等,2013)(图 4-2)。

2. 早中侏罗世吐鲁番坳陷物源体系演化特征

早侏罗世-西山窑组早中期坳陷存在三大物源体系,分别为南部物源体系、北部物源体系和西部物源体系。三大物源区母岩岩石类型大致相同,但也存在些许差异:南部及西部变质

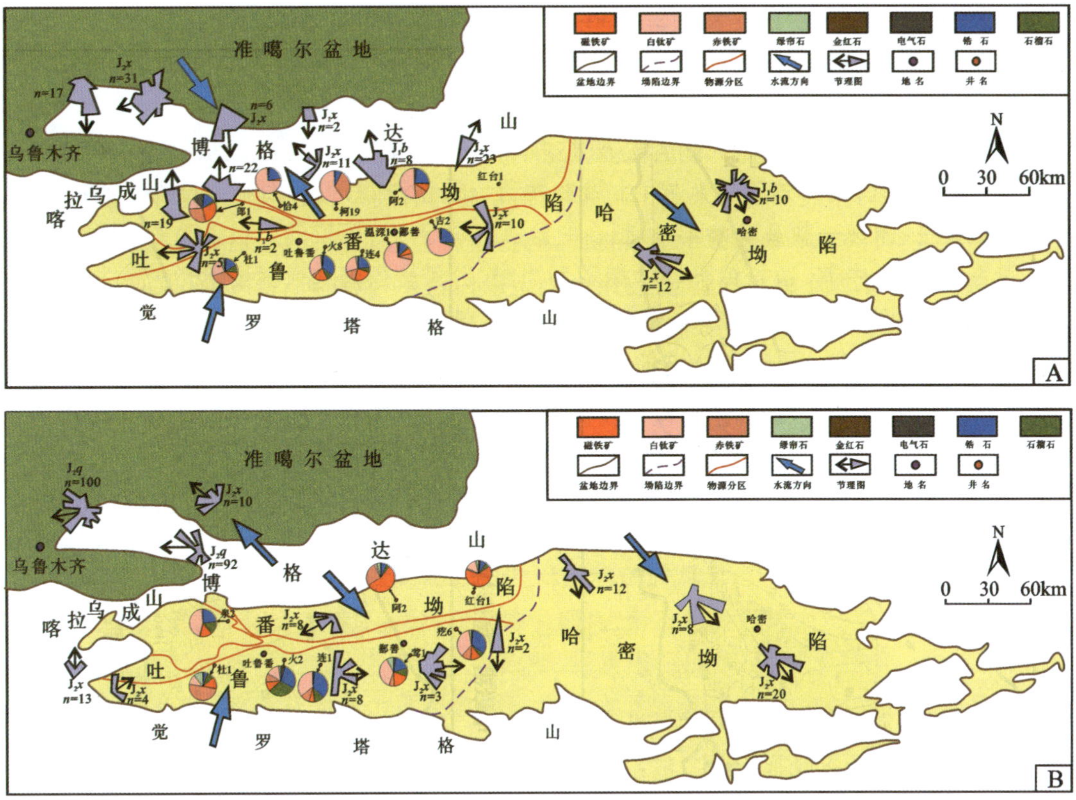

图 4-2　吐鲁番坳陷早中侏罗世古流向示意图(据章惠等，2013，修改)

A. 早侏罗世-西山窑组早中期古流向示意图；B. 西山窑组后期-七克台组沉积期古流向示意图

岩成分较北部多，而北部基性喷出岩及中性岩石成分较西部及南部多。进入西山窑组晚期-三间房组-七克台组沉积期，既继承了早侏罗世三大物源体系的物源特征，也发生了变化，来自北部的物源体系致使其矿物组合开始发生转变，磁铁矿的含量较早侏罗世时期大幅度增多，推测在西山窑组末期北侧博格山的逐渐隆起开始提供物源，而不再是更北侧准噶尔盆地提供物源；南部矿物组合类型总体变化不大(图 4-2)。

通过不同重矿组合特征对本区中下侏罗统物源体系的演化规律分析，可以得出西山窑组末期北缘的重矿组合特征变化较大，特别是磁铁矿的含量突然增多，进而表明博格达山在此时开始隆升，并提供物源。

第二节　吐鲁番坳陷物源体系

研究沉积体系在平面上的展布范围及其形态，首先要明确物源的走向。物源体系的分析在确定沉积物物源位置、性质及沉积物搬运路径，甚至整个盆地的沉积作用和构造演化方面都具有重要的意义。重矿物因其耐磨蚀、稳定性强，能够较多地保留其母岩的特征，在物源分析中占有重要地位。物源分析中重矿物是物源区的重要标志，本次研究主要采用重矿物分析法，分析本区中下侏罗统物源体系的走向。

重矿物是指碎屑岩中密度大于 2.86g/cm^{3}的陆源碎屑矿物。在搬运和沉积过程中，性质不稳定的重矿物随着搬运距离的增大而逐渐减少，而稳定重矿物的相对含量逐渐升高，且不同的重矿物种类对应不同的母岩成分。

对早侏罗世八道湾组的重矿物含量及其组合的异同分析，大致得出八道湾组沉积期共发育有六大物源体系：Ⅰ类重矿物来源于西部物源，矿物组合类型以磁铁矿-白钛矿-锆石-赤铁矿-石榴石为主；Ⅱ类重矿物来源于鲁西物源，矿物组合类型以赤铁矿-白钛矿-锆石-石榴石为主；Ⅲ类重矿物来源于鲁东物源，矿物组合类型以白钛矿-磁铁矿-锆石-石榴石-赤铁矿为主；Ⅳ类重矿物来源于南部塔克泉物源，矿物组合类型以白钛矿-赤铁矿-磁铁矿-锆石为主；Ⅴ类重矿物来源于鄯勒物源，矿物组合类型以磁铁矿-白钛矿-锆石-赤铁矿为主；Ⅵ类重矿物来源于恰勒坎-巴喀物源，矿物组合以白钛矿-锆石-赤铁矿-磁铁矿为主(图 4-3)。

根据早侏罗世三工河组的重矿物含量及其组合特征，三工河组沉积期基本延续了八道湾组的物源特征，但来源于鲁东地区的物源不发育，致使本时期发育有五大物源体系：Ⅰ类重矿物来源于西部物源，矿物组合类型以磁铁矿-白钛矿-锆石-赤铁矿-石榴石为主；Ⅱ类重矿物来源于鲁西物源，矿物组合类型以赤铁矿-白钛矿-锆石-石榴石为主；Ⅲ类重矿物来源于南部塔克泉物源，矿物组合类型以白钛矿-赤铁矿-锆石为主；Ⅳ类重矿物来源于鄯勒物源，矿物组合类型以磁铁矿-白钛矿-锆石-赤铁矿为主；Ⅴ类重矿物来源于恰勒坎-巴喀物源，矿物组合以白钛矿-锆石-赤铁矿-磁铁矿为主(图 4-4)。

物源体系的发展到达西山窑组沉积期，既继承了下侏罗统的物源特征，也发生了变化，来自北部物源体系开始发生转变，恰勒坎-巴喀物源的沉积范围明显萎缩，新增了在北部东段大步地区的物源以及在北部西段玉果地区的物源，总体来说北部物源磁铁矿含量明显增多。南部物源更加复杂，来源鲁西物源沉积范围开始萎缩，而鲁东物源重新发育，在南部东段新发育一支来源疙瘩台-红台地区的物源。

在西山窑组沉积期共发育有九大物源体系：Ⅰ类重矿物来源于西部物源，矿物组合类型以赤铁矿-磁铁矿-白钛矿-锆石-石榴石为主；Ⅱ类重矿物来源于鲁西物源，矿物组合类型以白钛矿-赤铁矿-锆石-石榴石为主；Ⅲ类重矿物来源于鲁东物源，矿物组合类型以白钛矿-磁铁矿-锆石-石榴石-赤铁矿-绿帘石为主；Ⅳ类重矿物来源于南部塔克泉物源，矿物组合类型以白钛矿-赤铁矿-磁铁矿-锆石-绿帘石为主；Ⅴ类重矿物来源于疙瘩台-红台物源，矿物组合以白钛矿-锆石-绿帘石-磁铁矿为主；Ⅵ类重矿物来源于大步物源，矿物组合以白钛矿-锆石-磁铁矿为主；Ⅶ类重矿物来源于鄯勒物源，矿物组合类型以白钛矿-磁铁矿-锆石-赤铁矿为主；Ⅷ类重矿物来源于恰勒坎-巴喀物源，矿物组合以白钛矿-锆石-赤铁矿-磁铁矿为主；Ⅸ类重矿物来源于玉果物源，矿物组合以白钛矿-锆石-赤铁矿-磁铁矿为主(图 4-5)。

三间房组沉积期，南物部源重矿物含量及其组合特征变化不大，但沉积范围明显增大，而北部物源磁铁矿含量较西山窑时期增加一倍，玉果地区物源在此时期不发育，西部物源来源一分为二，重矿物组合特征逐渐与北部物源趋同。

三间房组沉积期共发育有八大物源体系：Ⅰ类重矿物来源于西部物源北段，矿物组合类型以白钛矿-赤铁矿-磁铁矿-锆石为主；Ⅱ类重矿物来源于西部物源南段，矿物组合类型以磁铁矿-赤铁矿-白钛矿-绿帘石-石榴石为主；Ⅲ类重矿物来源于鲁西物源，矿物组合类型以白钛矿-赤铁矿-锆石-石榴石-绿帘石为主;Ⅳ类重矿物来源于鲁东物源,矿物组合类型以白钛矿-磁铁矿-锆石-石榴石-赤铁矿-绿帘石为主;Ⅴ类重矿物来源于南部塔克泉物源,矿物组合类型以白钛矿-赤铁矿-磁铁矿-锆石-绿帘石为主;Ⅵ类重矿物来源于疙瘩台-红台物源,矿物组合以白钛矿-锆石-绿帘石-磁铁矿为主;Ⅶ类重矿物来源于大步物源,矿物组合以白钛矿-锆石-磁铁矿-白钛矿为主;Ⅷ类重矿物来源于鄯勒物源,矿物组合类型以磁铁矿-白钛矿-金红石-绿帘石-赤铁矿为主(图 4-6)。

七克台组沉积期,继承了三间房组沉积期的南北物源体系,其主体变化不大,南部鲁东物源沉积范围向东部延伸,侵占南部塔克泉物源沉积区域,疙瘩台-红台物源沉积范围萎缩,仅发育至疙瘩台地区,红台地区被来源北部大步物源所沉积。西部物源合二为一,重新发育为同一物源体系。

七克台时期共发育有七大物源体系:Ⅰ类重矿物来源于西部物源,矿物组合类型以磁铁矿-赤铁矿-白钛矿-锆石-石榴石为主;Ⅱ类重矿物来源于鲁西物源,矿物组合类型以白钛矿-赤铁矿-锆石-石榴石为主;Ⅲ类重矿物来源于鲁东物源,矿物组合类型以白钛矿-磁铁矿-锆石-石榴石-赤铁矿-绿帘石为主;Ⅳ类重矿物来源于南部塔克泉物源,矿物组合类型以绿帘石-白钛矿-赤铁矿-锆石为主;Ⅴ类重矿物来源于疙瘩台-红台物源,矿物组合以磁铁矿-白钛矿-锆石-绿帘石为主;Ⅵ类重矿物来源于大步物源,矿物组合以白钛矿-锆石-磁铁矿-赤铁矿为主;Ⅶ类重矿物来源于鄯勒物源,矿物组合类型以磁铁矿-白钛矿-绿帘石-赤铁矿为主(图 4-7)。

第三节 吐鲁番坳陷中下侏罗统沉积环境

一、研究区沉积环境特征判断

综合分析吐鲁番坳陷中下侏罗统古生物以及微量元素特征,将通过微量元素比值计算得出的数值投点制成曲线,将研究区主体孢粉类型,孢粉指示意义以及其代表的气候带类型制作成饼状图,这样可以较为直观地表示出研究区的沉积环境变化特征(图 4-8)。

利用古生物资料进行判断,下侏罗统八道湾组时期-中侏罗统西山窑组时期,为温暖潮湿的温带亚热带气候;中侏罗统三间房组时期以及七克台组时期,为半干旱半潮湿的温带亚热带气候。再结合微量元素特征,可以判断出在中下侏罗统呈现三次大的湖平面由浅—深—浅的演化趋势:第一次出现在 J_1b^1—J_1s^1—J_1s^2,第二次出现在 J_2x^1—J_2x^3—J_2s^2,第三次出现在 J_2s^2—J_2q^1—J_2q^2;呈现三次大的由氧化环境向还原环境转换趋势:第一次出现在 J_1b^1—J_1s^1—J_1s^2,第二次出现在 J_2x^1—J_2x^3—J_2s^2,第三次出现在 J_2s^2—J_2q^1—J_2q^2。前两次演化时间长,而第三次演化时间短;中下侏罗统主要发生一次较大的气候转变:下侏罗统八道湾组—三工河组—西山窑组为湿润气候,三间房组—七克台组为干旱气候。

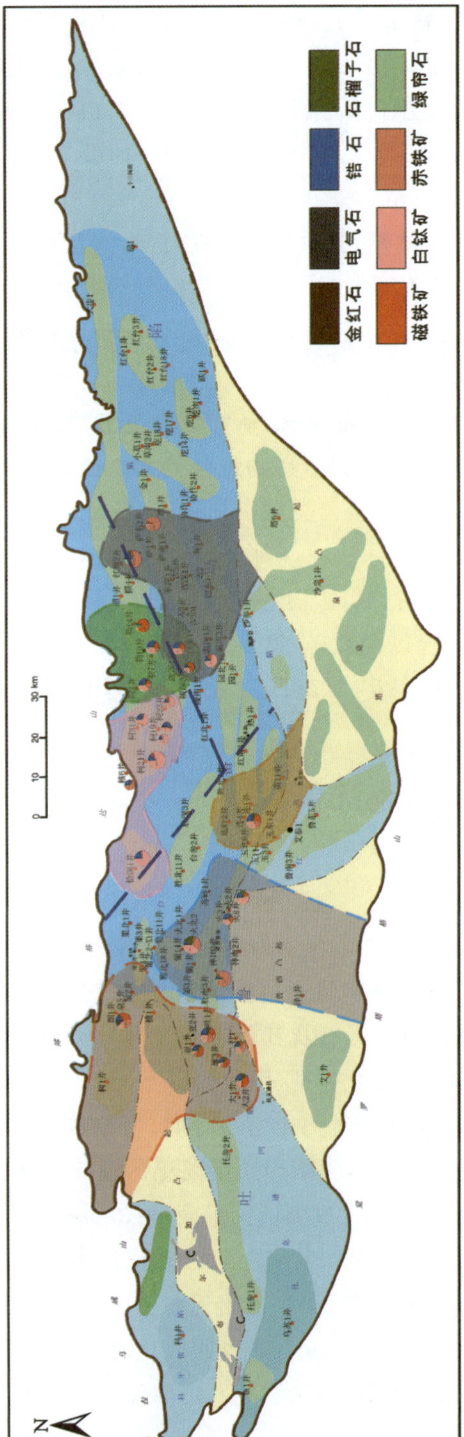

图 4-3　八道湾组物源分析图

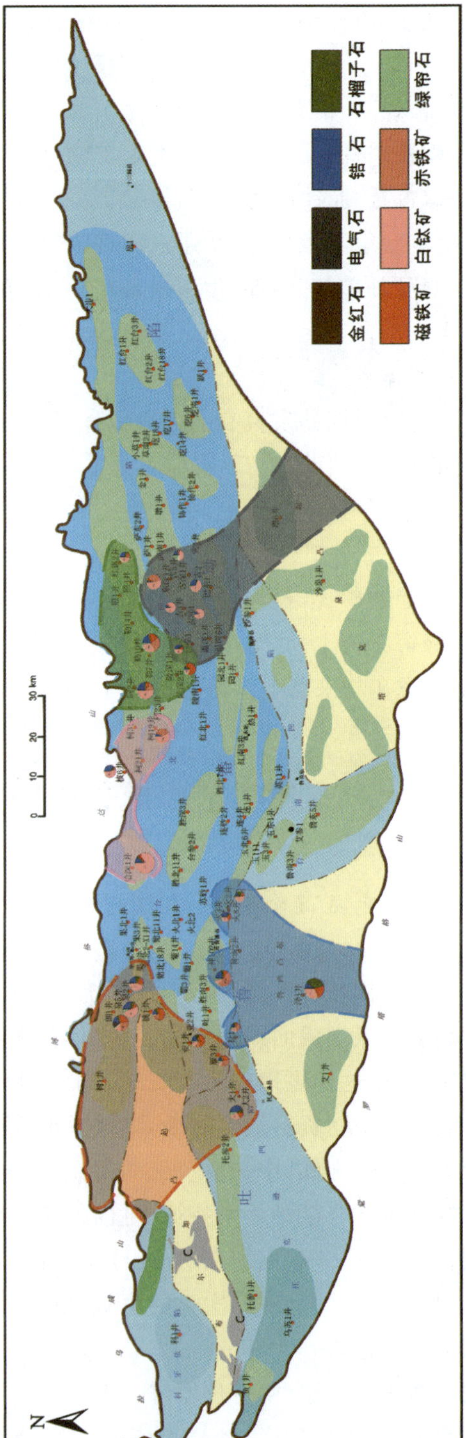

图 4-4　三工河组物源分析图

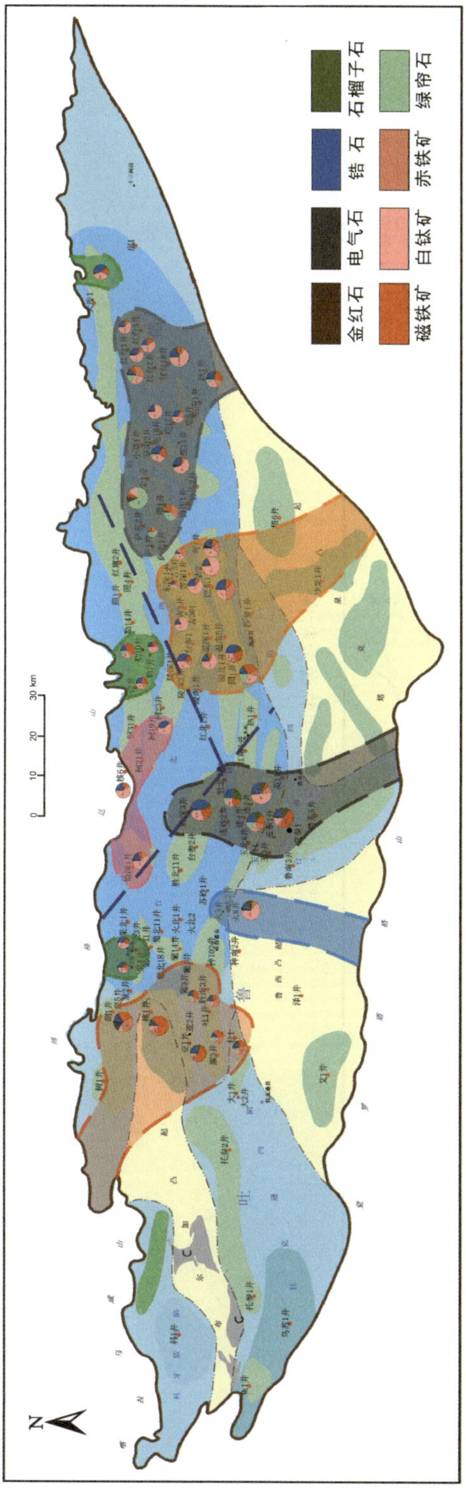

图 4-5　西山窑组物源分析图

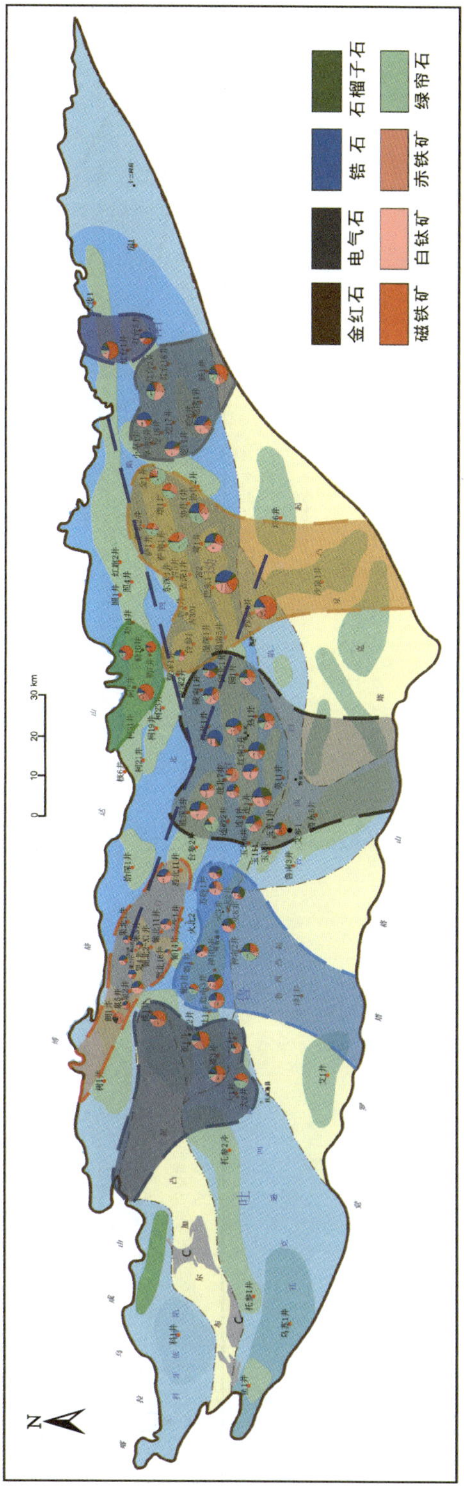

图 4-6　三间房组物源分析图

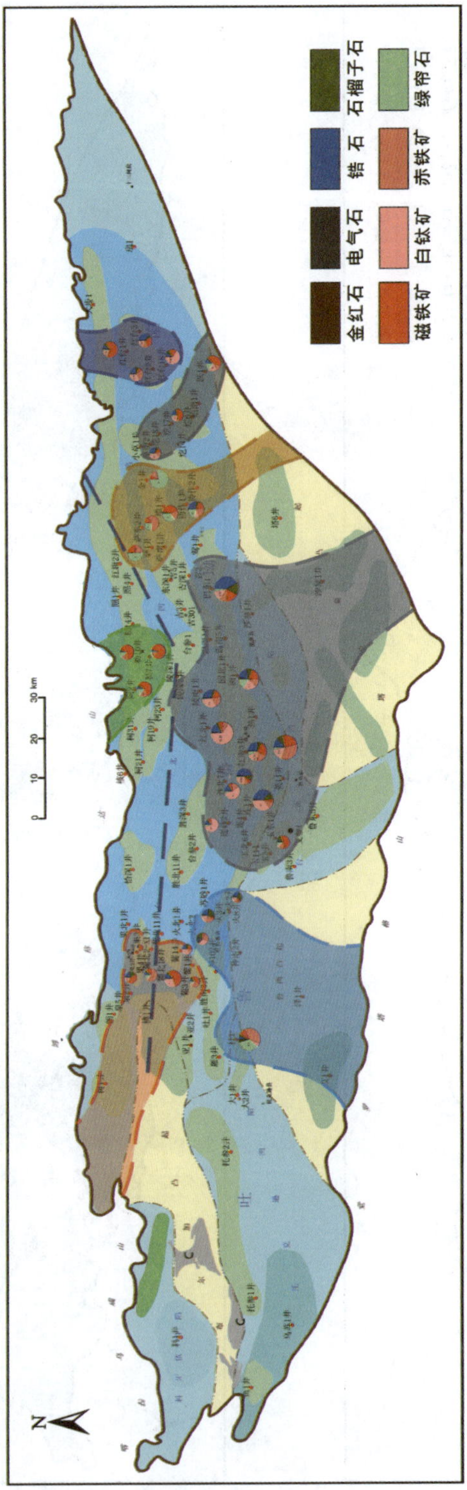

图 4-7 七克台组物源分析图

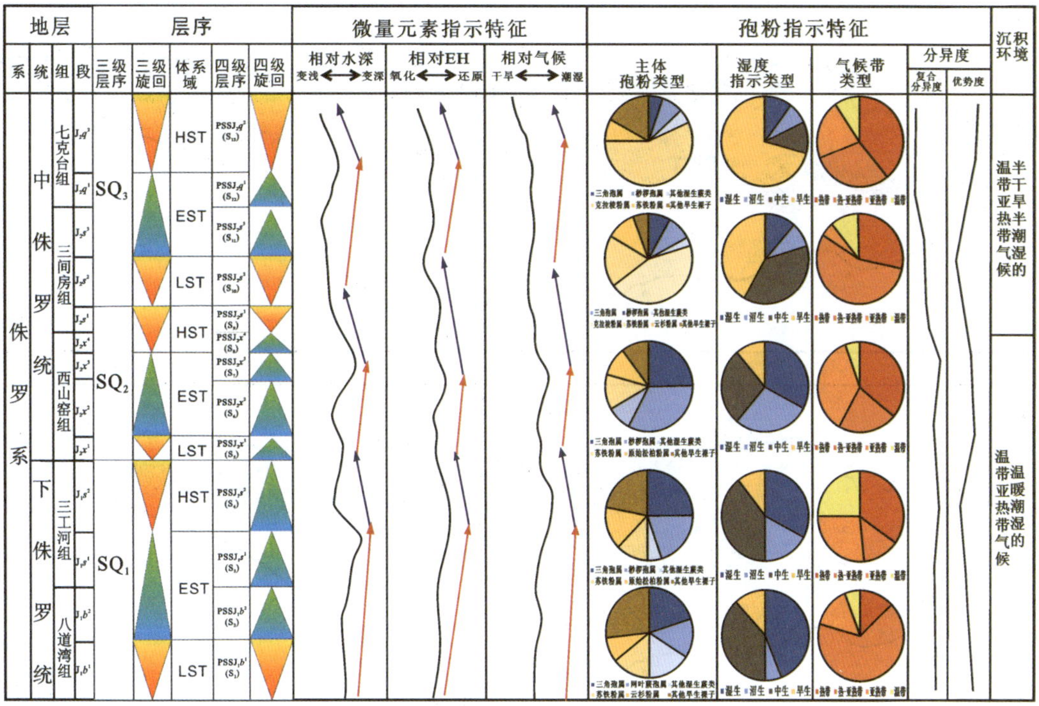

图 4-8 吐鲁番坳陷中下侏罗统沉积环境特征

二、SQ_1泥岩颜色沉积特征分析

SQ_1低位体系域泥岩颜色主要以还原色为主，如浅灰色、灰色、深灰色及灰黑色(图 4-9A)。部分地区存在灰绿色氧化色，南部斜坡带主要以浅灰色为主，北部山前及杜 1(Du1)井附近、Yt1 井及 Tc1 井地区为深灰色，Tuoc1 井地区为灰黑色。总体来看浅灰色泥岩展布范围最广，基本遍布全盆。在SQ_1湖扩体系域时期，主色调仍然以灰色还原色为主，与低位体系域时期相比，灰色泥岩范围有所增加，灰绿色氧化色泥岩由北部山前带向南部斜坡方向移动，南部斜坡带在以浅灰色泥岩为主的前提下有部分棕红色和浅灰绿色的氧化色泥岩发育，深灰色泥岩发育范围有所增加，表明全盆水体加深，湖面加宽(图 4-9B)。SQ_1的高位体系域主色调以灰色还原色为主，灰色泥岩范围较之湖扩体系域大量减少，与低位体系域相近。在晚期强制湖退出现盆缘为氧化色泥岩颜色的现象，深灰色泥岩颜色范围与湖扩体系域时期相比基本没有发生变化，仍然分布于湖盆中心一带，如胜北洼漕、丘东洼漕及小草湖洼漕(图 4-9C)。

三、SQ_2泥岩颜色沉积特征分析

西山窑组应力过渡时期，由于坳陷整体处于挤压-拉张的应力过渡时期，坳陷抬升，湖水相较于早侏罗世较浅，更加适宜煤层发育，但由于水体在低位体系域时期较浅，湖扩体系域时期适宜，高位体系域时期深，所以SQ_2整体上湖扩体系域时期煤层发育且厚度较大，在低位及高位体系域时期较少发育。低位体系域时期整体上煤层不发育，少量发育在巴喀地区、疙瘩

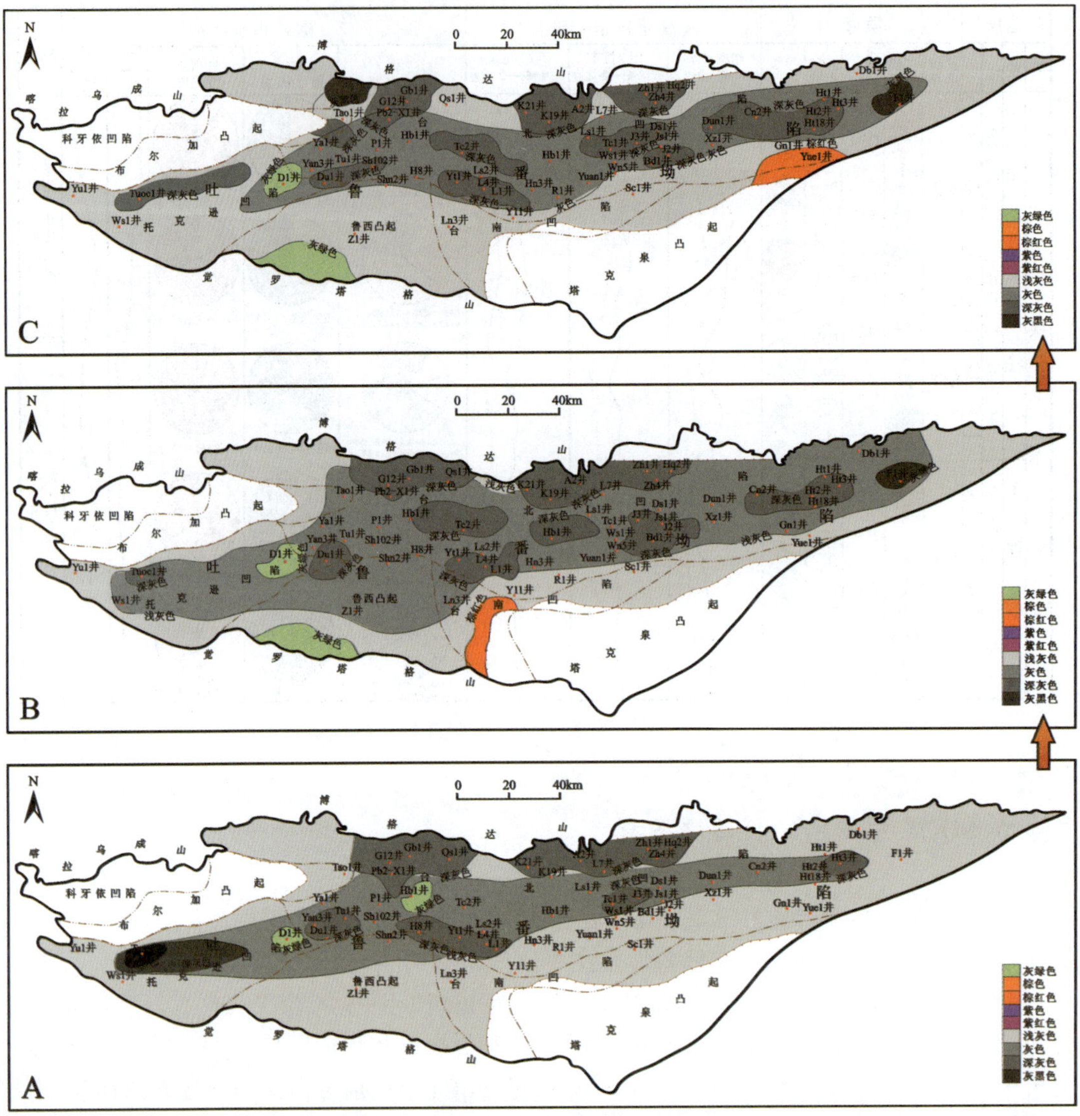

图 4-9　吐鲁番坳陷早侏罗世三级层序 SQ_1 泥岩颜色平面分布图

A. SQ_1 低位体系域泥岩颜色平面分布图；B. SQ_1 湖扩体系域泥岩颜色平面分布图；

C. SQ_1 高位体系域泥岩颜色平面分布图

台盆缘及北部山前。巴喀地区（K21 井附近）煤层厚度相对较厚，最大厚度为 80m 左右。疙瘩台［跃 1（Yue1）井附近］盆缘地区发育煤层厚度为 60m。北部山前厚层厚度仅发育 10m 左右（图 4-10A）。湖扩体系域时期为煤层的主要发育时期，此时期全区南北向挤压，坳陷抬升，水体适宜，煤层大量发育，恰勒坎（Qs1 井）、柯克亚（K21 井）、鄯善弧形带（Ls1 井－Tc1 井）、丘东洼漕（J3 井）、小草湖洼漕［草南 2（Cn2）井］及红台地区［红台 1（Ht1）井］等区域为本期煤层主要沉积中心，最大厚度达到 80m，最小厚度为 60m，全区其余地区的煤层发育较浅，平均厚度在 20～30m 之间（图 4-10B）。高位体系域时期全区基本不发育煤层，仅在巴喀、红台地区有 20m 左右煤层发育（图 4-10C）。

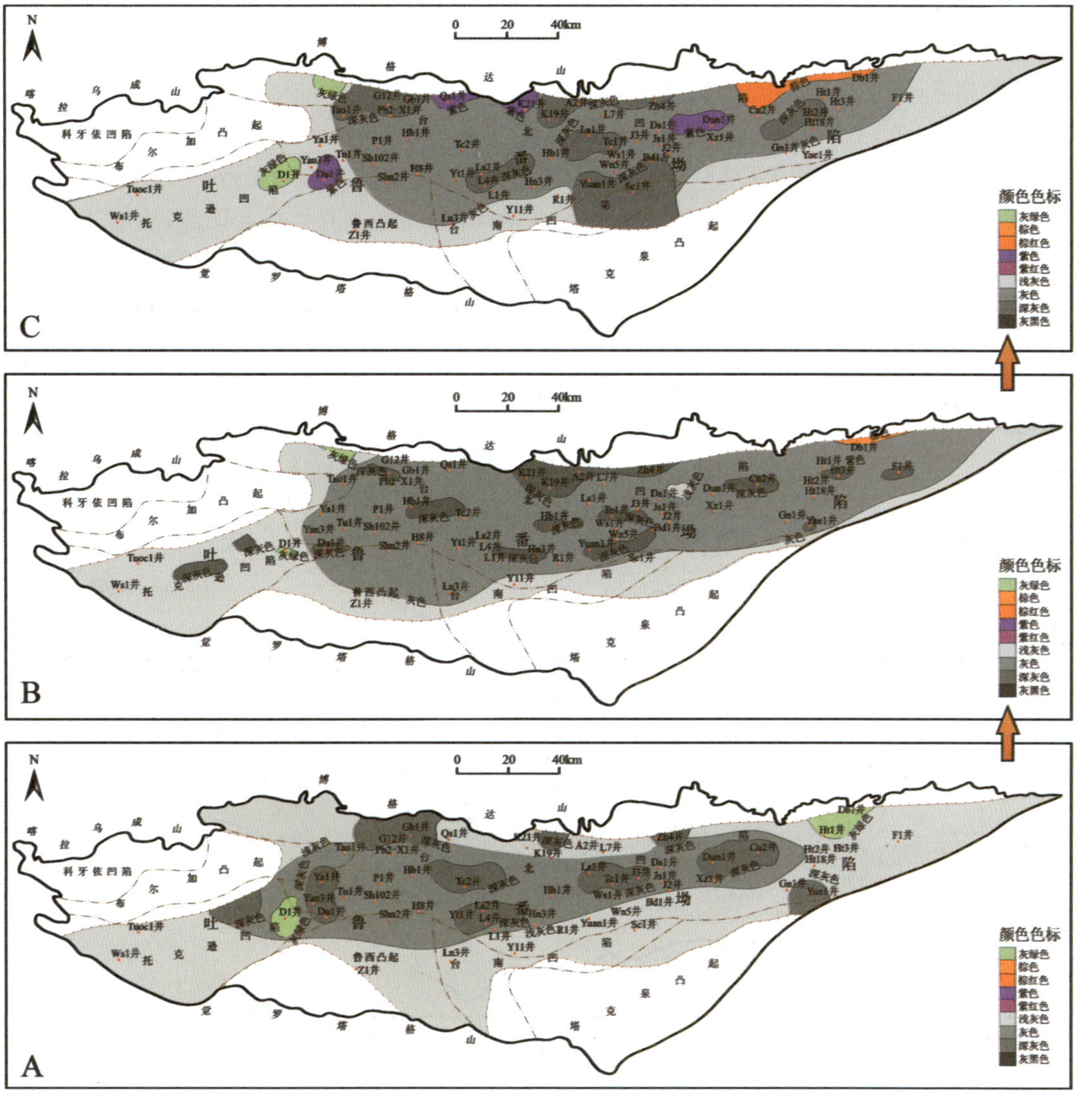

图 4-10　吐鲁番坳陷中侏罗世三级层序 SQ_2 泥岩颜色平面分布图

A. SQ_2 低位体系域泥岩颜色平面分布图；B. SQ_2 湖扩体系域泥岩颜色平面分布图；

C. SQ_2 高位体系域泥岩颜色平面分布图

四、SQ_3 泥岩颜色沉积特征分析

三级层序 SQ_3 时期，泥岩颜色开始转变，与前面两个三级层序不同，开始以氧化色为主。SQ_3 低位体系域时期，泥岩颜色在全区表现为杂色分布，氧化色及还原色都有，但以氧化色为主，表明此期的气候开始转变为干旱环境，湖盆缩小。南部斜坡及西南部托克逊凹陷北部盆缘、雁木西（Yan3 井）、恰勒坎（Qs1 井）、台南（Y11 井）及萨克桑[东深 1（Ds1）井]地区出现氧化色（棕红色、棕色、紫色）；在七泉湖、红台地区北缘、七克台地区南缘出现灰绿色的泥岩颜色，丘东洼漕及托克逊凹陷湖盆中心出现灰色，其他地区为浅灰色（图 4-11A）。SQ_3 湖扩体系

域时期，湖盆中心的灰色泥岩发育范围增加，氧化色泥岩大范围减少，其分布范围主要为湖盆边缘一带，表明湖盆在发生扩张，连木沁[连 4(L4)井]、丘东洼漕、小草湖洼漕(Cn2 井)、七克台、善鄯地区(Tc1 井)及北部山前主要以深灰色还原泥岩颜色为主，在丘东洼漕甚至出现了灰黑色泥岩颜色；南部斜坡，葡萄沟西缘、恰勒坎、巴喀、萨克桑地区为紫红色及棕红色氧化色调(图 4-11B)。SQ 高位体系域时期，氧化色泥岩大范围减少，南部七克台地区新发育大范围灰绿色泥岩，在恰勒坎、巴喀及照壁山地区出现紫红色、棕红色的氧化色泥岩，表明了全体的浅湖沉积特征(图 4-11C)。

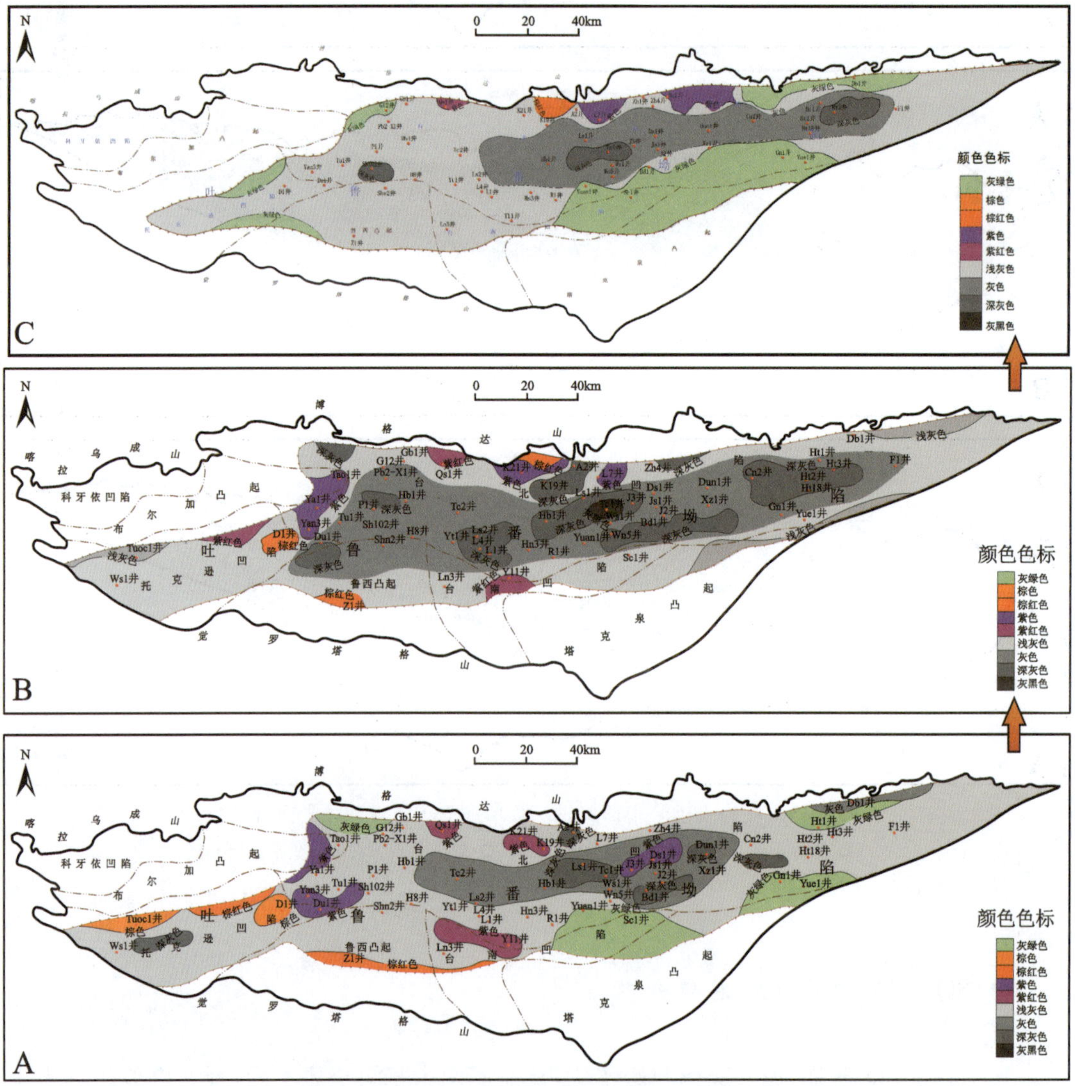

图 4-11　吐鲁番坳陷中侏罗世三级层序 SQ_3 泥岩颜色平面分布图

A. SQ_3 低位体系域泥岩颜色平面分布图；B. SQ_3 湖扩体系域泥岩颜色平面分布图；

C. SQ_3 高位体系域泥岩颜色平面分布图

第四节 吐鲁番坳陷中下侏罗统沉积相发育类型

在露头剖面考察、钻井岩芯观察、沉积序列综合分析研究的基础上，对吐鲁番坳陷中下侏罗统的主要沉积相、亚相和微相类型进行了厘定，吐鲁番坳陷中下侏罗统主要发育沉积相类型包括滨浅湖、沼泽相、辫状河三角洲相、扇三角洲相 4 种。

一、滨浅湖相

滨浅湖相位于湖盆边缘，距岸较近，接受来自湖岸的粗碎屑物质。其中，滨湖环境中可发育滨湖沙坝、干旱湖湾和湖湾沼泽等微相类型；而浅湖环境中的沉积物以灰绿色泥岩、灰黑色泥岩夹薄层粉细砂岩为特征。本区发育滨浅湖沉积（图 4-12），滨浅湖沉积的细砂岩中，可见大量水平层理（图 4-13A、D），见有生物虫孔及生物扰动构造（图 4-13B、C）；测井 SP 曲线及 RT 曲线形态整体振幅较小，表现为指形、箱形等（图 4-14）。

图 4-12 连木沁剖面滨浅湖沉积相野外对比图

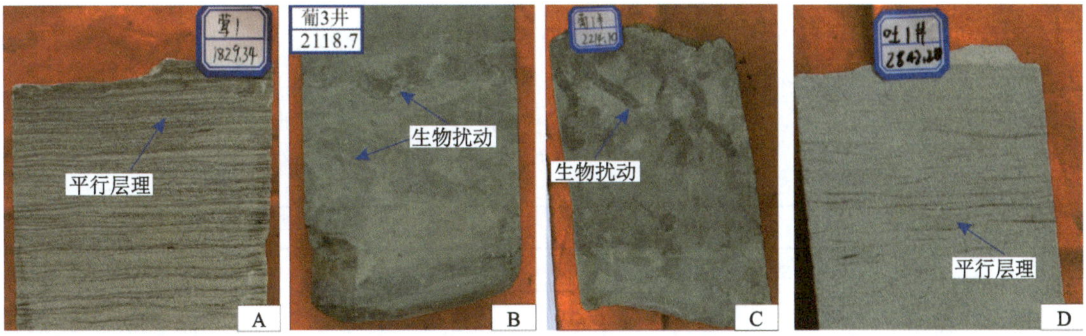

图 4-13 滨浅湖亚相岩芯图

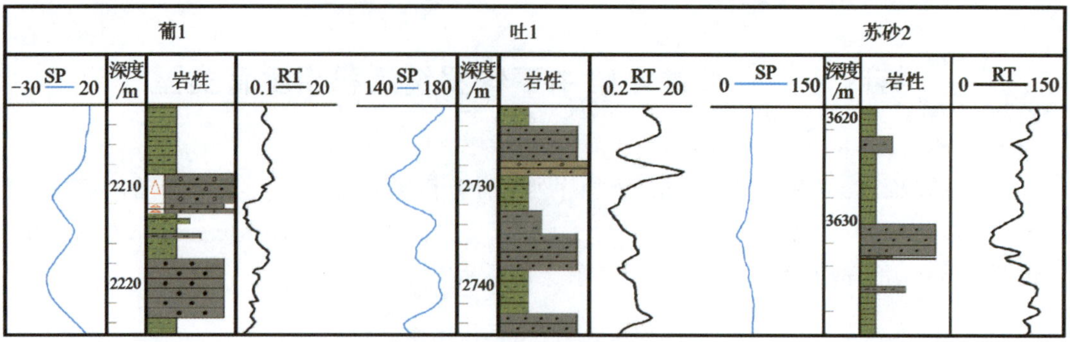

图 4-14　滨浅湖测井曲线形态图版

二、沼泽相

沼泽相中煤为主要成分，此外，还有碳质页岩、碳质粉砂岩及泥岩等，典型构造包括块状层理、水平层理，偶有小型沙纹层理；常含大量植物化石，并常有黄铁矿、菱铁矿等，反映还原条件的沉积环境。

岩性特征：以黑色泥岩为主，其次为暗色粉砂岩，砂岩很少，沉积物中碳屑很多，并富含植物化石，夹有煤线、泥炭和煤层，常见菱铁矿、黄铁矿结核(图 4-15)。

图 4-15　沼泽相岩芯图

A. 泥质粉砂岩中含有沥青质；B. 黑色泥岩；C. 煤层；D. 灰黑色泥岩中含有大量植物茎叶化石

沉积构造：层面构造含植物茎秆，呈块状而无方向性，有时可见水平层理及少量小型交错层理；沼泽沉积厚度一般不大，分布范围较小。

曲线特征：测井曲线 SP 曲线及 GR 曲线，振幅较小，有指形、箱形等。沼泽曲线，因为沼泽亚相与滨浅湖亚相均属于互相，因此，两个相带测井曲线有较多相似之处(图 4-16)。

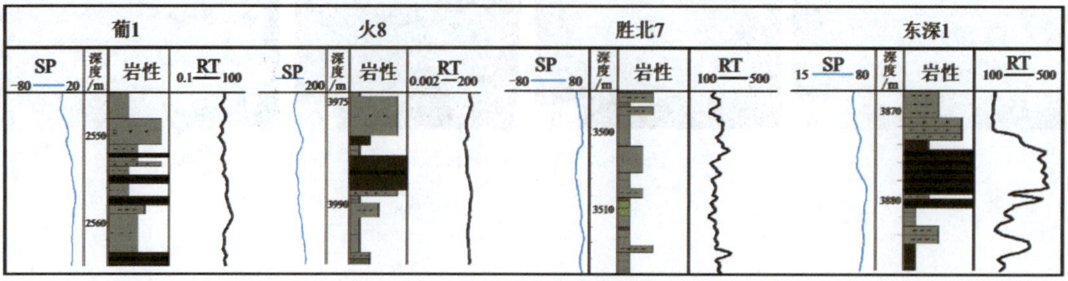

图 4-16　沼泽相测井曲线形态图版

三、辫状河三角洲相

辫状河三角洲是指由辫状河体系流入到停滞水体中形成的富含砂和砾石的三角洲，其辫状分流河道由单条或多条河流组成，是介于粗碎屑的扇三角洲和细碎屑的正常三角洲之间的类型。辫状河在垂向的层序有以下特点：

河流二元结构的底层沉积发育良好、厚度较大，而顶层沉积不发育、厚度较小。底层沉积的粒度粗，砂砾岩发育。

由河道迁移形成的各种层理类型发育，如块状或不明显的平行层理、巨型槽状交错层理、单组大型板状交错层理。

台北凹陷辫状河三角洲较为发育，可细分为辫状河三角洲平原亚相、辫状河三角洲前缘亚相及前三角洲亚相。

辫状河三角洲平原亚相：可细分为砾质分流河道、砂质分流河道和河道间几种微相。砾质分流河道和砂质分流河道位于辫状河三角洲陆上平原的辫状河道，河道间位于辫状河三角洲平原分流河道之间的低洼地带。

岩性特征：沉积物粒级较粗，砂、砾岩含量较高，垂向上以河道沉积为主，泛滥平原发育，由灰色、紫红色块状中砾岩，灰色厚层状含砾岩屑粗砂岩，灰色、灰绿色厚层一块状岩屑杂砂岩、灰绿色粉砂岩，紫红色、棕色含粉砂质泥岩及泥岩组成若干套正韵律层，成分成熟度较低，结构成熟度中等，颗粒分选中等，磨圆度以次棱角状为主。

沉积构造：以发育的分流河道为特征，具有二元结构，底积层为含砾粗砂岩及细砾岩，基冲刷面之上常含滞留沉积物、下部具大型槽状交错层理，上部具大型板状交错层理的河道砂坝沉积，自下而上为粗变细的正旋回层序(图 4-17A)，砾状沉积物(图 4-17B)自下而上为粗变细的正旋回层序(图 4-17C)。

图 4-17 辫状河三角洲平原辫状水道岩芯图

A. 正旋回层序；B. 砾状沉积物；C. 正旋回层序；D. 正旋回层序

测井曲线形态：中高幅钟型，光滑、齿化箱型，漏斗型(图 4-18)。

辫状河三角洲前缘亚相位于辫状河三角洲平原与滨浅湖相之间，是辫状河道向湖盆推进过程中前积在水下形成的砂体。可进一步细分为水下砾质河口坝、砂质河口坝、远砂坝和席状砂几种微相类型。

岩性特征：以灰色细砂岩及中砂岩为主，含粉砂岩及泥质粉砂岩；泥质含量较平原亚相增多。岩性组合为中厚层细砂岩与中—厚层灰色泥岩互层，主要发育交错层理，底部见冲刷构造(图 4-19)。

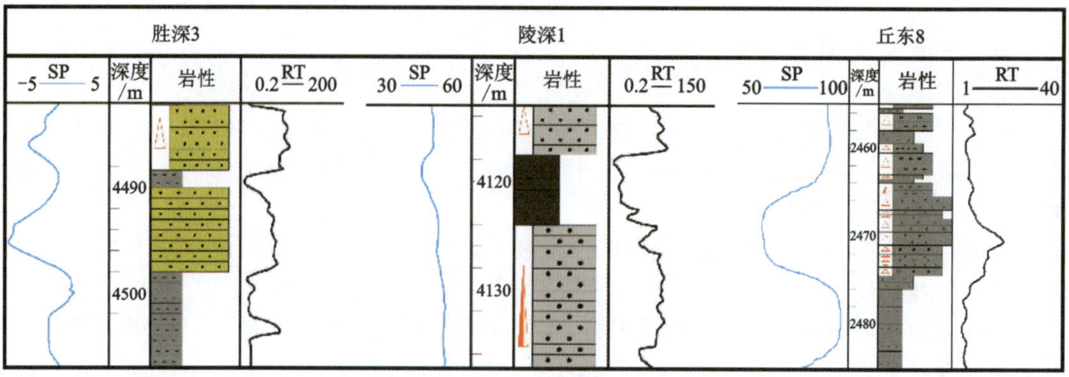

图 4-18　辫状河三角洲测井曲线形态图版

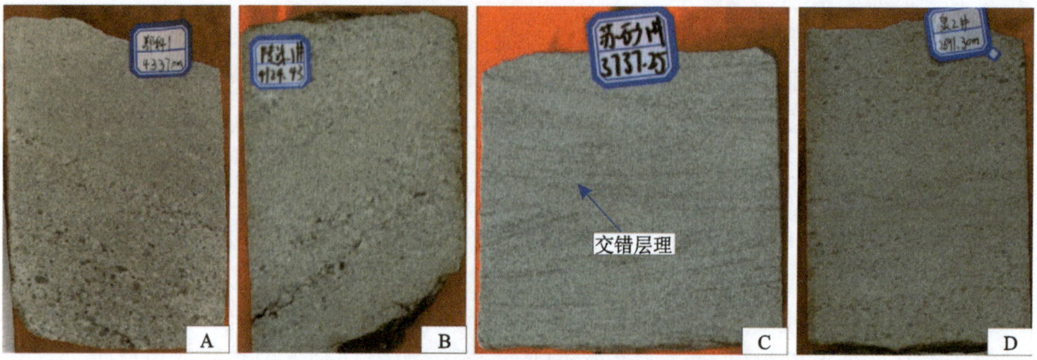

图 4-19　辫状河三角洲前缘水下辫状河道岩芯图
A、B. 砂砾互层；C. 灰色细砂岩（交错层理）；D. 灰色中砂岩

沉积构造：以发育水下辫状水道微相为主，底部为含砾粗砂岩及粗砂岩，顶部为中—细砂岩，为一由粗变细的正旋回序列。

前三角洲亚相位于三角洲前缘亚相前端向湖盆方向，其实质已进入到滨浅湖范围中。由于水深相对较深，沉积物供给相较少，沉积速率较低，故沉积物以灰色、灰绿色泥岩、粉砂质泥岩为主，发育有很好的水平层理，湖相生物化石丰富。垂向上为砂泥岩薄互层，见有水平层理及泥质条带（图 4-20）。

图 4-20　辫状河前三角洲岩芯图
A. 泥质粉砂岩中夹深灰色泥质条带砂泥互层；B. 深灰色泥岩

四、扇三角洲相

扇三角洲发育在活动构造背景条件下，通常需要湖岸附近地形高差大、岸上斜坡陡窄、物源近、碎屑物质供应充足。扇三角洲主要有两种类型：一种是靠山型，即山根出口处是湖，因此扇三角洲紧靠山前，扇三角洲平原就是在水下扇基础上发展起来的冲积扇；另一种是靠扇型，冲积扇前端水流入湖形成扇三角洲，扇三角洲平原的顶端靠近冲积扇。吐鲁番坳陷的扇三角洲主要发育在 SQ_3 层序以后的北部山前带，依附于边界断层发育，其形成可能与博格达山在此时的快速隆升有关。

曲线特征：测井曲线 SP 曲线及 GR 曲线与辫状河三角洲相似，多以底部突变接触的钟型和顶部突变接触的漏斗型为主，往往代表三角洲水下分流河道及三角洲前缘（图 4-21）。

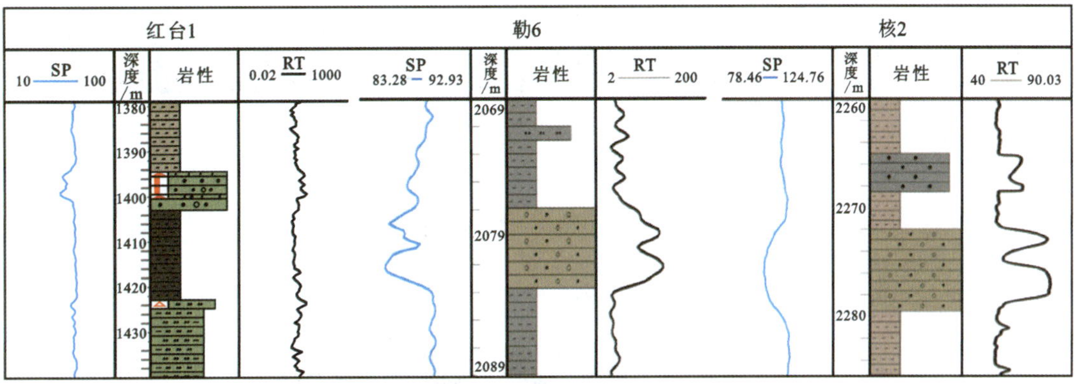

图 4-21　扇三角洲测井曲线形态图版

扇三角洲平原是由水下扇向湖盆推进而形成的暴露于湖平面以上的部分，其主体由扇三角洲平原辫状水道和水道间组成。

岩性特征：辫状河道主要岩性为砾岩、砂质砾岩，向上变细的正粒序，底冲刷；河道间湾主要岩性为泥岩、粉砂质泥岩、粉砂岩、碳质泥岩（图 4-22）。

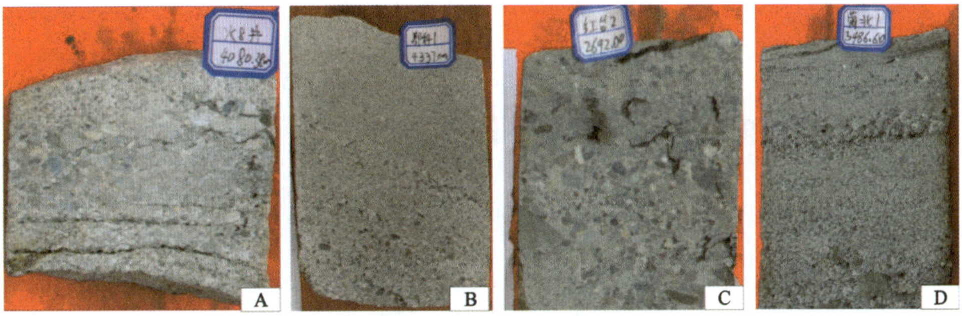

图 4-22　扇三角洲平原岩芯图

A、C. 砾岩；B. 砂质砾岩，向上变细的正粒序；D. 粗砂岩

沉积构造：主体由扇三角洲平原辫状水道和水道间组成。

扇三角洲前缘亚相主要由砾质水下分流河道、分流间湾和远岸砂坝几种微相类型组成。

砾质水下分流河道是扇三角洲前缘亚相的主体，分流河道间湾位于扇三角洲前缘水下分流河道间的湖湾区，远砂坝在扇三角洲前缘环境中，通常由于坡度较陡，沉积物粒度粗，加上沉积速率高，一般远砂坝不太发育。

岩性特征：水下分流河道主要岩性为砾岩、砂质砾岩、砾质砂岩、粗砂岩，为向上变细的正粒序；分流间湾主要岩性为泥岩、粉砂质泥岩；远砂坝主要岩性为含砾粗砂岩、粗砂岩、中砂岩（图 4-23）。

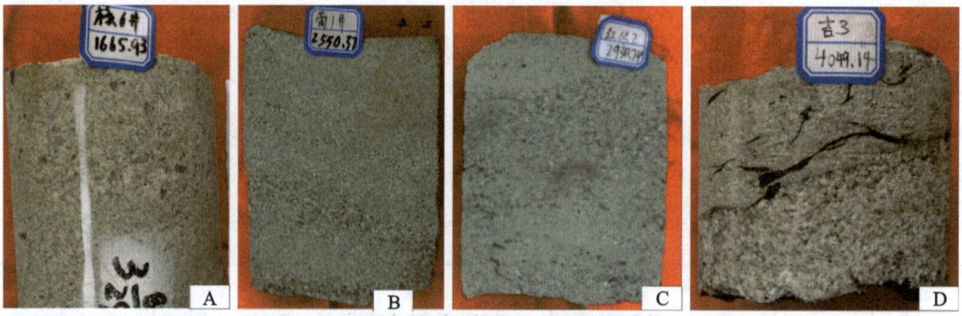

图 4-23　扇三角洲前缘岩芯图

A、D. 砾质粗砂岩；B. 中砂岩，向上变细的正粒序；D. 粗砂细砂互层

沉积构造：该亚相主要由砾质水下分流河道、分流间湾和远砂坝几种微相类型组成。

前三角洲亚相已进入到滨浅湖背景中。岩性特征：主要岩性为泥岩、粉砂质泥岩等（图 4-24）。沉积构造：主体以稳定的泥质沉积为特征。

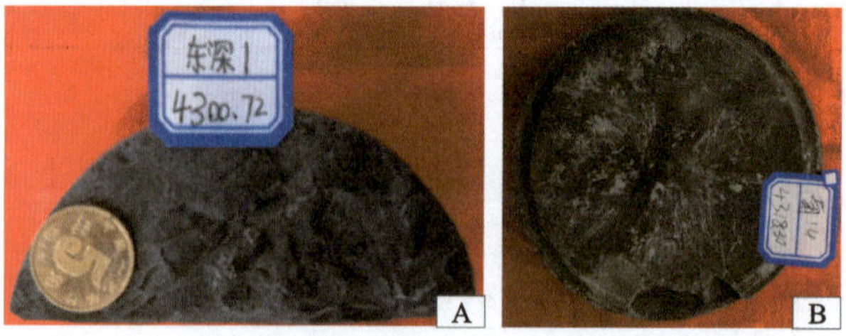

图 4-24　前三角洲岩芯图

A. 黑色泥岩；B. 粉砂质泥岩

第五节　吐鲁番坳陷中下侏罗统连井剖面沉积相分析

在中下侏罗统层序地层划分的基础上，本次研究选取揭示中下侏罗统层序较全的 121 口重点井，将东西向贯穿全盆地的对比剖面与南北向垂直全盆地走向的对比剖面连接成覆盖全区、界面闭合的地层对比剖面网，以实现全区等时地层对比的目的。本次对比选取南北向联井剖面 4 条，以下阐述其层序地层在横向上的变化和对比特征。

1. 跨神泉-葡北-玉果构造带连井相对比

该连井全井皆发育中下侏罗统完整层序，南北方向上横跨葡萄沟、葡北、胜南—雁木西等构造带，三级层序 SQ_1-SQ_2-SQ_3 都发育良好(图 A-49)。

其中，SQ_1 层序主要发育三角洲前缘相、沼泽相和滨浅湖相三大相类，从四级层序 S_1、S_2、S_3、S_4 描述地层的横向变化及对比特征，以下分别阐述：

S_1 时期，该连井南部泽 1 井发育三角洲前缘沉积，由厚层状细砂岩的改造河道微相和薄层状粉砂岩夹泥岩的越岸沉积微相组成。测井曲线上，改造河道微相多为漏斗状中高幅形态，越岸沉积微相为齿状低幅形态。砂体向湖盆中心进积，至神南 2 井一带时，主要发育沼泽相沉积，主要的沉积微相为改造河道微相、越岸沉积微相和泥炭微相，其中，改造河道微相主要发育于 S_1 底部，泥炭微相往往发育在越岸沉积微相之下。随后，在神 102 井底部发育席状砂沉积微相，部分泥炭微相发育为改造河道沉积，再向湖盆中心进积。在葡 14 井，连井底部仍发育席状砂，但泥炭微相大量发育，改造河道仅发育于砂体中部。在连井北部，砂体底部席状砂尖灭于此，只发育改造河道微相和泥炭微相。

S_2 时期，该连井南部上层发育三角洲前缘水下分流河道沉积微相，发育有厚层中细砂岩夹薄层泥质粉砂岩的岩性组合，测井曲线具有中幅漏斗型特征。下层发育沼泽相沉积，包括水下分流河道微相与泥炭微相，发育细砂岩夹薄层粉砂质泥岩岩性组合，测井曲线上具有齿形低幅的特征。在神南 2 井地区，沼泽相发育良好，上部三角洲前缘相发育为沼泽相，水下分流河道沉积发育为改造河道微相和席状砂微相，泥炭微相仍发育，向北进积。在北侧神 102 井一带，上部原席状砂砂体发育为厚层含砾砂岩的水下分流河道，测井曲线上表现为高幅箱型形态。在北部葡 14 井和葡北 2X-1 井地区，上层砂体发育为滨浅湖相的席状砂沉积微相，以灰白色细砂岩夹泥岩为岩性特征和齿状中幅为测井曲线特征，下层只发育泥炭微相的厚层煤层。

S_3 时期，该连井南部泽 1 井地区发育三角洲前缘沉积，包括席状砂微相和水下分流河道微相。席状砂砂体发育细砂岩夹薄层粉砂质泥岩为岩性组合，测井曲线上具有齿形低幅的特征。水下分流河道沉积发育厚层中细砂岩的岩性组合以及高幅箱型形态测井曲线特征。在北侧神 102 井地区，部分砂体发育为改造河道微相。在向北的进积中，席状砂发育为改造河道微相，该砂体在神 102 井地区表现为薄层细砂岩的岩性特征以及中高幅齿形形态测井曲线特征。原在底部发育的改造河道微相在神 102 井地区发育为越岸沉积微相，为薄层细砂岩夹粉砂岩岩性组合。在北侧葡 14 井地区，原上层改造河道沉积发育为水下分流河道沉积，下部的越岸沉积发育为改造河道沉积。在连井北部葡北 2X-1 井，S_3 时期只发育滨浅湖席状砂沉积，以灰白色细砂岩夹泥岩为岩性特征和齿状中幅为测井曲线特征。

S_4 时期，该连井南部泽 1 井发育以水下分流河道微相和越岸沉积微相的三角洲前缘沉积，其中，水下分流河道沉积发育厚层中细砂岩的岩性组合以及高幅箱型形态测井曲线特征，越岸沉积微相薄层细砂岩夹粉砂岩岩性组合，测井曲线特征表现为中低幅齿状形态。在向北的进积中，越岸沉积微相尖灭于神南 2 井南侧，神南 2 井和神 102 井仅发育两套水下分流河道沉积。在葡 14 井地区，上部水下分流河道沉积尖灭，下层水下分流河道砂体发育为灰白色厚层含砾细砂岩，测井曲线特征相差不大。在连井北部葡北 2X-1 井，上层发育沼泽相的席状砂沉积，下层发育三角洲前缘的改造河道沉积，其中，席状砂砂体发育细砂岩夹薄层粉砂质泥岩岩性组合，测井曲线上具有齿形低幅的特征，而改造河道微相以厚层中细砂岩为岩性特征，以中高幅钟状形态为测井特征。

SQ_2主要发育三角洲前缘相、扇三角洲前缘相、泛滥平原、沼泽相和滨浅湖相五大相类，从四级层序 S_5、S_6、S_7、S_8和 S_9描述地层的横向变化及对比特征，以下分别阐述：

S_5时期，连井南部地区发育两套三角洲前缘沉积水下分流河道微相，水下分流河道沉积发育厚层中细砂岩的岩性组合以及高幅箱型形态测井曲线特征。这两套砂体向北部湖盆中心不断进积，在葡 14 井地区，上层砂体发育为席状砂沉积，表现为以薄层细砂岩夹薄层粉砂质泥岩为岩性组合和具有齿形低幅的测井特征。在连井北部的葡北 2X-1 井地区，这两套砂体发育为三角洲前缘相的改造河道微相，表现为厚层细砂岩的岩性特征以及中高幅齿形形态测井曲线特征。

S_6时期，连井南部泽 1 井地区发育泛滥平原沉积，底部发育以煤层为主的泥炭微相，上部发育多套水下分流河道沉积，以厚层含砾细砂岩的岩性组合以及高幅箱型测井曲线形态为特征。在向北部湖盆中心进积的过程中，神南 2 井及神 102 井地区附近，原泛滥平原沉积发育为沼泽相沉积，部分水下分流河道沉积发育为泥炭沼泽沉积，并继续向北部迁移。在北侧葡 14 井地区，原水下分流河道沉积发育为席状砂沉积，席状砂砂体发育细砂岩夹薄层粉砂质泥岩岩性组合，测井曲线上具有齿形低幅的特征，并新发育一套改造河道微相沉积，该砂体以灰白色粗砂岩夹泥质粉砂岩为岩性组合，测井曲线上表现为漏斗状中高幅形态。在连井北部葡北 2X-1 井地区，从下往上发育沼泽相-三角洲前缘-沼泽相-三角洲前缘为顺序的沉积，其中三角洲前缘主要发育改造河道微相沉积，以厚层中细砂岩为岩性特征和中高幅箱状的测井曲线特征。以沼泽相发育泥炭微相为主，以及少量改造河道微相的沉积。

S_7时期，连井南部泽 1 井发育三角洲前缘改造河道沉积，该砂体以灰色粗砂岩夹泥质粉砂岩为岩性组合，测井曲线上表现为漏斗状中高幅形态，并向北部湖盆中心进积。在北部神南 2 井地区，顶层改造河道发育为席状砂沉积，席状砂砂体发育细砂岩夹薄层粉砂质泥岩为岩性组合，测井曲线上具有齿形低幅的特征。北侧神 102 井发育滨浅湖沉积，原中部改造河道发育为席状砂沉积。连井北部葡 14 井和葡北 2X-1 井发育多套滨浅湖相的席状砂沉积。

S_8和 S_9时期，南部连井发育泛滥平原沉积，发育两套砂体以薄层细砂岩夹粉砂岩岩性组合和中低幅齿状形态的测井曲线特征的越岸沉积，向北侧湖盆中心进积。北侧神南 2 井地区，下部发育三角洲前缘席状砂沉积，席状砂砂体细砂岩夹薄层粉砂质泥岩为岩性组合，测井曲线上具有齿形低幅的特征。上部仍发育泛滥平原的越岸沉积，两套砂体向北发育过程中尖灭。神 102 井新发育两套滨浅湖席状砂沉积，向北侧葡 14 井迁移。葡 14 井上部发育三角洲前缘席状砂沉积，下部发育以改造河道为主、席状砂为辅的滨浅湖沉积，其中，改造河道主要以该砂体灰色粗砂岩夹泥质粉砂岩为岩性组合，测井曲线上表现为漏斗状中高幅形态。在北部葡北 2X-1 井发育扇三角洲前缘沉积，原中部改造河道砂体发育为水下分流河道沉积，上部席状砂沉积发育为改造河道沉积。

SQ_2主要发育三角洲前缘相、扇三角洲前缘相、泛滥平原、沼泽相和滨浅湖相五大相类，从四级层序 S_{10}、S_{11}、S_{12}、S_{13}描述地层的横向变化及对比特征，以下分别阐述：

S_{10}时期，连井南部泽 1 井发育泛滥平原越岸沉积微相，越岸沉积砂体为薄层细砂岩夹粉砂岩岩性组合，测井曲线特征表现为中低幅齿状形态，并向湖盆中心进积。在神南 2 井地区，下部越岸沉积继续向北进积，上部原越岸沉积发育为席状砂沉积，该席状砂砂体以灰色细砂岩夹泥岩为岩性特征和齿状中幅为测井曲线特征，后向北迁移，尖灭于神南 2 井北侧。北侧神102井只发育一套泛滥平原越岸沉积微相，向北进积后尖灭。北部葡14井底部发育一套席状砂沉积，中部发育一套三角洲前缘改造河道沉积，以厚层中细砂岩为岩性特性，以钟状中高幅测井曲线为特征。北部葡北2X-1井发育两套扇三角洲前缘水下分流河道沉积，底部发育一套改造河道沉积。水下分流河道砂体以厚层中细砂岩为岩性组合，测井曲线上具有高幅箱状形态特征。

S_{11}时期，连井南部泽1井发育泛滥平原越岸沉积，为薄层细砂岩夹粉砂岩岩性组合，测井曲线特征表现为中低幅齿状形态，该砂体向北进积过程中尖灭。神南2井发育泛滥平原席状砂沉积，砂体发育细砂岩夹薄层粉砂质泥岩岩性组合，测井曲线上具有齿形低幅的特征，后尖灭于神南2井北侧。北部葡14井上部发育滨浅湖沉积，下部发育沼泽相改造河道沉积，该砂体以厚层中细砂岩为岩性特征，以中高幅钟状形态为测井特征。北部葡北2X-1井地区，下部原沼泽相沉积发育为扇三角洲前缘沉积，但仍为改造河道微相。

S_{12}时期，南部泽1井发育两套泛滥平原沉积，下部发育分流河道沉积，该砂体以厚层含砾砂岩为岩性组合，测井曲线上表现为高幅齿型形态，上部发育薄层细砂岩夹粉砂岩的越岸沉积，测井曲线特征表现为中低幅齿状形态，两套砂体向湖盆中心进积。神南2井地区，两套砂体都发育为沼泽相席状砂沉积，砂体皆发育细砂岩夹薄层粉砂质泥岩岩性组合，测井曲线上具有齿形低幅的特征，向北尖灭于神102井南侧。北部葡14井和葡北2X-1井发育多套滨浅湖相席状砂沉积。

S_{13}时期，连井南部发育两套泛滥平原沉积，下部发育厚层含砾粗砂岩分流河道砂体，上部发育灰黄色含砾细砂岩越岸沉积砂体。两套砂体向湖盆中心进积，顶部越岸沉积尖灭于神南2井南侧，下部砂体发育为滨浅湖相改造河道微相沉积。该砂体以中细砂岩为岩性特征，以中高幅钟状形态为测井特征。在湖盆中心，原改造河道沉积发育为滨浅湖相席状砂沉积，席状砂沉积发育细砂岩夹薄层粉砂质泥岩为岩性组合的砂体，测井曲线上具有齿形低幅的特征。

2. 跨鲁南-胜北-恰勒坎构造带连井相对比

该连井全井皆发育中下侏罗统完整层序，南北方向上横跨鲁克沁、火焰山、红南—连木沁、胜北和台北山前带等构造带，三级层序SQ_1-SQ_2-SQ_3都发育良好(图A-50)。

其中，SQ_1层序主要发育三角洲前缘相、沼泽相、滨浅湖相和半深湖相四大相类，从四级层序S_1、S_2、S_3和S_4描述地层的横向变化及对比特征，以下分别阐述：

S_1时期，连井南部发育三角洲前缘沉积，下部发育水下分流河道沉积，上部发育席状砂沉积。水下分流河道砂体为厚层含砾砂岩的岩性组合，测井曲线上表现为高幅箱型形态。席状砂砂体表现为细砂岩夹薄层粉砂质泥岩的岩性组合，测井曲线上具有齿形低幅的特征。两套砂体向湖盆中心进积。在玉探1井地区发育为沼泽相沉积，中上部发育多套泥炭微相沉积底部发育席状砂沉积，席状砂砂体向北迁移后尖灭。北侧连砂2井和台参2井地区仅发育沼泽相泥炭微相沉积。在连井中部胜北11井地区发育滨浅湖沉积，连井北侧恰深1井地区则发育沼泽相泥炭微相沉积。

S_2时期，连井南部发育三角洲前缘沉积，下部发育泥炭微相沉积，该微相以灰色泥质粉砂岩为岩性特征，齿状中高幅形态为测井曲线特征。中部发育有水下分流河道沉积和泥炭微相，前者砂体表现为厚层含砾砂岩的岩性组合和高幅箱型形态的测井曲线。上部发育越岸沉积微相，该微相以薄层细砂岩夹粉砂岩为岩性组合，测井曲线特征表现有中低幅齿状形态。向北进积至玉探1井和连砂2井一带，下部发育为改造河道和泥炭微相的沼泽相沉积，中部为改造河道的三角洲前缘沉积，顶部发育滨浅湖相席状砂沉积，该微相发育细砂岩夹薄层粉砂质泥岩岩性组合，测井曲线上具有齿形低幅的特征。在台参2井地区，下部发育三角洲前缘席状砂沉积，上部发育半深湖席状砂沉积，两套砂体向北迁移至胜北11井地区，发育成滨浅湖相的席状砂沉积。在连井北侧的恰深井地区，发育三角洲前缘沉积，除中部发育少量泥炭微相外，其余地层皆发育水下分流河道沉积。

S_3时期，连井南部发育三角洲前缘水下分流河道沉积砂体，表现为厚层含砾砂岩的岩性组合和高幅箱型的测井曲线形态。向北进积至湖盆中心，发育滨浅湖相的席状砂沉积至台参2井南侧尖灭。在连井中部台参2井地区发育半深湖沉积，后在胜北11井地区又发育滨浅湖相席状砂沉积。在连井北部恰深1井仅发育三角洲前缘厚层含砾砂岩的水下分流河道沉积，测井曲线上表现为高幅箱型形态。

S_4时期，连井南部先发育三角洲前缘沉积，在湖盆中心发育为滨浅湖沉积，在胜北11井地区发育一套席状砂沉积，表现为细砂岩夹薄层粉砂质泥岩岩性组合，测井曲线上具有齿形低幅的特征，后在北部地区尖灭。连井北部恰深1井发育大套的三角洲前缘沉积水下分流河道砂体，该砂体厚层含砾砂岩的岩性组合，测井曲线上表现为高幅箱型形态。

SQ_2层序主要发育三角洲前缘相、沼泽相和滨浅湖相三大相类，从四级层序S_5、S_6、S_7、S_8和S_9描述地层的横向变化及对比特征，以下分别阐述：

S_5时期，连井南部发育三角洲前缘改造河道沉积，该微相表现为厚层中细砂岩夹粉砂质泥岩岩性特征，以中高幅漏斗状形态为测井特征，向北进积至湖盆中心。在连井中部地区原三角洲前缘沉积发育为席状砂沉积直至连井北部，砂体发育细砂岩夹薄层粉砂质泥岩为岩性组合，测井曲线上具有齿形低幅的特征。在连井北部恰深1井地区仅发育三角洲前缘的水下分流河道沉积，以厚层含砾砂岩为岩性组合，测井曲线上表现为高幅箱型形态。

S_6时期，连井南部发育三角洲前缘沉积，下部发育一套水下分流河道砂体，该砂体为厚层含砾砂岩，测井曲线上具有高幅箱型形态特征，上部发育一套改造河道沉积砂体，该砂体以厚层中细砂岩为岩性特征，以中高幅钟状形态为测井特征。玉探1井地区发育沼泽相沉积，上部沉积以席状砂沉积为主，表现为细砂岩夹薄层粉砂质泥岩，测井曲线上具有齿形低幅的特征，下部除席状砂沉积还发育泥炭微相沉积。向北迁移至连砂2井地区时，上部发育三角洲前缘的席状砂沉积，下部砂体厚度减小。继续向北迁移，上部三角洲前缘沉积发育为沼泽相沉积，在北部胜北11井地区，仅发育多套薄层的滨浅湖相席状砂沉积。在连井北部的恰深1井地区，发育沼泽相沉积，上部发育为泥炭微相沉积，下部还发育席状砂沉积和改造河道沉积，席状砂砂体发育细砂岩夹薄层粉砂质泥岩，测井曲线上具有齿形低幅的特征，改造河道微相以厚层中细砂岩为岩性特征，以中高幅钟状形态为测井特征。

S_7时期，连井南部发育滨浅湖相沉积，上部以改造河道沉积微相为主，该微相以厚层中细砂岩为岩性特征，以中高幅钟状形态为测井特征，下部发育一套薄层的席状砂砂体，该砂体发育细砂岩夹薄层粉砂质泥岩岩性组合，测井曲线上具有齿形低幅的特征。向北进积至湖盆中心，新发育多套席状砂沉积，至连砂2井地区南侧，改造河道沉积砂体尖灭，发育席状砂沉积。台参2井地区上部发育席状砂和改造河道的滨浅湖沉积，下部发育沼泽相沉积，包括多套薄层泥炭微相和一套席状砂沉积。在胜北 11 井地区,上部发育半深湖相席状砂沉积,下部发育滨浅湖席状砂沉积,向北迁移后,席状砂砂体大部分尖灭。在连井北部地区,下部发育沼泽相泥炭微相沉积,上部发育三角洲前缘沉积,包括改造河道和越岸沉积,其中越岸沉积以薄层细砂岩夹粉砂岩为岩性组合,测井曲线特征表现为中低幅齿状形态。

S_8和S_9时期,连井南部发育三角洲前缘沉积,顶部发育席状砂沉积,以细砂岩夹薄层粉砂质泥岩为岩性组合,具有齿形低幅的测井曲线特征,下部发育多套薄层改造河道沉积微相,该微相以厚层中细砂岩为岩性特征,以中高幅钟状形态为测井特征。向湖盆中心进积后,原顶部席状砂砂体尖灭,发育改造河道沉积,下部发育为滨浅湖相的席状砂沉积和改造河道沉积。在向北迁移中,下部的改造河道沉积先是尖灭,后又再次发育,在台参 2 井地区,上部三角洲前缘发育两套厚层含砾砂岩的水下分流河道沉积,测井曲线上表现为高幅箱型形态。在连井北部的胜北 11 井地区,上部发育三角洲前缘的改造砂体沉积,下部发育半深湖的多套薄层席状砂沉积,向北迁移后席状砂砂体大量尖灭。在连井北部恰深 1 井地区,发育泛滥平原沉积,仅在上部发育少量的越岸沉积微相,其余地层全发育改造河道沉积。

SQ_3层序主要发育三角洲前缘相、沼泽相、扇三角洲前缘相、半深湖相和滨浅湖相五大相类,从四级层序S_{10}、S_{11}、S_{12}、S_{13}四层描述地层的横向变化及对比特征,以下分别阐述:

S_{10}时期,连井南部发育三角洲前缘的水下分流河道沉积,以厚层含砾砂岩为岩性组合,测井曲线上表现为高幅箱型形态,向湖盆中心进积后尖灭。在玉探 1 井,上部发育沼泽相的席状砂沉积,下部发育三角洲前缘的席状砂沉积,席状砂砂体发育细砂岩夹薄层粉砂质泥岩岩性组合,测井曲线上具有齿形低幅的特征。向北迁移后在原有的上下部分层的基础上,上层发育一套新的泥炭微相沉积,下层发育一套改造河道沉积,改造河道微相以薄层中细砂岩为岩性特征,以中高幅钟状形态为测井特征。在台参 2 井地区,全发育三角洲前缘沉积,除了顶部发育薄层席状砂沉积外,其余地层皆发育水下分流河道沉积,在向北部迁移的过程中,顶部席状砂沉积尖灭,发育为改造河道沉积。在连井北部恰深 1 井,发育泛滥平原沉积,底部发育越岸沉积,下部发育改造河道和水下分流河道,上部依次发育席状砂、水下分流河道和改造河道沉积。

S_{11}时期,连井南部发育三角洲前缘水下分流河道和改造河道沉积,水下分流河道砂体发育薄层含砾砂岩夹泥质粉砂岩,测井曲线上表现为钟状中高幅形态。在玉探 1 井地区,发育沼泽相沉积,底部发育改造河道沉积,上部发育席状砂沉积,席状砂砂体发育细砂岩夹薄层粉砂质泥岩岩性组合,测井曲线上具有齿形低幅的特征。向北迁移中,大部分砂体厚度增加,且中部新发育两套泥炭微相沉积,继续向湖盆中心进积。在台参 2 井地区,发育三角洲前缘沉积,中部发育一套厚层改造河道沉积,其余地层发育多套席状砂沉积。向北迁移的过程中,中部改造河道砂体发育为薄层席状砂沉积,底部原席状砂砂体发育两套改造河道沉积。在连井北部恰深 1 井地区,全部席状砂砂体尖灭,仅发育多套厚层扇三角洲前缘改造河道沉积。

S_{12}时期,连井南部发育三角洲前缘沉积,上部发育席状砂沉积,砂体以细砂岩夹薄层粉砂质泥岩为岩性组合,测井曲线上具有齿形低幅的特征,下部发育改造河道沉积,该微相以厚层中细砂岩为岩性特征,以中高幅钟状形态为测井特征。向北迁移中,下部改造河道沉积尖灭,底部新发育沼泽相席状砂砂体,上部则为滨浅湖相席状砂砂体,向湖盆中心进积,尖灭于连砂 2 井南侧。在连砂 2 井地区,主要发育沼泽相的泥炭微相沉积,泥炭微相砂体向北侧迁移后全部尖灭。台参2井地区仅发育滨浅湖相席状砂沉积，至胜北11井地区发育为半深湖相的席状砂砂体，在北部恰深1井地区则发育为扇三角洲前缘的改造河道沉积。

S_{13}时期，连井南部发育三角洲前缘沉积，上部发育席状砂沉积，砂体以细砂岩夹薄层粉砂质泥岩为岩性组合，测井曲线上具有齿形低幅的特征，下部发育改造河道沉积，该微相以厚层中细砂岩为岩性特征，以中高幅钟状形态为测井特征。向北迁移中，下部改造河道沉积尖灭，底部新发育沼泽相席状砂砂体，上部则为滨浅湖相席状砂砂体，向湖盆中心进积，尖灭于连砂2井北侧。在连井北部恰深1井地区发育一套厚层的扇三角洲前缘的改造河道沉积，向南迁移后尖灭。

3.跨七克台-温吉桑-照壁山构造带连井相对比

该连井全井皆发育中下侏罗统完整层序，南北方向上横跨七克台、温吉桑和台北山前构造带等构造带，三级层序SQ_1-SQ_2-SQ_3都发育良好(图A-51)。

其中，SQ_1层序主要发育泛滥平原、三角洲平原相、三角洲前缘相和沼泽相四大相类，从四级层序S_1、S_2、S_3和S_4描述地层横向变化及对比特征，以下分别阐述：

S_1时期，连井南部发育三角洲平原分流河道沉积，向湖盆中心进积后发育为三角洲前缘改造河道沉积，该砂体发育为厚层中细砂岩，测井曲线上表现为中高幅钟状形态，后向北继续迁移。吉深1井地区发育沼泽相越岸沉积，向北迁移后发育为三角洲前缘改造河道沉积。

S_2时期，连井南部发育三角洲前缘改造河道沉积，向湖盆中心进积后发育为沼泽相的越岸沉积微相和泥炭微相，其中越岸沉积微相以薄层细砂岩夹粉砂岩为岩性组合，测井曲线特征表现为中低幅齿状形态。向北迁移后，底部发育越岸沉积，下部发育泥炭微相沉积，上部发育三角洲前缘改造河道沉积，岩性特征表现为厚层中细砂岩，以中高幅钟状形态为测井特征。向北迁移至照4井南部尖灭，发育为沼泽相越岸沉积，底部原越岸沉积发育为沼泽相改造河道沉积，泥炭微相砂体仍发育。

S_3时期，连井南部发育三角洲前缘水下分流河道砂体，向湖盆中心进积后发育为两套改造河道沉积微相，改造河道微相以厚层中细砂岩为岩性特征，以中高幅钟状形态为测井特征。向北迁移后厚度增大，至照4井南侧时，上部原改造河道砂体发育为水下分流河道砂体，下部砂体仍发育，但厚度减小。

S_4时期，连井南部发育泛滥平原分流河道沉积，湖盆中心进积后发育为三角洲前缘改造河道沉积，该砂体发育为厚层中细砂岩，测井曲线上表现为中高幅钟状形态，后向北继续迁移至照4井南侧尖灭。照4井地区发育沼泽相沉积，以泥炭微相和越岸沉积为主，地层发育一套改造河道沉积。

其中，SQ_2层序主要发育滨浅湖、三角洲前缘相和沼泽相三大相类，从四级层序S_5、S_6、S_7、S_8和S_9描述地层横向变化及对比特征，以下分别阐述：

S_5时期，连井南部发育三角洲前缘改造河道沉积，向湖盆中心进积后，不断迁移、层厚减小，直至照4井时，发育沼泽相沉积，上部发育席状砂砂体，下部发育改造河道砂体。席状砂砂体发育细砂岩夹薄层粉砂质泥岩岩性组合，测井曲线上具有齿形低幅的特征，改造河道砂体以厚层中细砂岩为岩性特征，以中高幅钟状形态为测井特征。

S_6时期，连井南部下层发育三角洲前缘改造河道沉积，该微相为厚层中细砂岩，以中高幅钟状形态为测井特征。上部为沼泽相沉积,以泥炭微相和改造微相为主要微相沉积。向湖盆中心进积后发育为沼泽相沉积,在吉2井地区泥炭微相和改造微相相互叠置发育,向北迁移后上部部分改造砂体发育为多套薄层细砂岩越岸沉积,测井曲线特征表现为中低幅齿状形态,下部仍为大套的泥炭微相和改造河道相互叠置。以此向北迁移至照4井时,原下部改造河道砂体发育为多套薄层越岸沉积。

S_7时期,连井南部主要发育多套厚层三角洲前缘改造河道沉积以及一套薄层席状砂沉积,改造河道微相以厚层中细砂岩为岩性特征,以中高幅钟状形态为测井特征,席状砂沉积砂体发育细砂岩夹薄层粉砂质泥岩岩性组合,测井曲线上具有齿形低幅的特征。向湖盆中心进积至吉2井后,部分改造河道砂体发育为薄层席状砂沉积,向北迁移至吉深1井时,部分席状砂砂体尖灭,改造河道砂体层厚增加。在连井北部照4井地区,仅发育多套薄层滨浅湖席状砂沉积。

S_8时期,连井南部发育多套厚层三角洲前缘水下分流河道沉积以及一套薄层改造河道沉积,其中厚层含砾砂岩的水下分流河道砂体在测井曲线上表现为高幅箱型形态,而改造河道微相以厚层中细砂岩为岩性特征,以中高幅钟状形态为测井特征。向湖盆中心进积后,在底部发育一套薄层席状砂沉积,砂体发育细砂岩夹薄层粉砂质泥岩岩性组合,测井曲线上具有齿形低幅的特征,向北继续迁移的过程中,席状砂先是尖灭,后又在吉深1井南侧底层发育,吉深1井其余地层发育多套薄层滨浅湖改造河道沉积,运移到北部照4井时,上部仍为改造河道沉积,下层滨浅湖席状砂沉积大量发育。

S_9时期,连井南部发育一套薄层泛滥平原席状砂沉积,该砂体发育细砂岩夹薄层粉砂质泥岩,测井曲线上具有齿形低幅的特征。该砂体向湖盆中心进积后发育为厚层中细砂岩改造河道沉积,测井曲线上表现为中高幅钟状形态,向北继续迁移后又发育为席状砂沉积,后尖灭于吉深1井北侧。照4井地区发育滨浅湖沉积,顶部发育一套改造河道沉积,其余地层发育席状砂沉积。

其中SQ_3层序主要发育滨浅湖、三角洲前缘相和沼泽相三大相类,在SQ_1层序中对地层的横向变化及对比特征进行描述,SQ_2中四级层序为S_{10}、S_{11}、S_{12}和S_{13}四层,以下分别阐述:

S_{10}时期,连井南部发育多套薄层泛滥平原席状砂沉积,该砂体发育细砂岩夹薄层粉砂质泥岩,测井曲线上具有齿形低幅的特征。向湖盆中心进积后,上部砂体发育为三角洲前缘席状砂沉积,下部仍发育改造河道沉积。向北迁移后,下部原改造河道砂体尖灭于吉2井北侧,上部席状砂砂体向下迁移发育为厚层改造河道沉积。照4井地区发育泛滥平原沉积,下部改造河道砂体向下迁移,厚度减少,上部原改造河道砂体发育为薄层越岸沉积微相,越岸沉积微相薄层细砂岩夹粉砂岩岩性组合,测井曲线特征表现为中低幅齿状形态。

S_{11}时期,连井南部上部发育三角洲前缘改造河道沉积,该微相为厚层中细砂岩,以中高幅钟状形态为测井特征。下部为厚层含砾砂岩的水下分流河道砂体,测井曲线上表现为高幅箱型形态。向湖盆中心进积时,上部改造河道沉积尖灭,下部水下分流河道沉积向上迁移,发育为两套厚层改造河道砂体。两套砂体向下迁移至吉深1井地区,底层仍发育改造河道砂体,层厚增加,其余地层发育席状砂沉积,该砂体发育细砂岩夹薄层粉砂质泥岩的岩性组合,测井曲线上具有齿形低幅的特征,向北继续迁移。照4井地区发育泛滥平原的水下分流河道沉积和越岸沉积,水下分流河道沉积发育为两套厚层含砾砂岩,越岸沉积以薄层细砂岩夹粉砂岩为岩性组合，测井曲线特征表现为中低幅齿状形态。

S_{12}时期，连井南部发育上部厚层三角洲前缘改造河道沉积以及多套底部薄层席状砂沉积，其中厚层中细砂岩的改造河道砂体测井曲线上表现为中高幅钟状形态，而席状砂以细砂岩夹薄层粉砂质泥岩为特征，测井曲线上具有齿形低幅的特征。向湖盆中心进积后，在吉2井地区发育为沼泽相沉积，顶部发育为席状砂沉积，底部发育泥炭微相，向北继续迁移后，泥炭微相砂体层厚增加，其余地层发育沼泽相越岸沉积，该微相以薄层细砂岩夹粉砂岩为岩性组合，测井曲线特征表现为中低幅齿状形态，后向下迁移至照4井地区。

S_{13}时期，连井南部发育一套薄层滨浅湖席状砂沉积，表现为细砂岩夹薄层粉砂质泥岩的岩性组合，测井曲线上具有齿形低幅的特征，向湖盆中心进积后迁移至吉深1井地区，并在此大量发育多套席状砂沉积。向北迁移至照4井地区后，下部席状砂沉积仍发育，上部发育为越岸沉积微相，该微相发育薄层细砂岩夹粉砂岩的岩性组合，测井曲线特征表现为中低幅齿状形态。

4. 跨红台-大步构造带连井相对比

该连井全井皆发育中下侏罗统完整层序，南北方向上横跨七克台、红台和台北山前构造带等构造带，三级层序SQ_1-SQ_2-SQ_3都发育良好(图A-52)。

其中，SQ_1层序主要发育泛滥平原、三角洲平原相、三角洲前缘相和沼泽相四大相类，从四级层序S_1、S_2、S_3和S_4描述地层横向变化及对比特征，以下分别阐述：

S_1时期，连井南部红台2井发育泛滥平原沉积，向湖盆中心进积后，在连井北部大步1井地区发育三角洲前缘相越岸沉积，该微相发育薄层细砂岩夹粉砂岩岩性组合，测井曲线特征表现为中低幅齿状形态。

S_2时期，连井南部红台18井发育沼泽相沉积，向湖盆中心进积后发育为滨浅湖相沉积，在连井北部大步1井地区发育三角洲前缘相越岸沉积和席状砂沉积，该微相发育薄层细砂岩夹粉砂岩的岩性组合，测井曲线特征表现为中低幅齿状形态。

S_3时期，连井南部发育泛滥平原沉积，向湖盆中心进积后发育为一套厚层含砾砂岩的三角洲前缘相沉积，测井曲线上表现为高幅箱型形态，向下迁移至红台2井地区发育为三角洲前缘改造河道沉积，该砂体以厚层中细砂岩为岩性特征，以中高幅钟状形态为测井特征，向北部继续迁移至红台1井，发育为滨浅湖席状砂沉积，该砂体发育细砂岩夹薄层粉砂质泥岩岩性组合，测井曲线上具有齿形低幅的特征。向下迁移至北部大步1井地区，发育为三角洲前缘改造河道沉积，该微相以厚层中细砂岩岩性特征，以中高幅钟状形态为测井特征。

S_4时期，连井南部发育泛滥平原分流河道沉积，该微相以厚层含砾砂岩为岩性特征，测井曲线上表现为高幅箱型形态。向湖盆中心进积时，上部发育为改造河道沉积，下部发育水下分流河道沉积。两套砂体向下迁移至红台2井地区，顶层仍发育改造河道砂体，层厚增加，底层发育为改造河道砂体。两套砂体向北继续迁移，至红台1井地区时发育为滨浅湖相席状砂沉积，该砂体发育细砂岩夹薄层粉砂质泥岩为岩性组合，测井曲线上具有齿形低幅的特征。迁移至连井北部大步1井地区，发育为三角洲前缘改造河道沉积。

其中，SQ_2层序主要发育滨浅湖、三角洲前缘相和沼泽相，在SQ_1层序中对地层的横向变化及对比特征进行描述，SQ_2中四级层序为S_5、S_6、S_7、S_8和S_9五层，以下分别阐述：

S_5时期，连井南部发育泛滥平原分流河道沉积，以厚层细砂岩为岩性特征，测井曲线上表现为漏斗状中高幅形态。向湖盆中心进积，迁移至红台 18 井地区发育为三角洲前缘沉积，上部发育改造河道沉积，该砂体以厚层中细砂岩为岩性特征，以中高幅钟状形态为测井特征。下部发育为厚层含砾砂岩的水下分流河道沉积，测井曲线上表现为高幅箱型形态。向北继续迁移，下部砂体尖灭，红台 2 井仅发育两套改造河道沉积，向北迁移至红台 1 井地区，发育多套滨浅湖席状砂沉积，该砂体以细砂岩夹薄层粉砂质泥岩岩性组合，测井曲线上具有齿形低幅的特征。向北迁移至北部大步 1 井地区发育为三角洲前缘改造砂体沉积。

S_6时期，连井南部发育沼泽相沉积，以泥炭微相和分流河道微相相互交替沉积，其中分流河道砂体多为厚层不等粒砂岩，测井曲线上表现为漏斗状中高幅形态。向湖盆中心进积后，泥炭微相仍继续发育，层厚略微减小，分流河道砂体发育为席状砂沉积和改造河道沉积，前者表现为齿形低幅的测井曲线形态，以及细砂岩夹薄层粉砂质泥岩岩性组合，后者以厚层中细砂岩为岩性特征，以中高幅钟状形态为测井特征。向北部继续迁移至红台 2 井地区后，泥炭微相和改造河道继续发育，席状砂沉积多发育为多套薄层越岸沉积，该微相以薄层细砂岩夹粉砂岩为岩性组合，测井曲线特征表现为中低幅齿状形态。红台 1 井地区原越岸沉积砂体全部尖灭于红台 1 井南侧，只发育改造河道沉积和泥炭微相沉积，层厚增加，后向北继续迁移至连井北部大步 1 井地区，泥炭微相全部尖灭，改造河道砂体仅在中部发育。

S_7时期，连井南部发育三角洲前缘，底部为改造河道沉积，表现以厚层中细砂岩为岩性特征以及以中高幅钟状形态为测井特征，其余地层以厚层的分流河道和薄层的泥炭微相交替沉积，灰色厚层粗砂岩分流河道测井曲线上表现为箱状中高幅形态的特征。向湖盆中心进积时，泥炭微相尖灭，上部的水下分流河道仍发育，下部发育多套改造河道沉积，向北继续迁移后水下分流河道沉积消失，以改造河道沉积为主，层厚增加。在连井北部大步 1 井地区，仅中部发育厚层改造河道沉积，上部主要发育多套厚层水下分流河道沉积及少量席状砂沉积。

S_8时期，连井南部发育三角洲前缘，底部为改造河道沉积，表现以厚层中细砂岩为岩性特征以及以中高幅钟状形态为测井特征，其余地层发育厚层水下分流河道沉积，灰色厚层粗砂岩分流河道测井曲线上表现为箱状中高幅形态的特征。向湖盆中心进积时，顶部原水下分流河道沉积发育为席状砂沉积以及改造河道沉积，席状砂砂体发育细砂岩夹薄层粉砂质泥岩，测井曲线上具有齿形低幅的特征，改造河道微相以厚层中细砂岩为岩性特征以及以中高幅钟状形态为测井特征，中部仍发育水下分流河道，底部发育一套薄层席状砂沉积。向北迁移后，红台 2 井地区发育大量的改造河道沉积以及一套席状砂砂体，向北迁移至红台 1 井时，发育为滨浅湖席状砂沉积和越岸沉积，越岸沉积岩性上表现为薄层细砂岩夹粉砂岩，测井曲线上表现为中低幅齿状形态特征，在连井北部大步 1 井发育为泛滥平原的多套薄层越岸沉积和一套厚层改造河道沉积。

S_9时期，连井南部发育泛滥平原沉积，向湖盆中心进积后在红台 2 井地区发育多套薄层的越岸沉积和底部发育一套席状砂沉积，越岸沉积多为薄层细砂岩夹粉砂岩的岩性组合，测井曲线特征表现为中低幅齿状形态，席状砂砂体发育细砂岩夹薄层粉砂质泥岩，测井曲线上具有齿形低幅的特征。向北迁移至大步 1 井时发育为扇三角洲前缘沉积，上部发育改造河道沉积，中部发育水下分流河道沉积，底部发育一套改造河道沉积。改造微相以厚层中细砂岩为岩性特征，以中高幅钟状形态为测井特征。水下分流河道以厚层含砾砂岩为岩性组合，测井曲线上表现为高幅箱型形态。

其中，SQ_3层序主要发育滨浅湖、三角洲前缘相、扇三角洲前缘相和沼泽相，从四级层序S_{10}、S_{11}、S_{12}和S_{13}描述地层横向变化及对比特征，以下分别阐述：

S_{10}时期，连井南部发育多套厚层泛滥平原的分流河道，岩性上表现为灰色厚层粗砂岩，测井曲线上表现为箱状中高幅形态的特征。向湖盆中心进积，发育为泛滥平原越岸沉积，越岸沉积砂体表现为薄层细砂岩夹粉砂岩的岩性组合，测井曲线特征表现为中低幅齿状形态。向北迁移的过程中，在下部发育少量薄层泥炭微相沉积，迁移至红台1井南侧，泥炭微相全部尖灭，仅发育越岸沉积。在连井北部大步1井地区发育泛滥平原沉积，上部发育改造河道沉积，下部发育水下分流河道沉积，水下分流河道沉积以厚层含砾砂岩为岩性组合，测井曲线上表现为高幅箱型形态。

S_{11}时期，连井南部发育泛滥平原厚层分流河道及薄层越岸沉积，分流河道岩性上表现为灰色厚层粗砂岩和测井曲线上表现为箱状中高幅形态的特征，越岸沉积微相以薄层细砂岩夹粉砂岩岩性组合，测井曲线特征表现为中低幅齿状形态。向湖盆中心进积，在红台2井发育为泛沼泽相越岸沉积。向北迁移的过程中，上部越岸沉积尖灭，发育薄层泥炭微相沉积，迁移至大步1井地区，泥炭微相全部尖灭，仅在上部发育薄层席状砂沉积。

S_{12}时期，连井南部发育多套厚层泛滥平原的分流河道，岩性上表现为灰色厚层粗砂岩，测井曲线上表现为箱状中高幅形态的特征。向湖盆中心进积至红台18井，砂体发育为沼泽相改造河道砂体，该砂体以厚层中细砂岩为岩性特征，以中高幅钟状形态为测井特征。向北继续迁移至红台2井地区，底部发育薄层细砂岩夹粉砂岩的越岸沉积，上部发育泥炭微相沉积，后向北迁移时尖灭于红台1井南侧，红台1井仅发育滨浅湖越岸沉积。在连井北部大步1井地区，原越岸沉积发育为扇三角洲前缘水下分流河道沉积。

S_{13}时期，连井南部发育泛滥平原沉积，向湖盆中心进积后，发育为滨浅湖席状砂沉积，席状砂砂体发育细砂岩夹薄层粉砂质泥岩的岩性组合，测井曲线上具有齿形低幅的特征。向北继续迁移后，红台2井发育多套薄层席状砂沉积，向北部迁移在红台1井南侧尖灭，后在连井北部大步1井地区发育泛滥平原沉积。

第六节　吐鲁番坳陷中下侏罗统砂体空间展布特征

在物源分析、古水深变化、氧化还原条件识别、沉积环境、沉积相类型和特征研究的基础上，系统地研究了台北凹陷中下侏罗统各四级层序的砂体展布范围及特征，具体如下。

1. SQ_1砂体展布特征

三级层序SQ_1包括整个下侏罗统时期，分为J_1b^1、J_1b^2、J_1s^1和J_1s^2四层地层，对应S_1～S_4四层四级层序，下面将分层序详细阐述各层沉积相平面展布特征。

J_1b^1（S_1）沉积期处于SQ_1低位体系域，研究区砂体主要为辫状河三角洲沉积，八道湾组5个物源口均有砂体沉积，总体表现为南北走向，由物源口向盆地内部延伸。北部砂体沉积平均较厚，南部平均较薄。北部博格达山前沉积的砂体主要呈扇体分布，数量多，单个规模较小，砂体搬运距离短，东部、西部以及南部沉积的砂体呈指状分布，单个规模较大，从物源到盆地中心延伸较远。其中西北部物源方向来的砂体延伸距离较远。泉 2 井、果北 1 井、恰深 1 井、勒 7 井、陵深 1 井、照 1 井、红旗 2 井附近的砂体累积厚度都在 100m 以上，砂体沉积中心位于陵深 1 井和勒 7 井附近，砂体累积厚度最高为 150m 以上，工区中部普遍发育 10m 以上的砂体（图 4-25、图 4-26）。

J_1b^2（S_2）沉积期处于 SQ_1 湖扩体系域早期。总体仍表现为南北走向，由物源口向盆地内部延伸，工区北部砂体平均厚度较南部厚，砂体沉积形态主要为朵体和指状，北部博格达山前沉积的砂体规模较小，其他砂体规模较大。西北部方向的物源仍然为优势物源，砂体延伸范围很远。树 1 井、恰深 1 井、勒 7 井和照 1 井附近砂体累积厚度达 100m 以上。工区东部和中部普遍发育有 10m 以上的砂体。与 J_1b^1 相比，整个工区砂体沉积厚度平均值有所减小（图 4-27、图 4-28）。

J_1s^1（S_3）沉积期处于 SQ_1 湖扩体系域晚期，研究区北部砂体主要呈扇形分布，规模较小，累积较厚。工区南部砂体主要呈指状分布，规模较大，累积较薄。泉 2 井、果北 1 井、恰深 1 井、柯 23 井和照 1 井附近砂体累积较厚，可达 80m 以上。果北 1 井、恰深 1 井和照 1 井附近砂体累积最厚达 100m 以上。与 J_1b^2 相比，整个工区砂体展布范围扩大，除工区中部大范围发育 10m 以上的砂体外，工区东部托参 1 井、西部草南 2 井、疙 18 井及房 1 井附近也有部分砂体沉积（图 4-29、图 4-30）。

J_1s^2（S_4）沉积期处于 SQ_1 高位体系域，北部博格达山前砂体沉积规模进一步缩小，累积较厚，工区中西部砂体沉积规模扩大，累积厚度增加。全工区砂体沉积中心向中西部迁移。泉 2 井、恰深 1 井、柯 21 井、陵深 1 井、吉 3 井、吉深 1 井、东深 1 井、疙 18 井、草南 2 井和房 1 井附近砂体累积较厚达 50m 以上。恰深 1 井附近砂体最厚达 120m 以上（图 4-31、图 4-32）。

2. SQ_2 砂体展布特征

三级层序 SQ_2 处于中侏罗统西山窑组全段和三间房组一段，分为 J_2x^1、J_2x^2、J_2x^3、J_2x^4 和 J_2s^1 五层地层，对应 S_5～S_9 五层四级层序，下面将分层序详细阐述各层沉积相平面展布特征。

J_2x^1（S_5）沉积期处于 SQ_2 低位体系域，研究区砂体主要为辫状河三角洲沉积，西山窑组 5 个物源口均有砂体沉积。工区西部物源口沉积 3 条东西走向的砂体带，其他砂体主要为南北走向，朵状分布。工区南部物源口沉积砂体平均厚度较北部物源口沉积砂体大，工区西部砂体沉积规模进一步扩大。总体砂体沉积规模较 J_1s^2 减小。树 1 井、神南 2 井、恰深 1 井、柯 21 井、玉北 6 井、英 11 井、吉 3 井、巴东 1 井、东深 1 井、疙 17 井、疙 6 井、疙南 1 井和房 1 井附近砂体累积厚度达 70m 以上（图 4-33、图 4-34）。

J_2x^2（S_6）沉积期处于 SQ_2 湖扩体系域早期，西部物源口砂体沉积沿树 1 井、朗 1 井和泉 2 井附近呈条带状分布，东西走向。其他累积的砂体主要为扇状和朵状，南北走向。与上一期相比，全区砂体沉积规模没有太大变化，工区东部砂体规模和累积厚度增加，树 1 井、朗 1 井、泉 2 井、果北 1 井、泽 1 井、神南 2 井、神 102 井、温深 1 井、巴东 1 井、照 1 井、疙 17 井、红台 3 井和房 1 井附近砂体累积厚度在 50m 以上。连 4 井、房 1 井附近沉积的砂体规模较上一期向南萎缩。在西山窑组二段，煤系比较发育，砂体具有埋深大，规模小的特点，加上煤系地层的特殊成岩作用，物性普遍较差（图 4-35、图 4-36）。

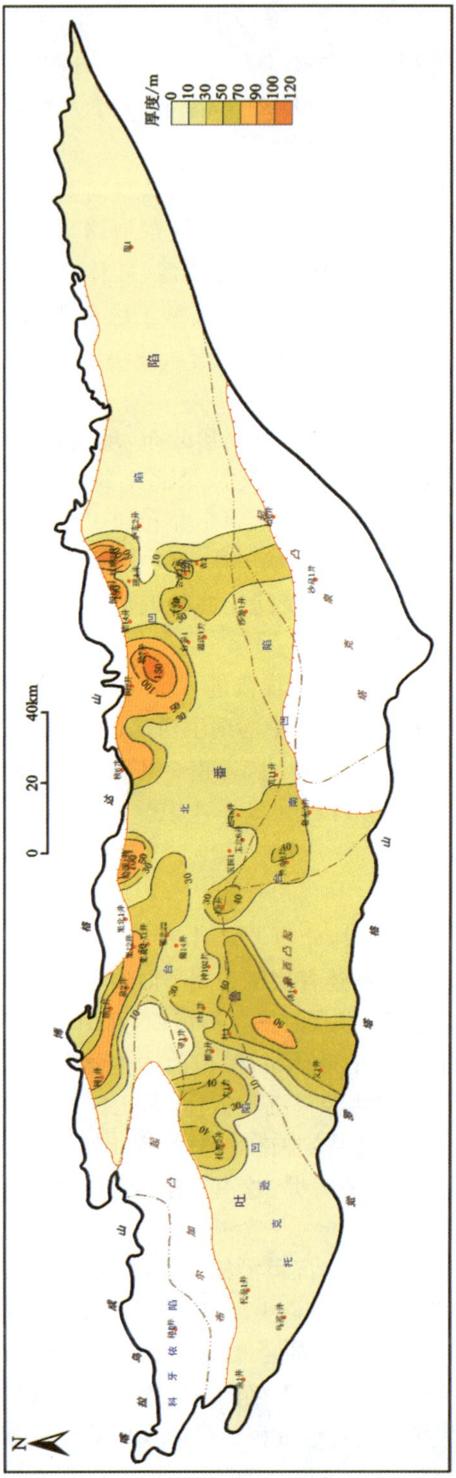

图 4-25　吐鲁番坳陷四级层序八道湾一段砂体厚度图

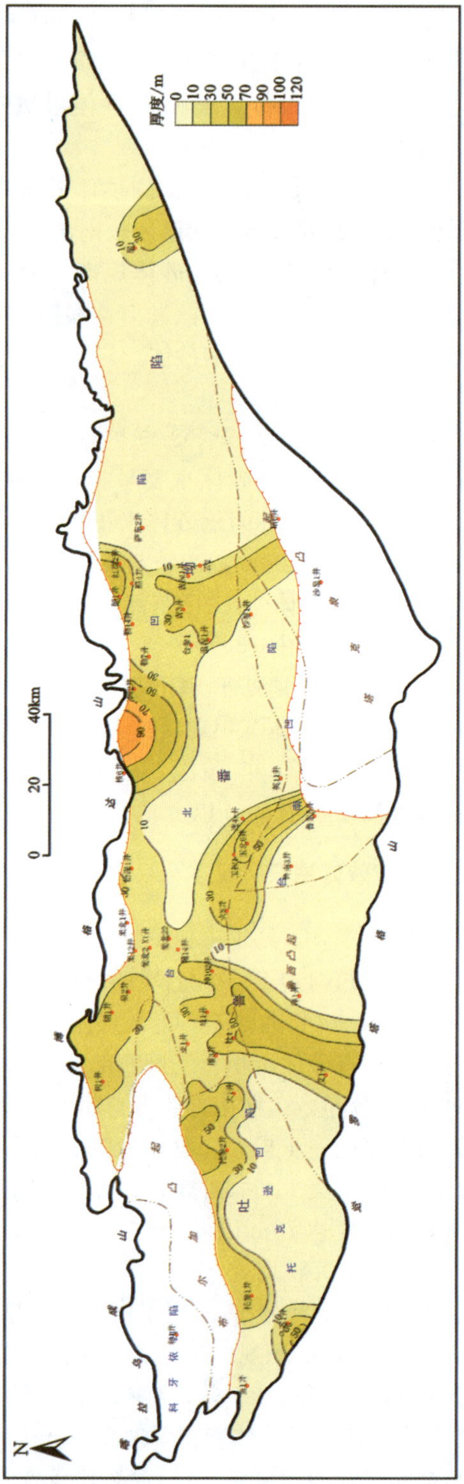

图 4-26　吐鲁番坳陷四级层序八道湾一段砂体百分率图

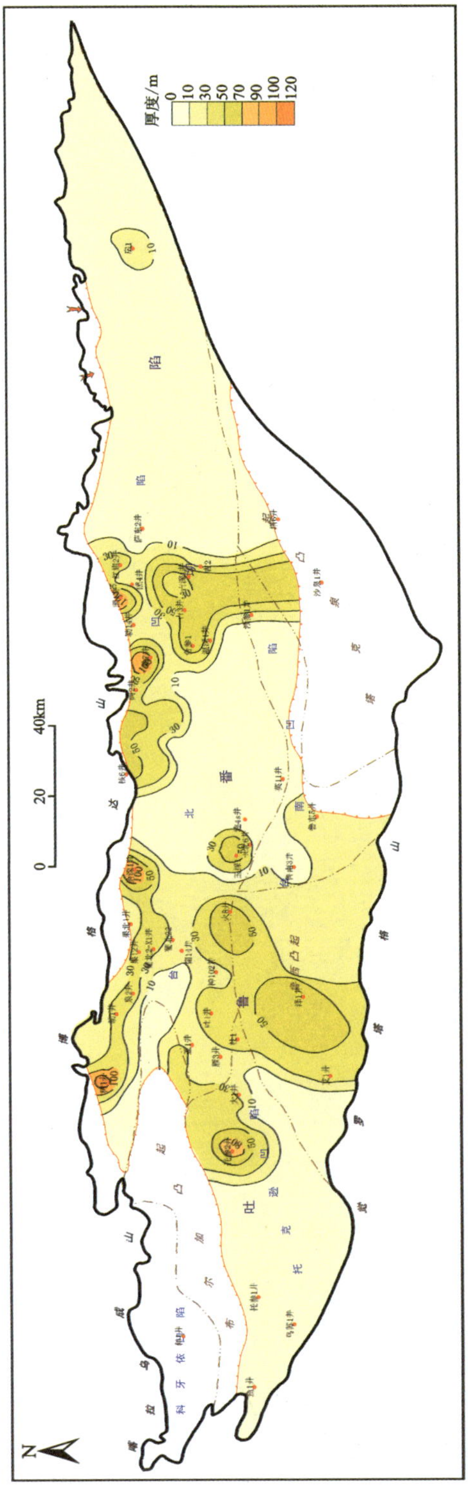

图 4-27 吐鲁番坳陷四级层序八道湾二段砂体厚度图

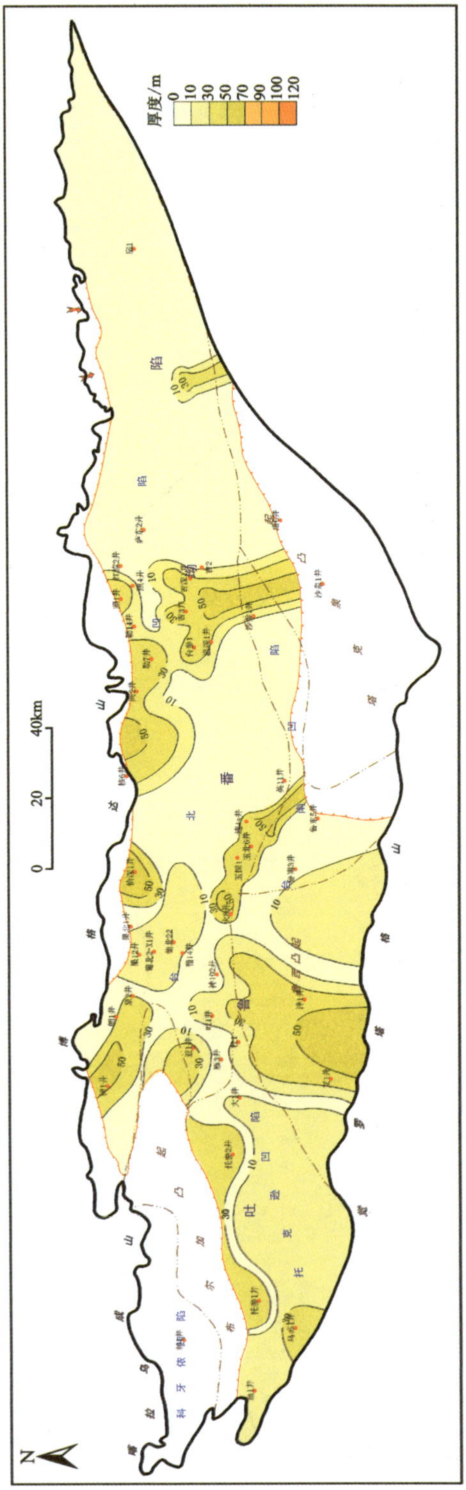

图 4-28 吐鲁番坳陷四级层序八道湾二段砂体百分率图

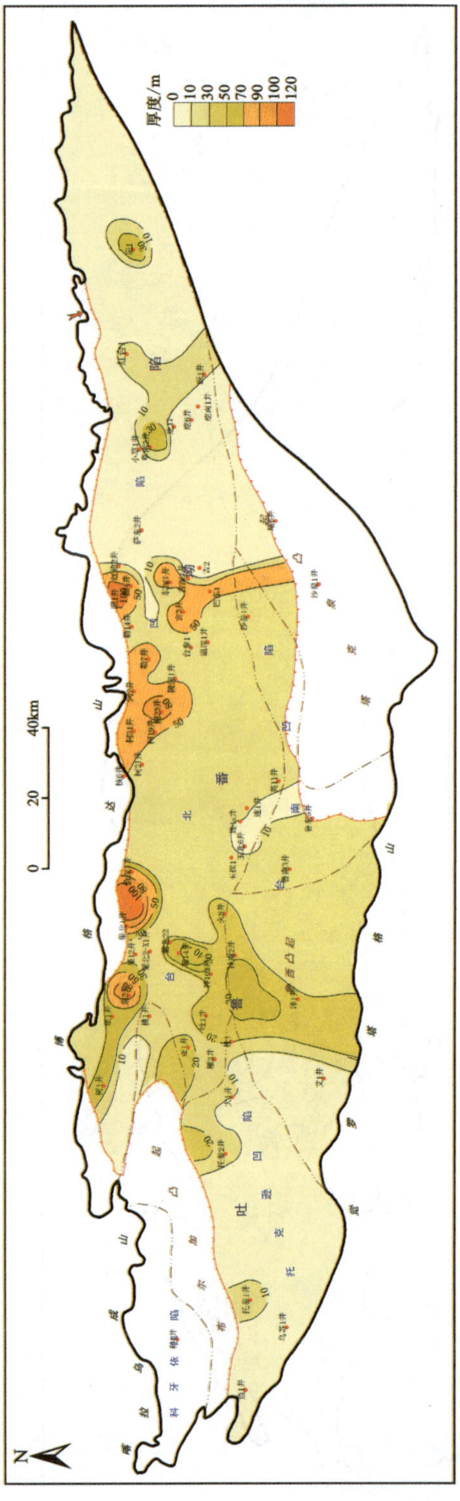

图 4-29　吐鲁番坳陷四级层序三工河组一段砂体厚度图

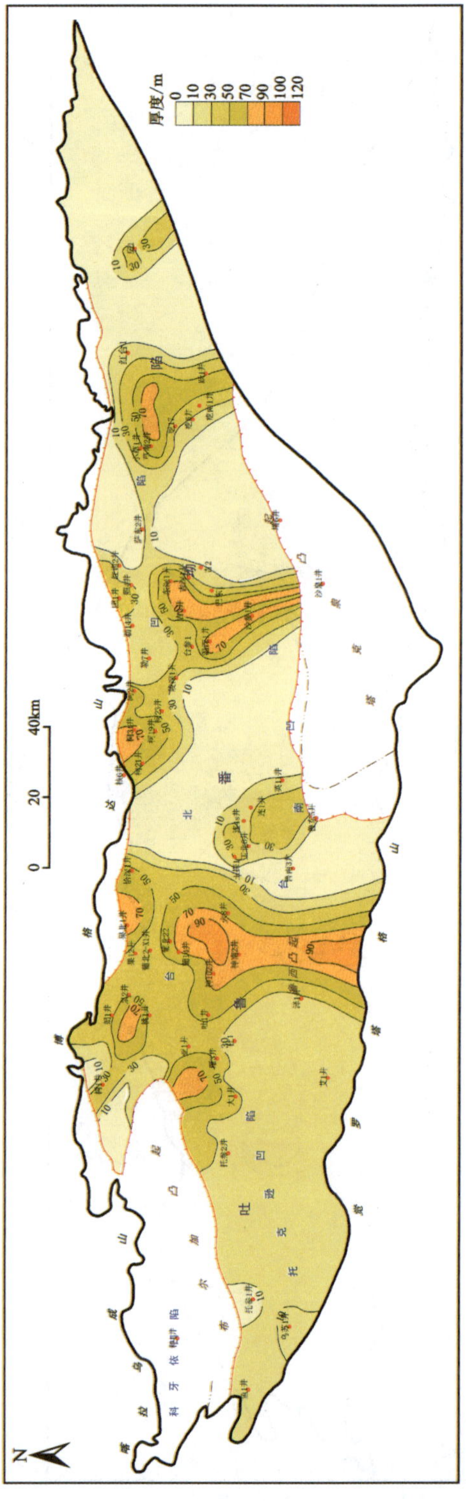

图 4-30　吐鲁番坳陷四级层序三工河组一段砂体百分率图

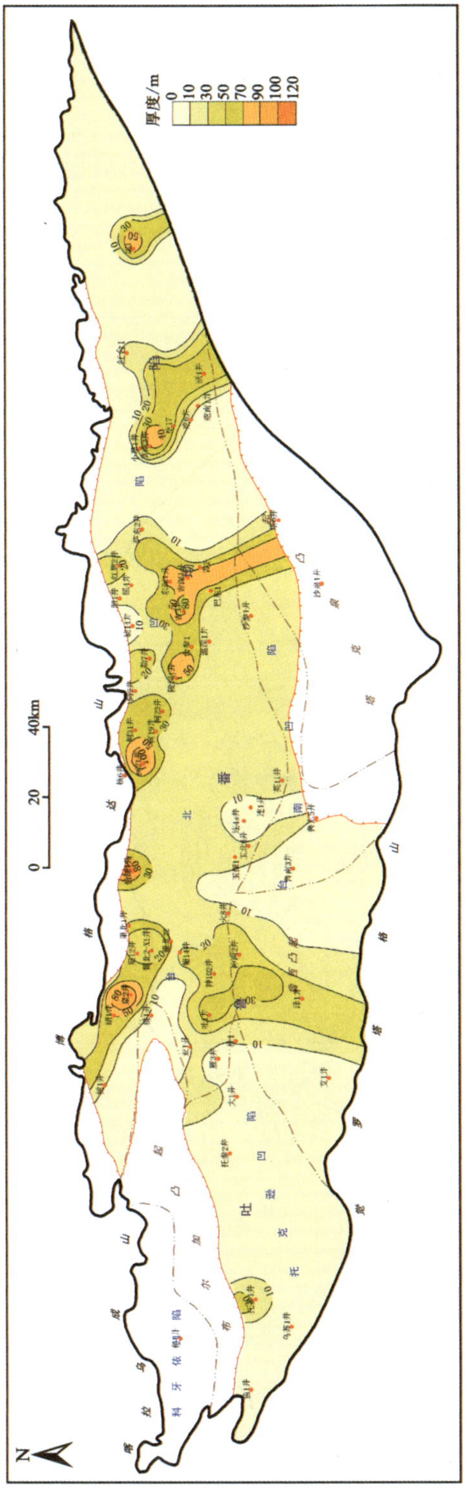

图 4-31　吐鲁番坳陷四级层序三工河组二段砂体厚度图

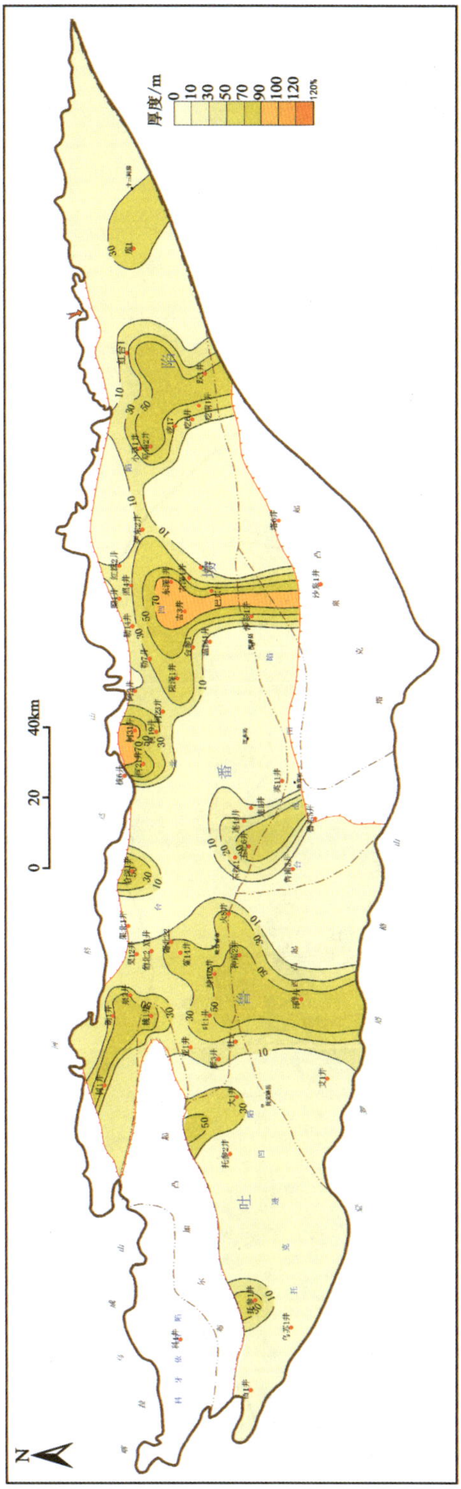

图 4-32　吐鲁番坳陷四级层序三工河组二段砂体百分率图

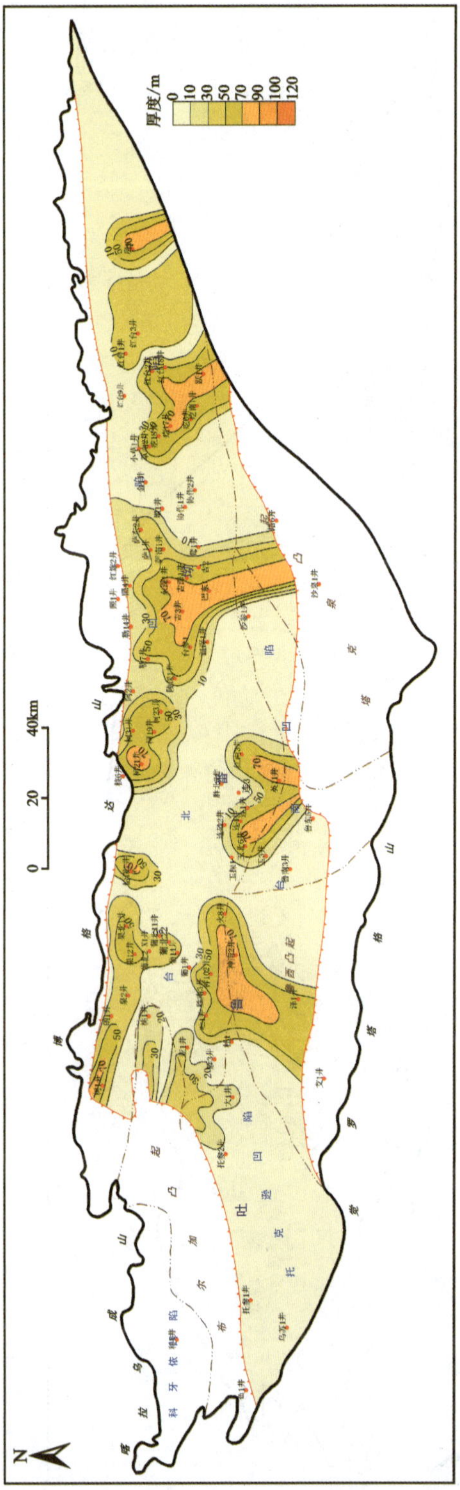

图 4-33 吐鲁番坳陷四级层序西山窑组一段砂体厚度图

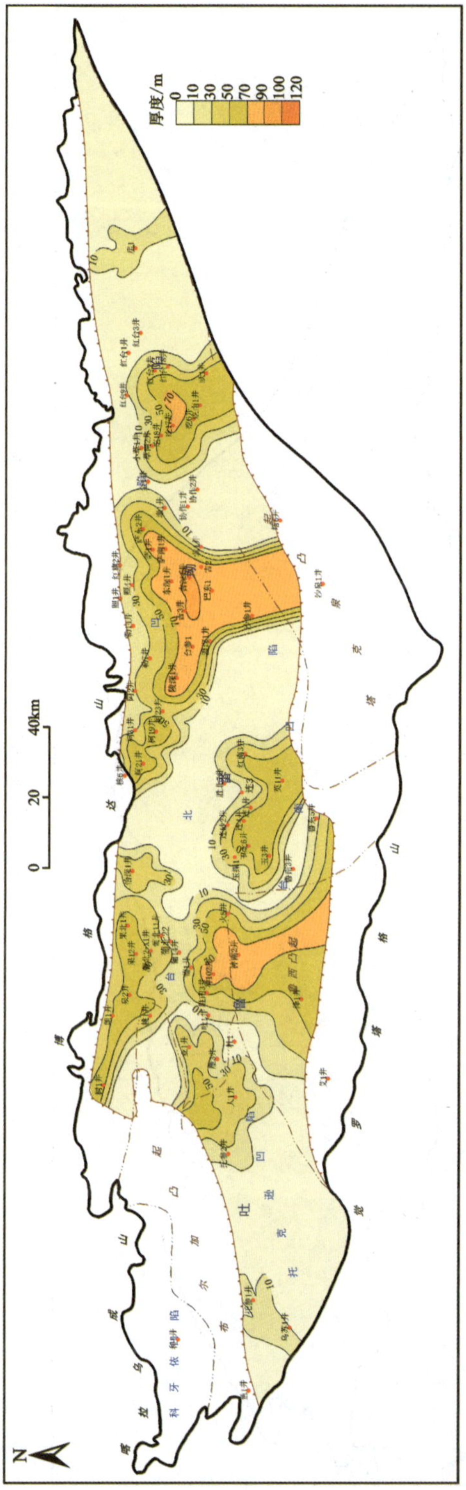

图 4-34 吐鲁番坳陷四级层序西山窑组一段砂体百分率图

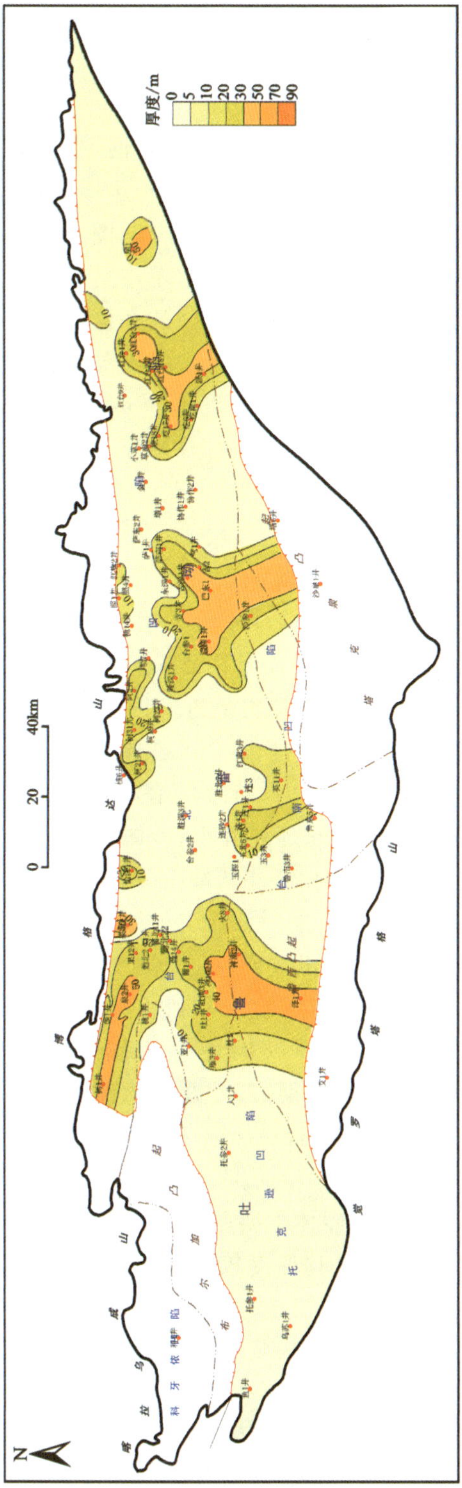

图 4-35　吐鲁番坳陷四级层序西山窑组二段砂体厚度图

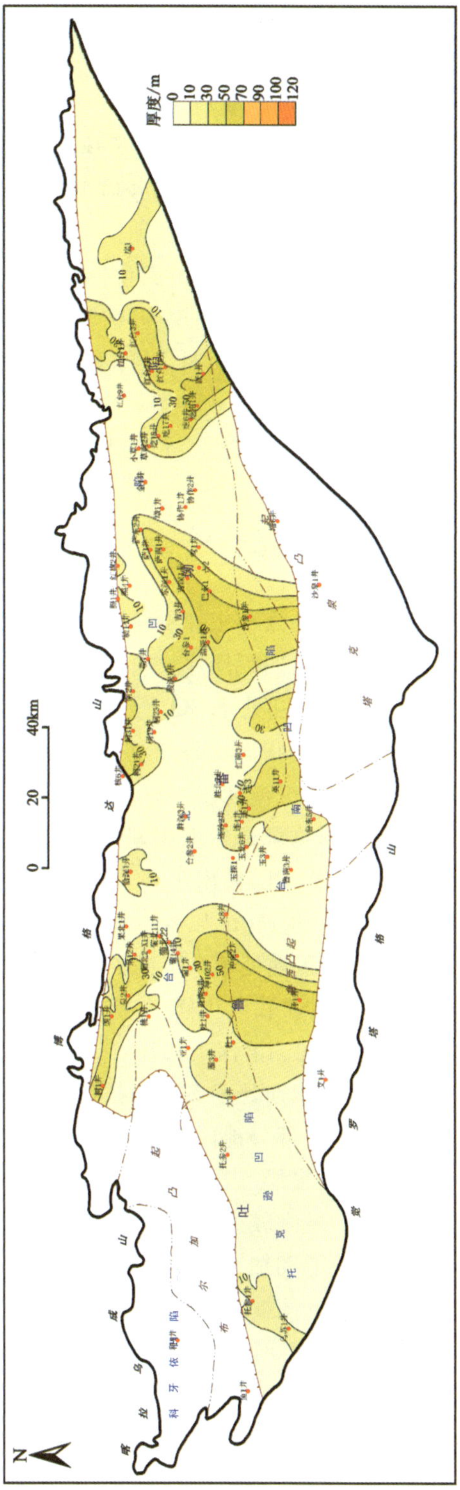

图 4-36　吐鲁番坳陷四级层序西山窑组二段砂体百分率图

J_2x^3(S_7)沉积期处于SQ_2湖扩体系域晚期。整体砂体沉积规模较上期减小,砂体主要呈朵状分布,工区西部物源口沉积的砂体进一步向南延伸,鲁西凸起一带的砂体较大程度向南萎缩,台北凹陷东部的砂体沉积向北伸展。砂体沉积中心向中东部迁移,巴东1井附近砂体累积最厚达70m以上(图4-37、图4-38)。

J_2x^4(S_8)沉积期处于SQ_2高位体系域早期,全区砂体主要呈朵状分布,南北走向,整体规模较上期没有太大变化。西部砂体继续向前延伸,工区中东部砂体累积厚度进一步增大,在巴东1井、沙参1井、疙南1井和疙17井附近砂体累计厚度均为70m以上(图4-39、图4-40)。

J_2s^1(S_9)沉积期处于SQ_2高位体系域晚期,在三间房组沉积早期,全区砂体基本呈带状分布,南北走向。砂体堆积表现为快速沉降和快速堆积的特点,沉积中心向南迁移,在盆地南部发育有一系列辫状河三角洲,砂体整体规模较上期减小,平均厚度减薄。西北部物源持续堆积砂体,恰深1井、胜深3井、柯31井、墩1井和疙17井附近砂体累积厚度达30m以上,墩1井附近砂体累积最厚达50m以上。砂体沉积中心集中在墩1井、萨南1井及协作1井附近(图4-41、图4-42)。

3. SQ_3砂体展布特征

三级层序SQ_3处于中侏罗统三间房组和七克台组,分为J_2s^2、J_2s^3、J_2q^1和J_2q^2四层地层,对应S_{10}至S_{13}四层四级层序,下面将分层序详细阐述各层沉积相平面展布特征。

J_2s^2(S_{10})沉积期处于SQ_3低位体系域,研究区北部博格达山前砂体主要为扇三角洲沉积,南部砂体主要为辫状河三角洲沉积,三间房组5个物源口均有砂体累积。全区砂体基本呈朵状分布,整体沉积规模和累积厚度较上期加大加厚。此时西北部的物源持续供给,砂体较厚,北部有多个新增物源开始堆积砂体,鲁西凸起附近的砂体开始向北延伸沉积,砂体累积最厚区由上一期的墩1井、萨南1井及协作1井附近迁移至柯19井、柯23井和勒7井附近,本期砂体累积最厚区达150m以上(图4-43、图4-44)。

J_2s^3(S_{11})沉积期处于SQ_3湖扩体系域早期,各个物源口的砂体继续向前运移,砂体规模扩大,全区砂体呈带状和扇状分布,整体规模较上期砂体增大,协作1井、草南2井和疙6井附近的砂体沿东西向扩展。恰深1井和柯21井附近的砂体累积最厚达100m以上(图4-45、图4-46)。

J_2q^1(S_{12})沉积期处于SQ_3湖扩体系域晚期,在三间房组沉积末期,湖盆及沉积范围逐渐缩小,导致盆地大部分地区暴露在水面之上,遭受到严重的剥蚀作用,局部地区粉砂岩、泥岩、黑色碳质泥岩及煤层互层,储集作用较弱,气候经历了又一次的潮湿时期,盆地又一次沼泽化,沉积了一套厚度较浅的滨浅湖滩坝及小型的三角洲。全区砂体主要呈条带状东西向分布,整体规模较上期加大,本期砂体厚度全区在20m以下,砂体平均厚度较上期减薄,砂体沉积中心向东迁移(图4-47、图4-48)。

J_2q^2(S_{13})沉积期处于SQ_3高位体系域,全区砂体主要呈扇状和饼状分布,整体规模较上期减小,砂体沉积中心向北侧迁移,砂体厚度在100m左右,工区南部原来的辫状河三角洲砂体沉积萎缩。柯21井、柯31井、陵南1井、红北1井、热1(R1)井、红旗2井、萨1井、萨东2井和金1井附近砂体累积较厚达30m以上。七克台组砂体沉积的最大特征是砂体面积小,厚度较薄,单砂层厚度一般在3m左右,最厚的地区也不超过10m,滨浅湖滩坝发育(图4-49、图4-50)。

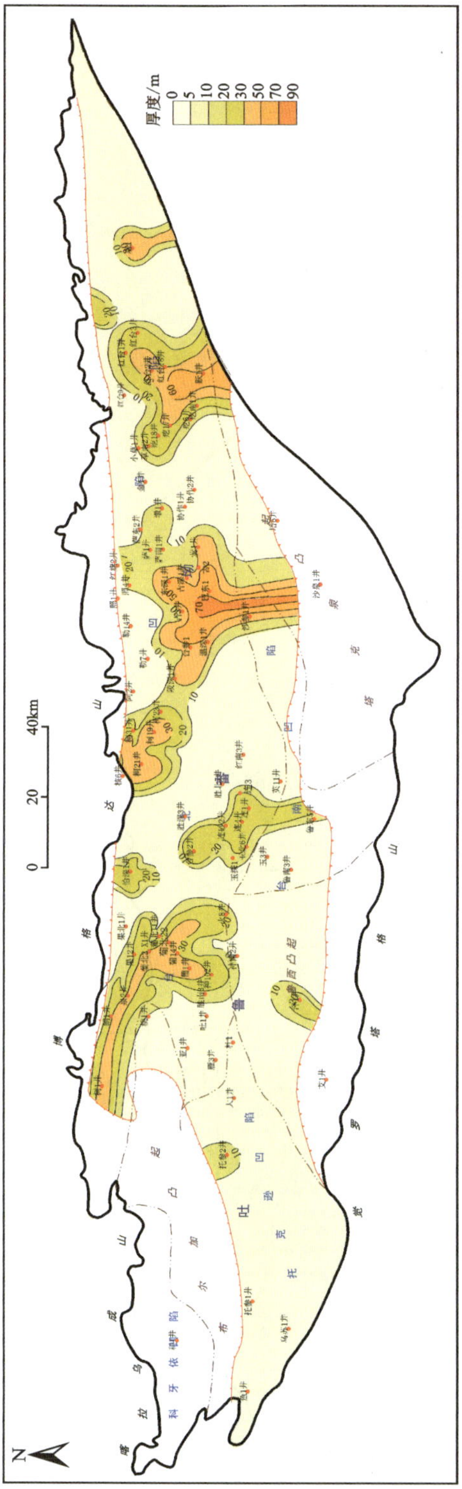

图4-37　吐鲁番坳陷四级层序西山窑组三段砂体厚度图

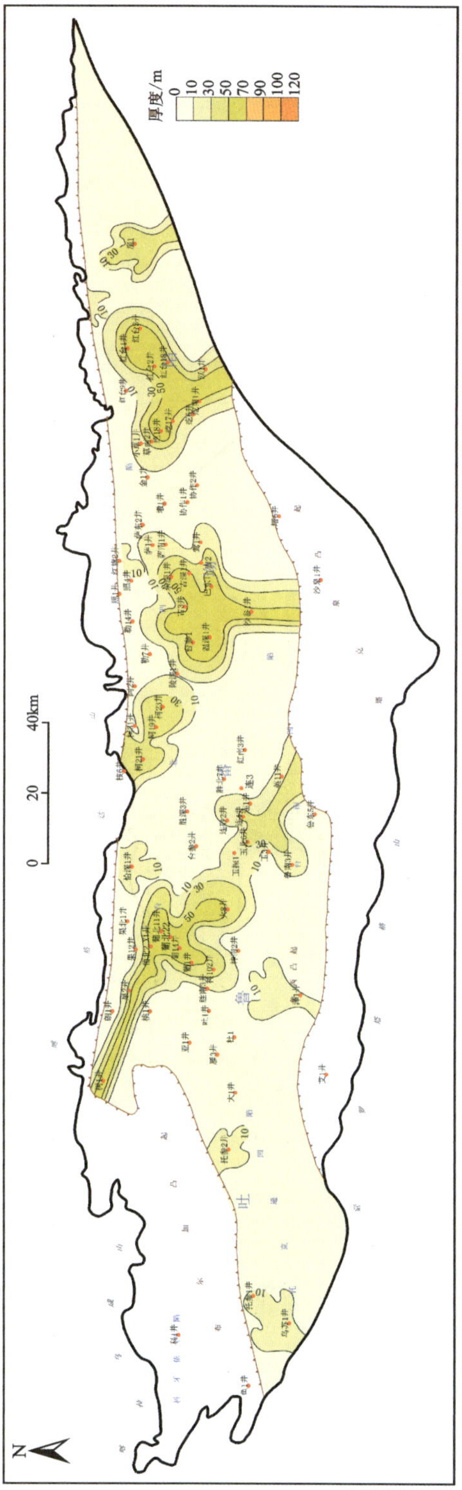

图4-38　吐鲁番坳陷四级层序西山窑组三段砂体百分率图

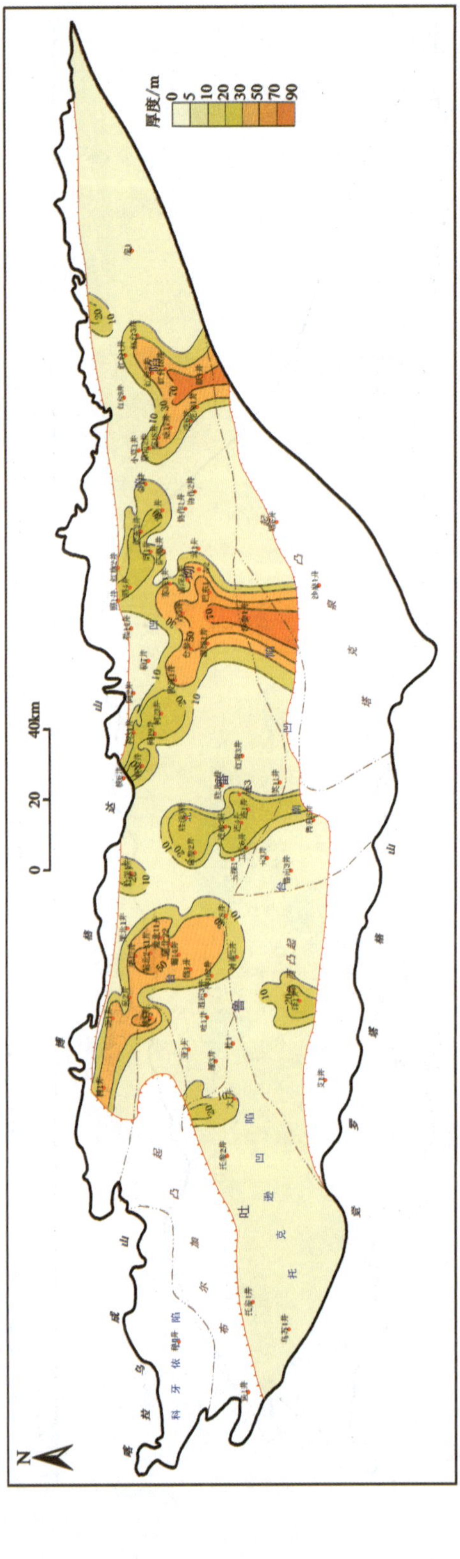

图 4-39　吐鲁番坳陷四级层序西山窑组四段砂体厚度图

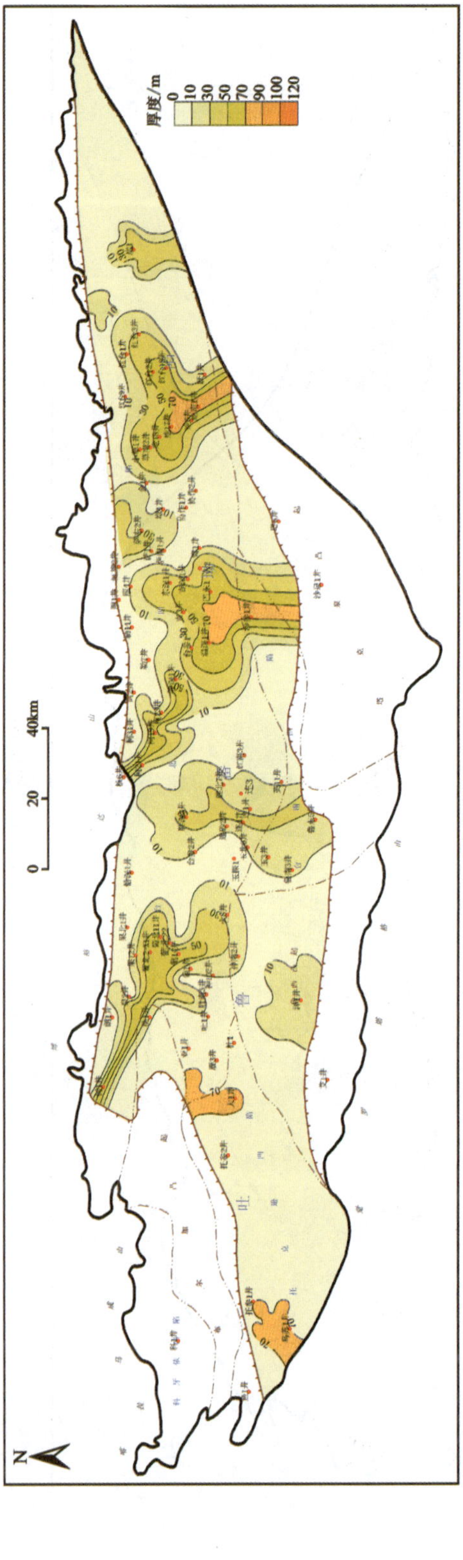

图 4-40　吐鲁番坳陷四级层序西山窑组四段砂体百分率图

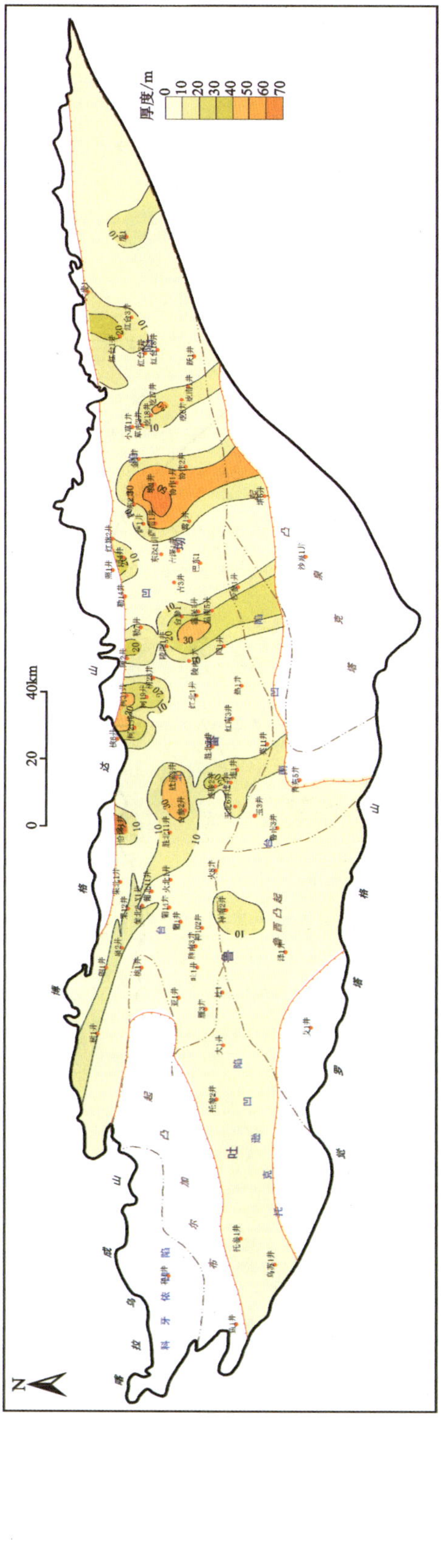

图 4-41　吐鲁番坳陷四级层序三间房组一段砂体厚度图

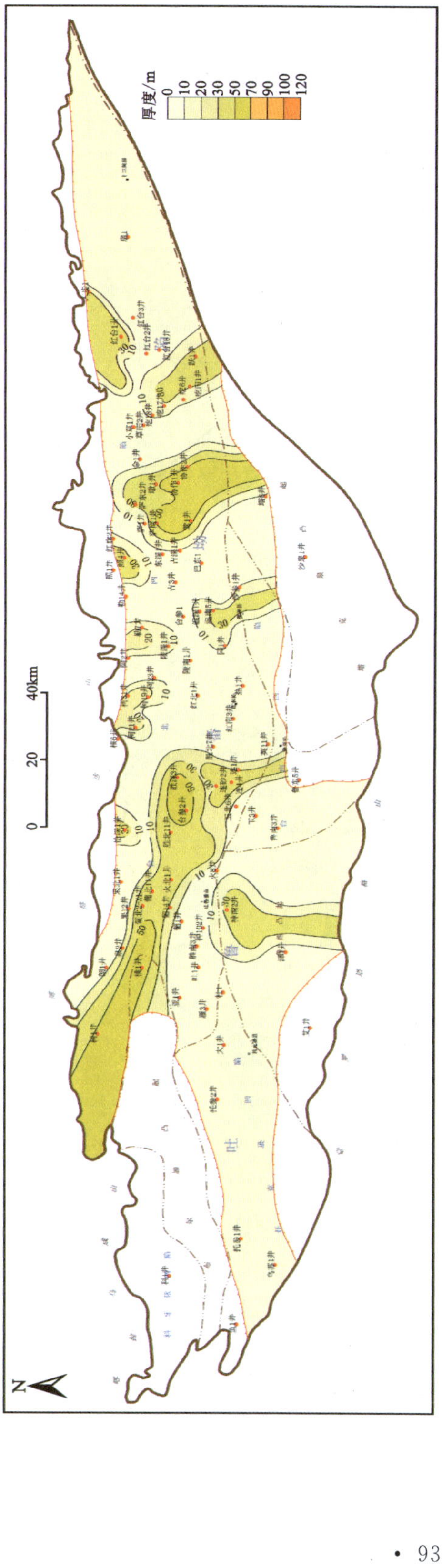

图 4-42　吐鲁番坳陷四级层序三间房组一段砂体百分率图

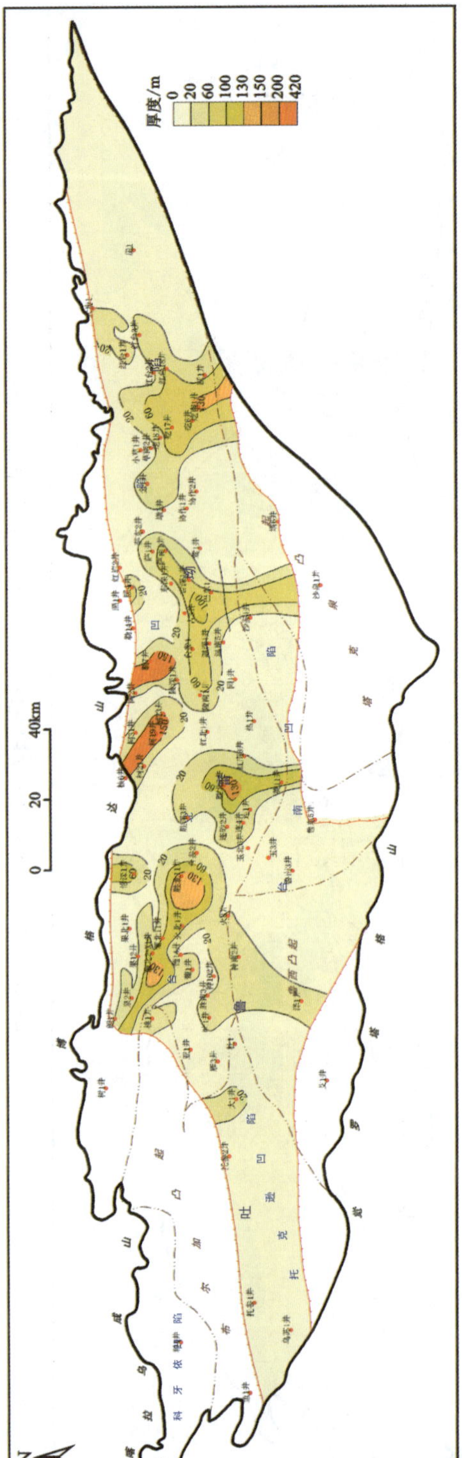

图 4-43 吐鲁番坳陷四级层序三间房组二段砂体厚度图

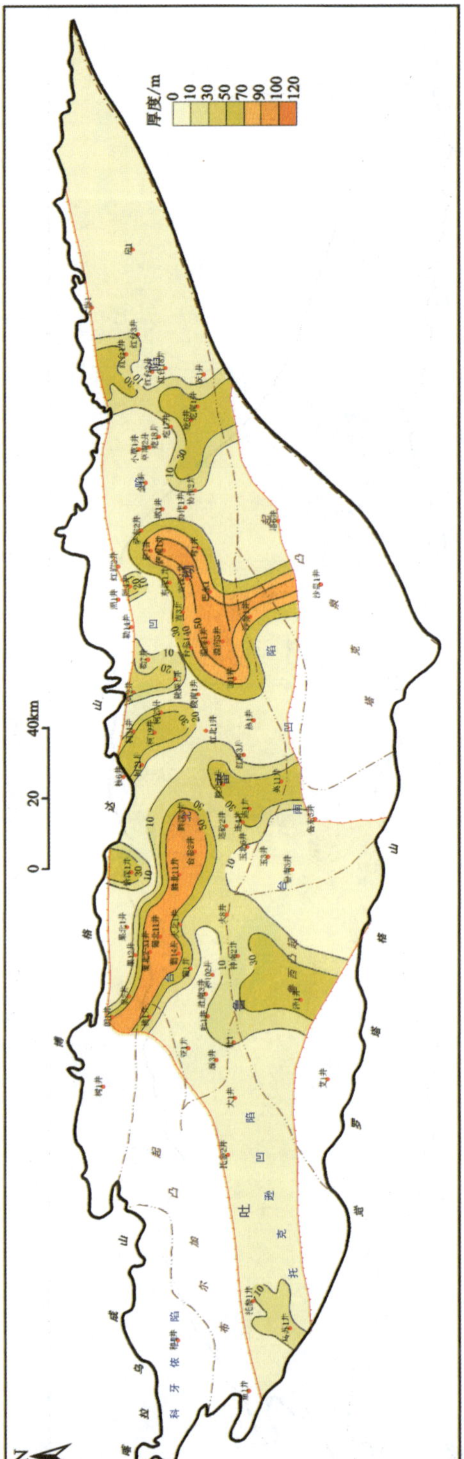

图 4-44 吐鲁番坳陷四级层序三间房组二段砂体百分率图

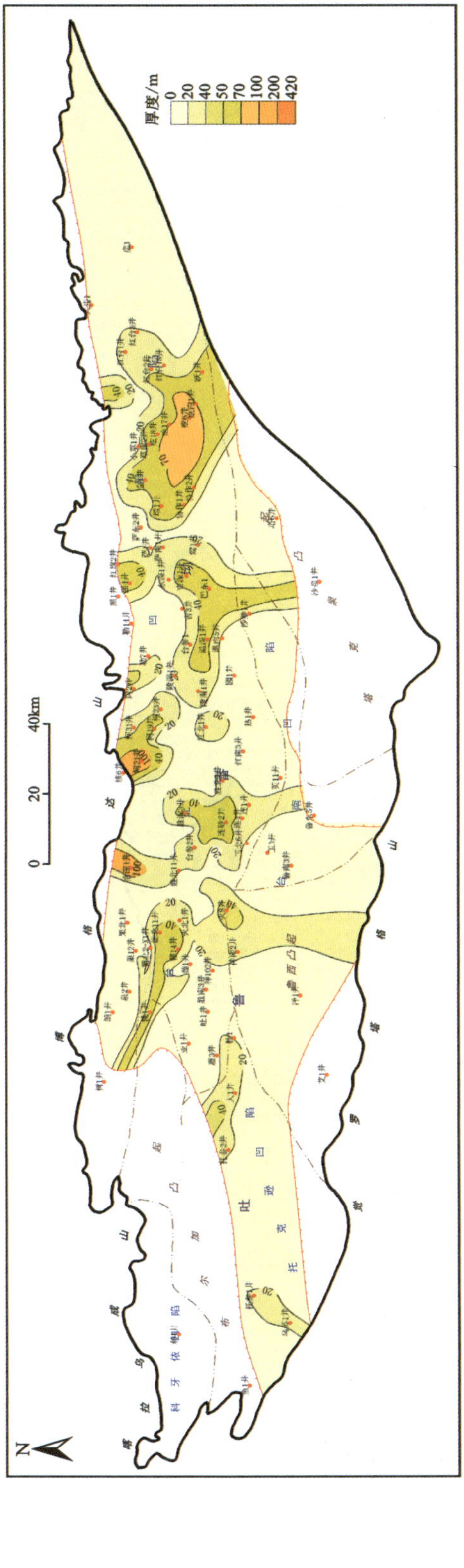

图 4-45　吐鲁番坳陷四级层序三间房组三段砂体厚度图

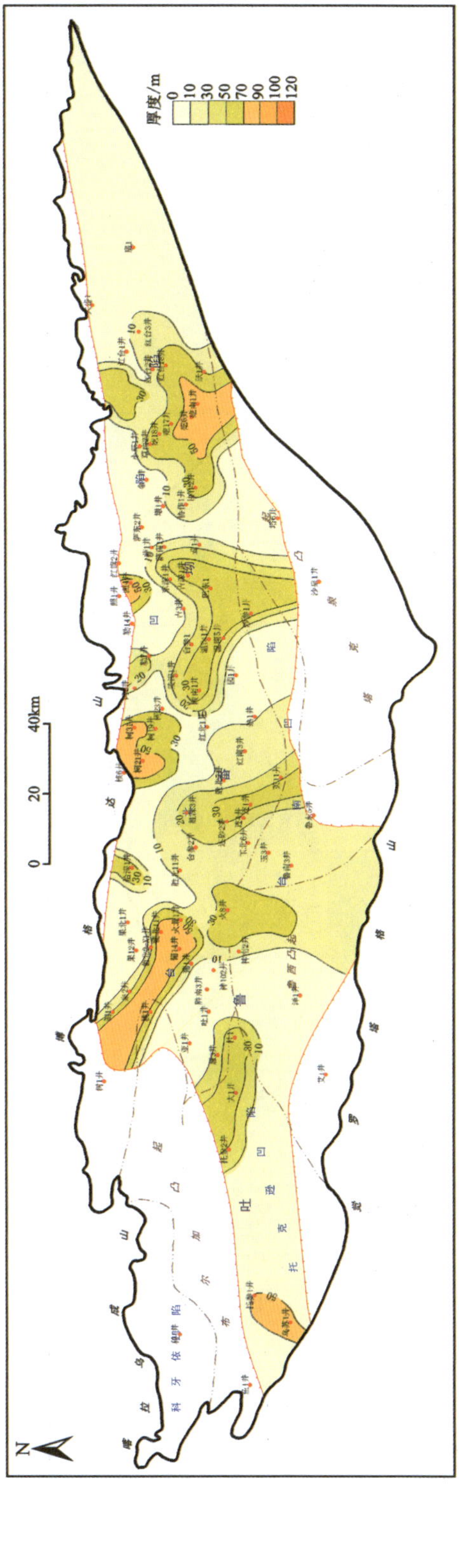

图 4-46　吐鲁番坳陷四级层序三间房组三段砂体百分率图

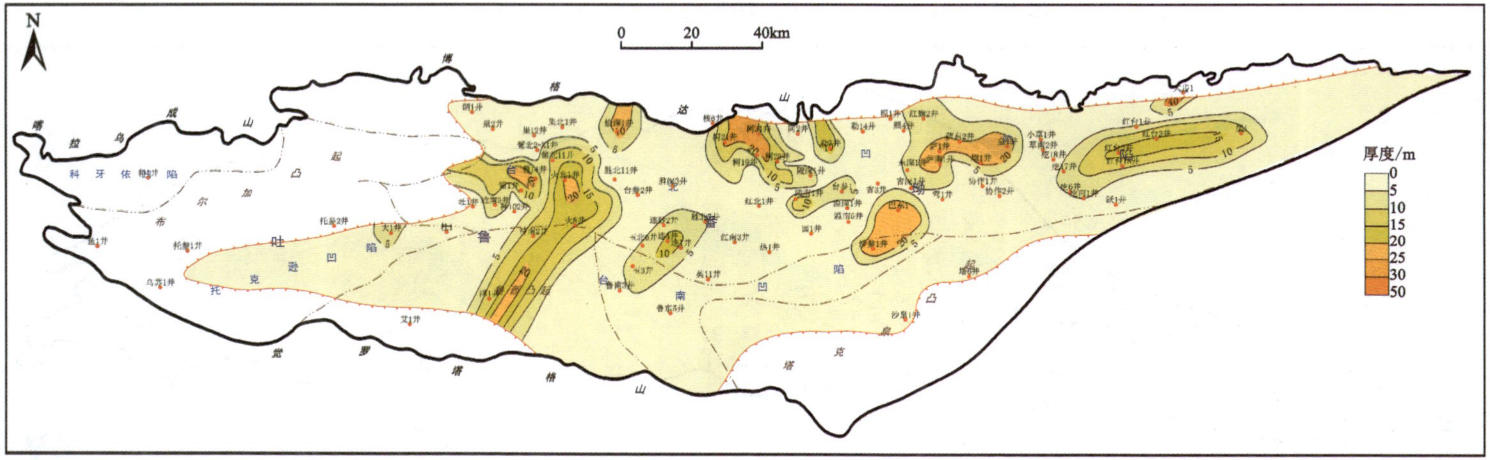

图 4-47　吐鲁番坳陷四级层序七克台组一段砂体厚度图

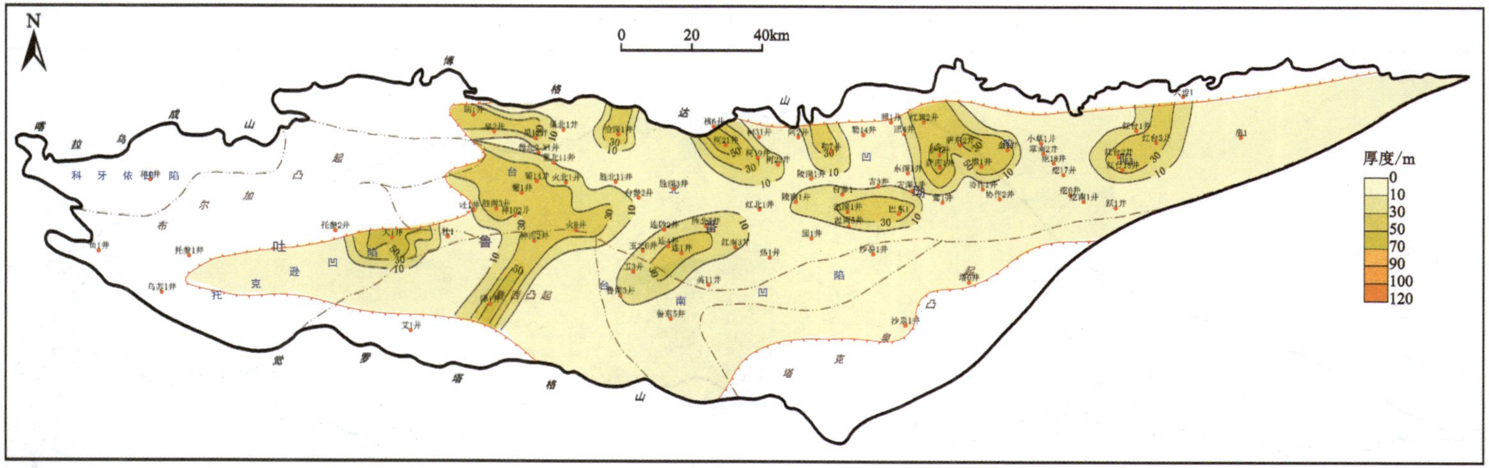

图 4-48　吐鲁番坳陷四级层序七克台组一段砂体百分率图

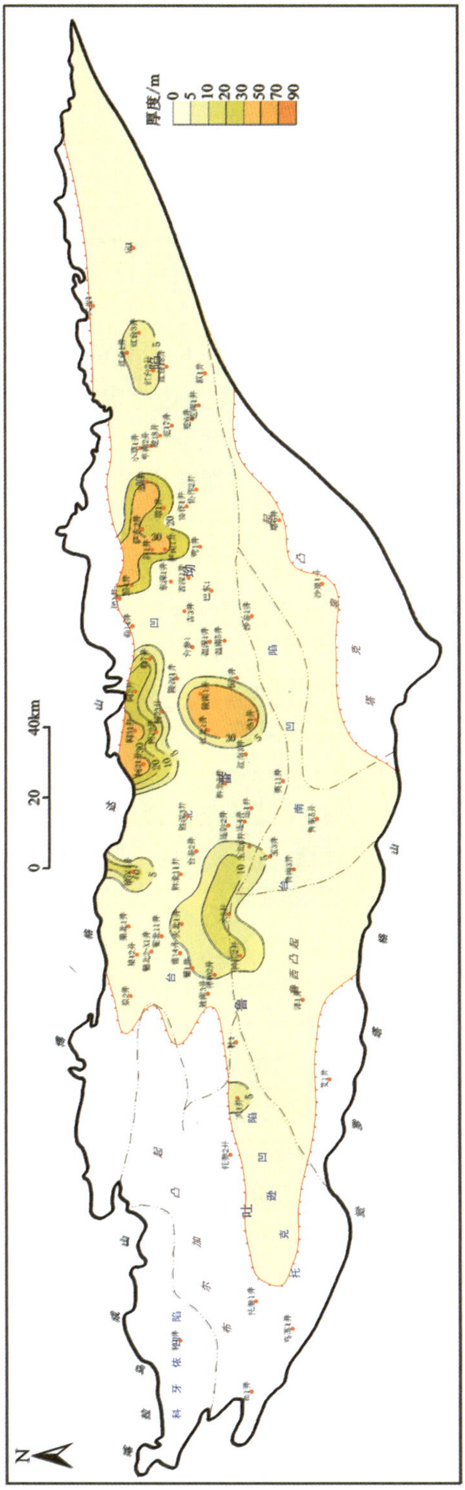

图 4-49 吐鲁番坳陷四级层序七克台组二段砂体厚度图

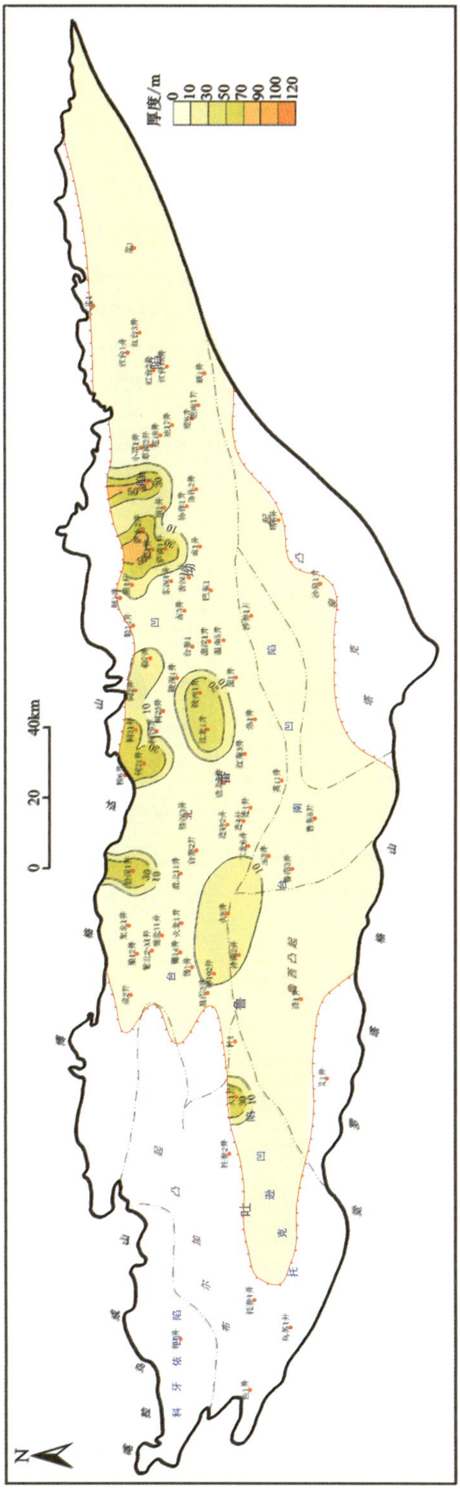

图 4-50 吐鲁番坳陷四级层序七克台组二段砂体百分率图

第七节　吐鲁番坳陷中下侏罗统煤层发育特征

一、煤层沉积模式

通过煤化作用泥炭可转变成煤层，泥炭层的堆积主要取决于泥炭沼泽的水位变化，而水位变化主要受控于植物遗体的沉积速率与地层的沉降速率，按照煤层的形成过程及保存条件大致可以分为3种类型：不足补偿、均衡补偿和过度补偿。

其中，不足补偿指的是在沉积过程中，沉积速率小于沉降速率，即沉积物质积累的速度小于地层沉降的速度，在不足补偿的情况下，沼泽覆水深度不断加大，当水深到达一定程度后，高等植物就无法继续生成，所以泥炭便失去物质基础，随机停止堆积，在原始煤层上方堆积泥砂沉积，这种情形虽然利于泥炭层保存，但形成的煤层厚度不大，表现为多期薄煤层。

均衡补偿则是沉积速率基本等同于沉降速率，在这种情况下，沼泽会保持着一定深度的积水，在这种持续积水条件下，植物具有大量繁殖的物质基础，同时，植物遗体具有良好的保存途径，在这种情况下煤炭会持续形成及保存，最终使得煤层厚度不断加大，均衡补偿持续时间越长，越能形成厚煤层。

当沉积速率大于沉降速率时称为过度补偿，此时由于植物遗体堆积过快，沼泽水体变浅，此时的植物遗体多为氧化分解，此过程不利于泥炭形成，甚至还会逐渐破坏已经形成的泥炭储层，因此，只可以形成薄煤层而不可以形成厚煤层(图4-51)。

本区域的煤层发育大致有两种类型：①湖平面上升，没过植物，使其被淹从而破坏了植物的生长环境，植物不再生产，早期沉积的泥炭保存下来生成了薄煤层。②湖平面下降，沼泽消失或迁移，植物不再生长，早期沉积泥炭被破坏或部分保存成煤，形成薄煤层。

二、煤层沉积特征对沉积环境的判断

煤炭的形成条件十分苛刻，只有在多种的因素共同作用下才有可能生成煤炭，其控制因素大致包括构造沉降速率、植物或有机物质供给速率、湖平面、气候、地下水、保存条件等。

其中，气候条件和植被条件是聚煤作用的主要影响因素，温暖潮湿的气候是植物生长的有利影响因素，而植被的生长又为煤层的沉积提供了物质条件，所以总的来说，古气候是煤层形成的先决条件，煤层是古气候变化的一个重要指示因素。

根据成煤环境及煤系地层发育特征，可以发现在同一个三级层序里，煤层的发育主要受到了湖阔体系域的控制作用，垂向上，SQ_1和SQ_2煤层厚且范围广，而SQ_3煤层明显变薄且范围缩小，整体有向东迁移的特征，这是SQ_3沉积环境较为干旱，煤层发育条件较弱导致的。

SQ_1时期的煤系地层主要发育在低位体系域的晚期和湖阔体系域的早期；SQ_2时期的煤系地层主要发育在湖阔体系域的早期，而SQ_3时期的煤层主要发育在湖阔体系域的晚期，这与中下侏罗统气候环境和构造演化相关联。说明在SQ_1体系域时期，由于气候较为潮湿，蕨类植物大量生长，为煤层的形成提供了充足的物质条件，所以在湖阔体系域的早期达到了煤系地层的发育条件；而到了SQ_2体系域时期，降水愈加充足，气候条件仍然保持为温暖湿润的

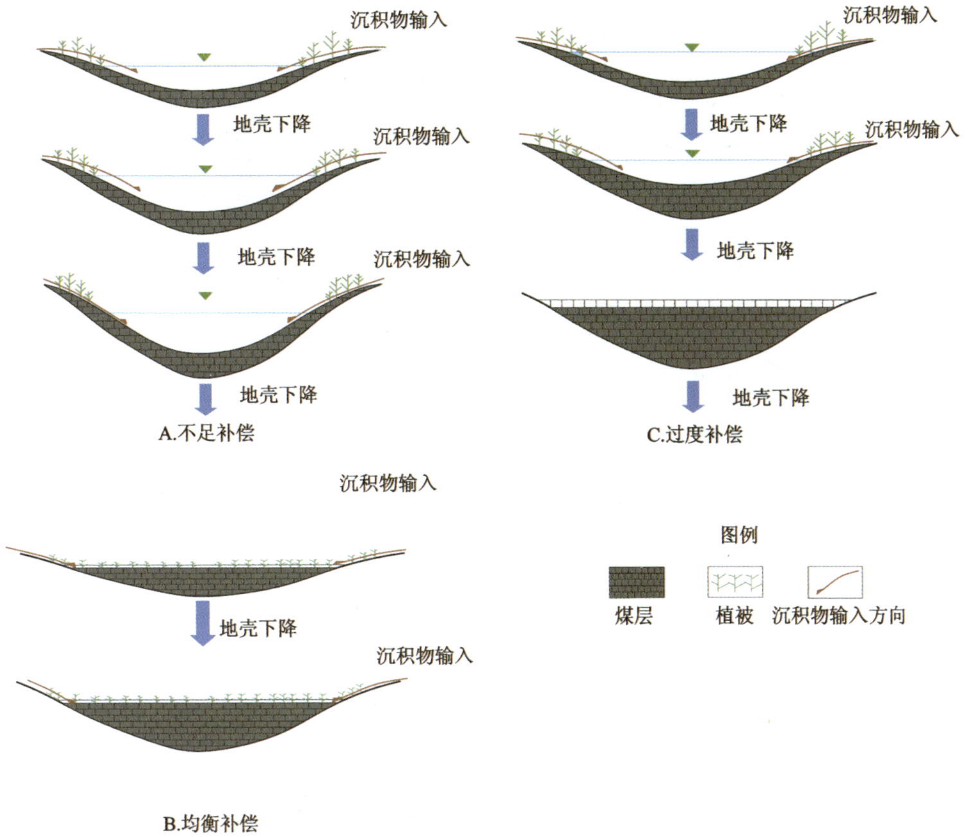

图 4-51　煤层沉积模式图

亚热带气候，所以其煤层发育愈加充足，达到了吐鲁番坳陷中下侏罗统煤层发育最厚的地质时期，而到了 SQ_3 体系域时期，气候逐渐转为半干旱半潮湿的亚热带气候，此时大量发育的克拉梭粉属以及苏铁类植物影响了区域内的降水条件及对区域内部的水资源进行了一定的控制，对泥炭沼泽类植物生长发育及其有机类物质的繁殖起到了抑制作用，从而破坏了煤和泥炭的发育条件与成长环境，所以减弱了七克台组聚煤作用，导致七克台组的煤层并不发育(图 4-52)。

简而言之，气候条件通过影响植物生长和繁殖的生长环境和植物生长的种类、速度、分布范围及适应能力来影响煤系地层的发育与演化，反过来说，通过煤系地层的发育条件和发育规模可以判断沉积环境的变化趋势。

三、SQ_1 煤层厚度沉积特征分析

早侏罗世断陷时期，煤层主要发育于湖扩体系域时期，低位体系域时期次之，高位体系域时期基本不发育。SQ_1 低位体系域时期煤层西部主要发育于 Tuoc1 井地区、Yan3 井地区，少量发育于 Pb2-X1 井、Qs1 井、P1 井及 H8 井区附近，东部仅北区山前地区发育。在 Tuoc1 井地区及 D1 井地区煤层最为发育，厚度可达 60m，其次为大 1(D1)井附近最大厚度为 40m，最薄煤层在火 8(H8)井附近为 5m；东部山前煤层发育最厚可达 40m，最小厚度为 5m(图 4-53A)。SQ_1 湖扩体系域时期煤层沉积范围较广，Tao1 井以北地区及 P1 井、Pb2-X1 井地区的

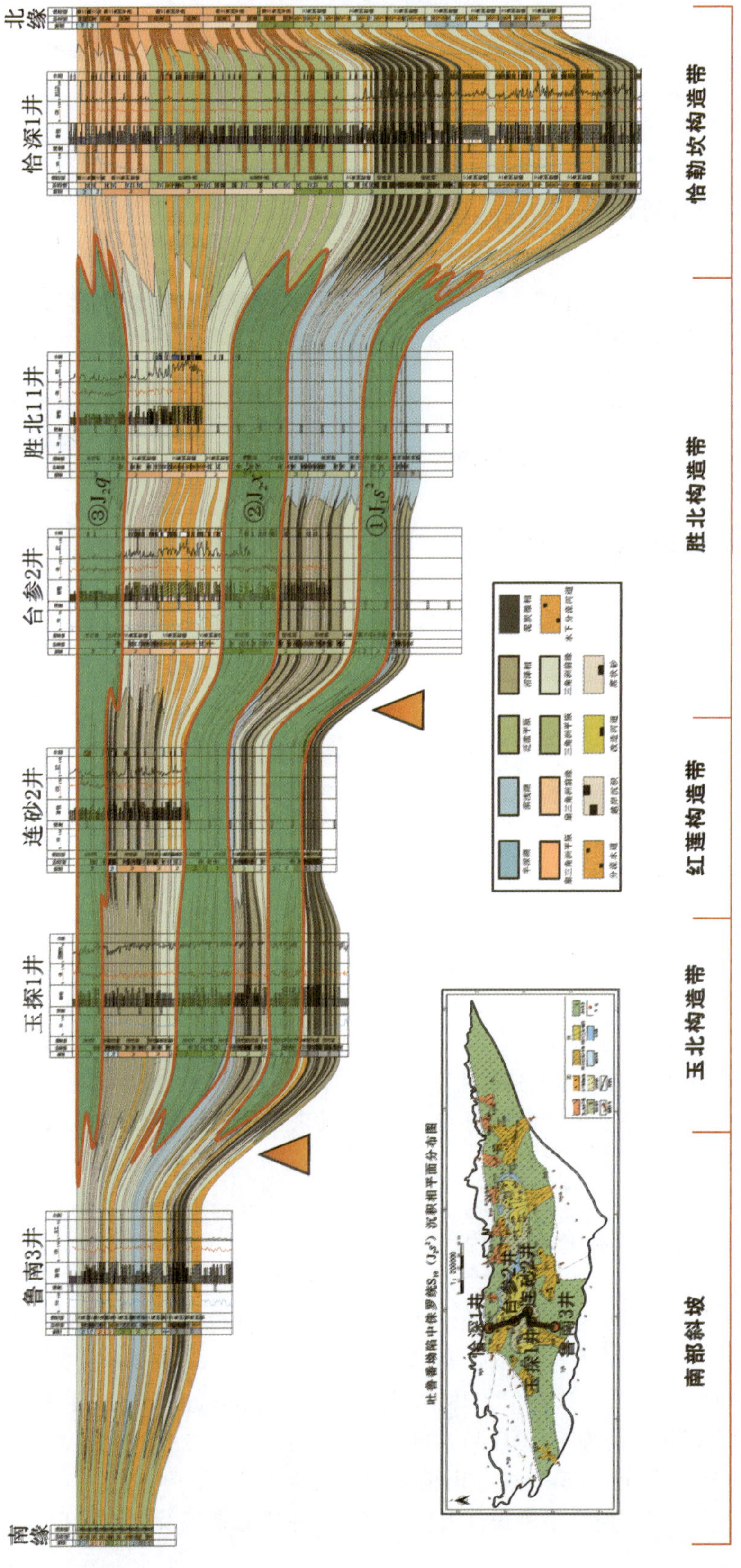

图 4-52 吐鲁番坳陷中下侏罗统煤层沉积规律

煤层开始大范围增加，南部地区也开始有煤层发育，但其发育厚度较小，本期发育沼泽相的区域更为广阔(图 4-53B)。高位体系域时期，煤层基本不发育，只有北部 Zh1 井区附近有极小范围不超过 10m 的煤层发育(图 4-53C)。

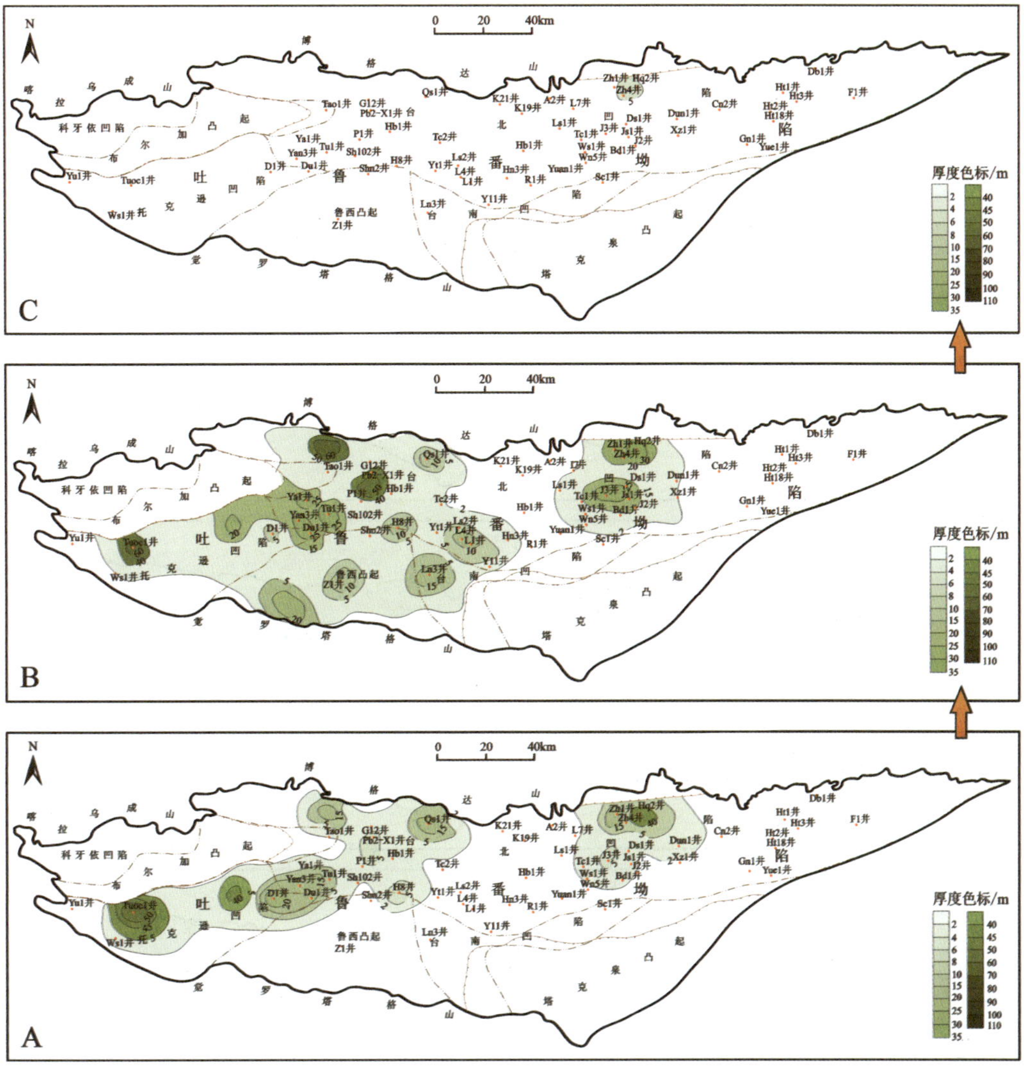

图 4-53　吐鲁番坳陷早侏罗世三级层序 SQ_1 煤层厚度平面分布图

A. SQ_1 低位体系域煤层厚度平面分布图；B. SQ_1 湖扩体系域煤层厚度平面分布图；C. SQ_1 高位体系域煤层厚度平面分布图

四、SQ_2 煤层厚度沉积特征分析

西山窑组应力过渡时期，由于坳陷整体处于挤压-拉张的应力过渡时期，坳陷抬升，湖水相较于早侏罗世较浅，更加适宜煤层发育，但由于水体在低位体系域时期较浅，湖扩体系域时期适宜，高位体系域时期深，所以 SQ_2 整体上湖扩体系域时期煤层发育且厚度较大，在低位及高位体系域时期较少发育。低位体系域时期整体上煤层不发育，少量发育在巴喀地区、疙瘩

台盆缘及北部山前。巴喀地区(K21 井附近)煤层厚度相对较厚,最大厚度为 80m 左右。疙瘩台(Yue1 井附近)盆缘地区发育煤层厚度为 60m。北部山前厚层厚度仅发育 10m 左右(图 4-54A)。湖扩体系域时期为煤层的主要发育时期,此时期全区南北向挤压,坳陷抬升,水体适宜,煤层大量发育,恰勒坎(Qs1 井)、柯克亚(K21 井)、鄯善弧形带(Ls1 井- Tc1 井)、丘东洼槽(J3 井)、小草湖洼漕(Cn2 井)及红台地区(Ht1 井)等区域为本期煤层主要沉积中心,最大厚度达 80m,最小厚度为 60m,全区其他地区的煤层发育较浅,平均厚度在 20～30m 之间(图 4-54B)。高位体系域时期全区基本不发育煤层,仅在巴喀、红台地区有 20m 左右煤层发育(图 4-54C)。

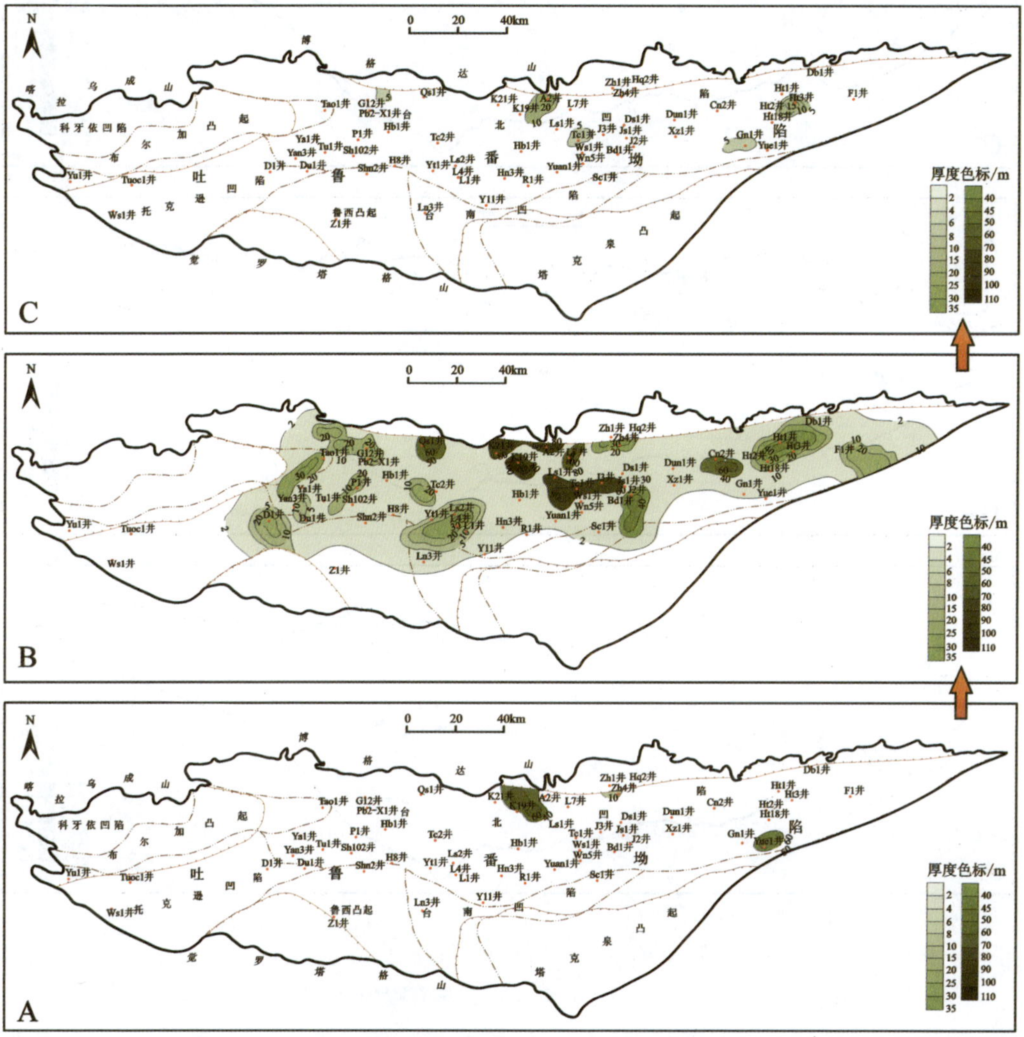

图 4-54 吐鲁番坳陷中侏罗世三级层序 SQ_2 煤层厚度平面分布图

A. SQ_2 低位体系域煤层厚度平面分布图;B. SQ_2 湖扩体系域煤层厚度平面分布图;

C. SQ_2 高位体系域煤层厚度平面分布图

五、SQ_3 煤层厚度沉积特征分析

中侏罗统三间房组-七克台组沉积期,南北向挤压继续增强,坳陷进一步抬升,水体更浅,

煤层主要发育于湖扩体系域时期，在低位及高位体系域时期不甚发育。低位体系域时期煤层在全区呈零星分布，厚度较小，展布面积较窄，主要发育于连木沁、巴喀、丘东洼槽及小草湖及红台等地区，煤层厚度平均为10m(图4-55A)。湖扩体系域时期，煤层发育由于水体更浅，相对于SQ$_1$及SQ$_2$而言分布范围较窄且其煤层厚度较小，为薄层状地层。全区煤层主要发育于连木沁、善鄯弧形带、丘东洼陷、小草湖、红台及十三间房地区。在丘东洼漕及善鄯弧形带展布范围最广，煤层厚层平均为4～6m，其余地区展布范围较窄，平均厚度为8～10m，其中十三间房地区展布范围最窄，厚度为6～8m(图4-55B)。SQ$_3$高位体系域时期，煤层不发育，仅在胜北洼漕附近有少量分布，厚度较小且展布范围较窄，最大厚度为1～2m(图4-55C)。

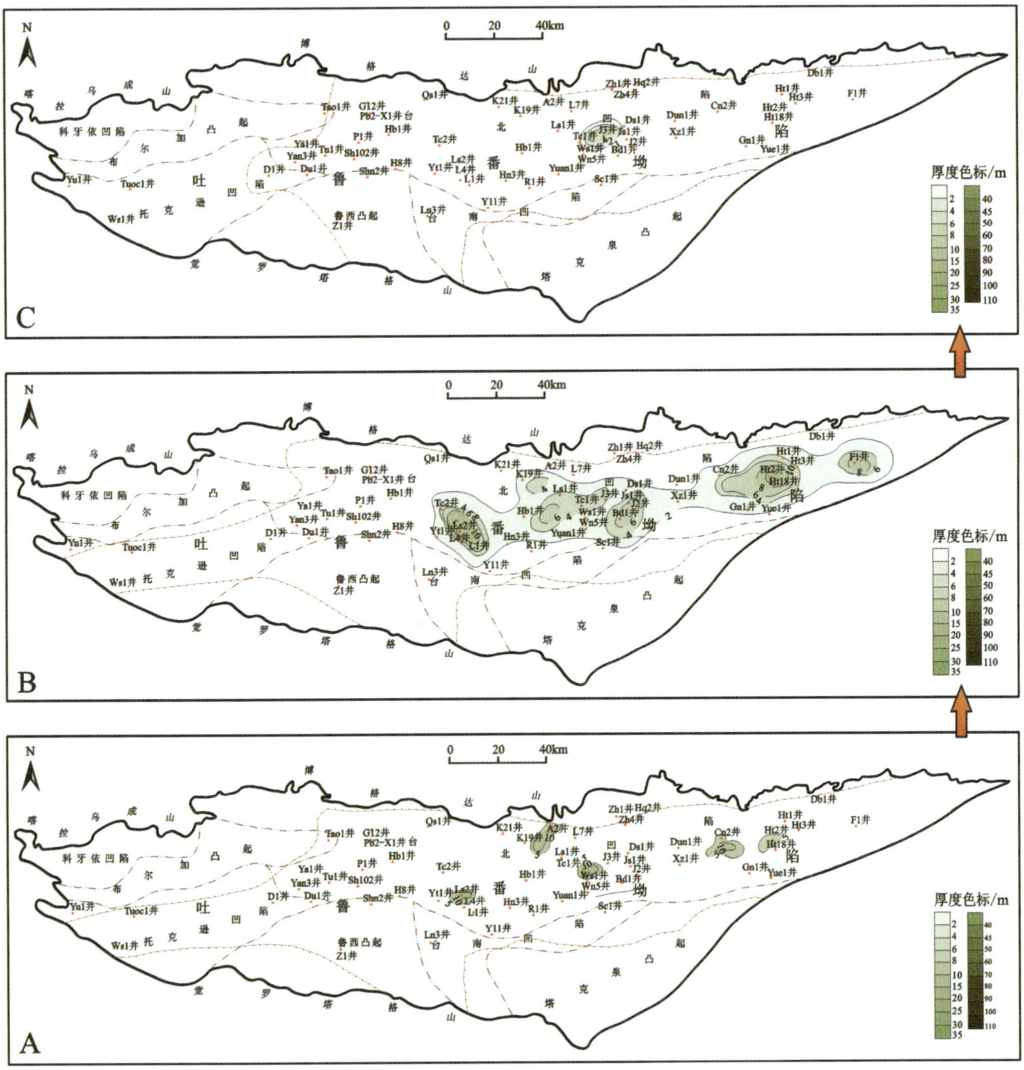

图4-55 吐鲁番坳陷中侏罗世三级层序SQ$_3$煤层厚度平面分布图

A. SQ$_3$低位体系域煤层厚度平面分布图；B. SQ$_3$湖扩体系域煤层厚度平面分布图；C. SQ$_3$高位体系域煤层厚度平面分布图

第八节　吐鲁番坳陷中下侏罗统沉积相平面展布

通过对吐哈盆地中下侏罗统沉积相类型及沉积物沉积特征的研究，结合物源方向分析结果及砂体与砂岩百分含量展布特征，在地震属性分析的指导下，对中下侏罗统各层旋回的沉积相平面展布特征做详细研究，并分析了其演化规律。下面针对研究区各层作较为详细的沉积相平面展布特征分析。

1. SQ_1沉积相平面展布特征

三级层序SQ_1包括整个下侏罗统时期，分为J_1b^1、J_1b^2、J_1s^1和J_1s^2四层地层，对应S_1至S_4四层四级层序，早侏罗世时期，拉张背景下，坳陷处于断陷期，北部博格达山还未隆升，坳陷沉积范围较广，湖水相对较深，全区相类以辫状河三角洲为主，西部三角洲较东部发育，南部三角洲较北部发育。下面将分层序详细阐述各层沉积相平面展布特征(图4-56)。

$J_1b^1(S_1)$沉积期处于SQ_1低位体系域，盆地内部气候湿润，植物繁茂，物源主要分为南部物源、北部物源以及西部物源3个方向，研究区内广泛发育滨湖沼泽、滨浅湖、辫状河三角洲3类沉积相类，其中辫状河三角洲和滨湖沼泽相较为发育。辫状河三角洲全区发育，泛滥平原围绕盆地边缘大量发育，沼泽相发育于三角洲前缘前端及周围。湖岸线西由布尔加凸起至Ws1井—Tc1井一线为止，北线紧靠盆地边缘发育至Hq2井—Ht9井—Ht1井一带，西线止于F1井地区，南部湖岸线位于Ws1井—Z1井—L4井—Wn5井—Ht18井一线。其中，在湖盆范围内西部弧形带和鄯善弧形带发育大量滨湖沼泽，来自南部及西部的辫状河三角洲在此卸载，由于博格达山未隆起，全区以辫状河三角洲为主，北侧沉积物应是由更北处搬运而来，但其延伸范围较短。在坳陷的最西部，分别来自Ws1井和Tc1井的砂体在此入湖，形成辫状河三角洲前缘亚相沉积。坳陷西部，南北发育规模较小、展布范围较窄的辫状河三角洲沉积，北侧Ht9井—Ht1井—Db1井一带发育辫状河三角洲平原亚相，小部分砂体入湖发育为扇三角洲前缘亚相，南缘F1井地区仍发育辫状河三角洲，其前端发育小规模滨湖沼泽沉积(图4-56A)。

$J_1b^2(S_2)$和$J_1s^1(S_3)$处于SQ_1湖扩体系域沉积期，坳陷整体仍发育辫状河三角洲沉积，西部三角洲较东部发育。此时湖泊水位上升，湖面变广，滨浅湖面积增大，洪泛平原沉积面积较低位体系域时期减少，滨岸沼泽围绕三角洲前缘亚相沉积，三角洲平原亚相因湖岸线的后退，其沉积范围缩减；而三角洲前缘亚相沉积面积得以相对增加，并在湖盆中心靠近甚至交汇，辫状河三角洲前缘前端呈现指状形态，其间充填沉积大量的滨河沼泽。西部地区辫状河三角洲的发育程度明显好于东部，尤其是西北地区提供物源的辫状河三角洲沉积，长距离搬运至神泉、葡萄沟、胜北等地区，沉积发育大规模三角洲相，而西部发育小规模辫状河三角洲(图4-56B、图4-56C)。

$J_1s^2(S_4)$沉积期处于SQ_1高位体系域，此时湖盆收缩，湖平面下降，滨浅湖面积大量减少，洪泛平原面积增加，南北部仍发育辫状河三角洲，西部三角洲沉积有所减小，西部葡北、恰勒坎、胜北、火焰山、鲁西地区5支辫状河三角洲向湖岸收缩，其展布范围减小，但其沉积方向未变。北侧Gb1井—G12井一带的滨岸沼泽消失，被湖水充填，形成滨浅湖相；相应的，南部斜坡Ln3井地区滨浅湖相被滨岸沼泽所覆盖(图4-56D)。

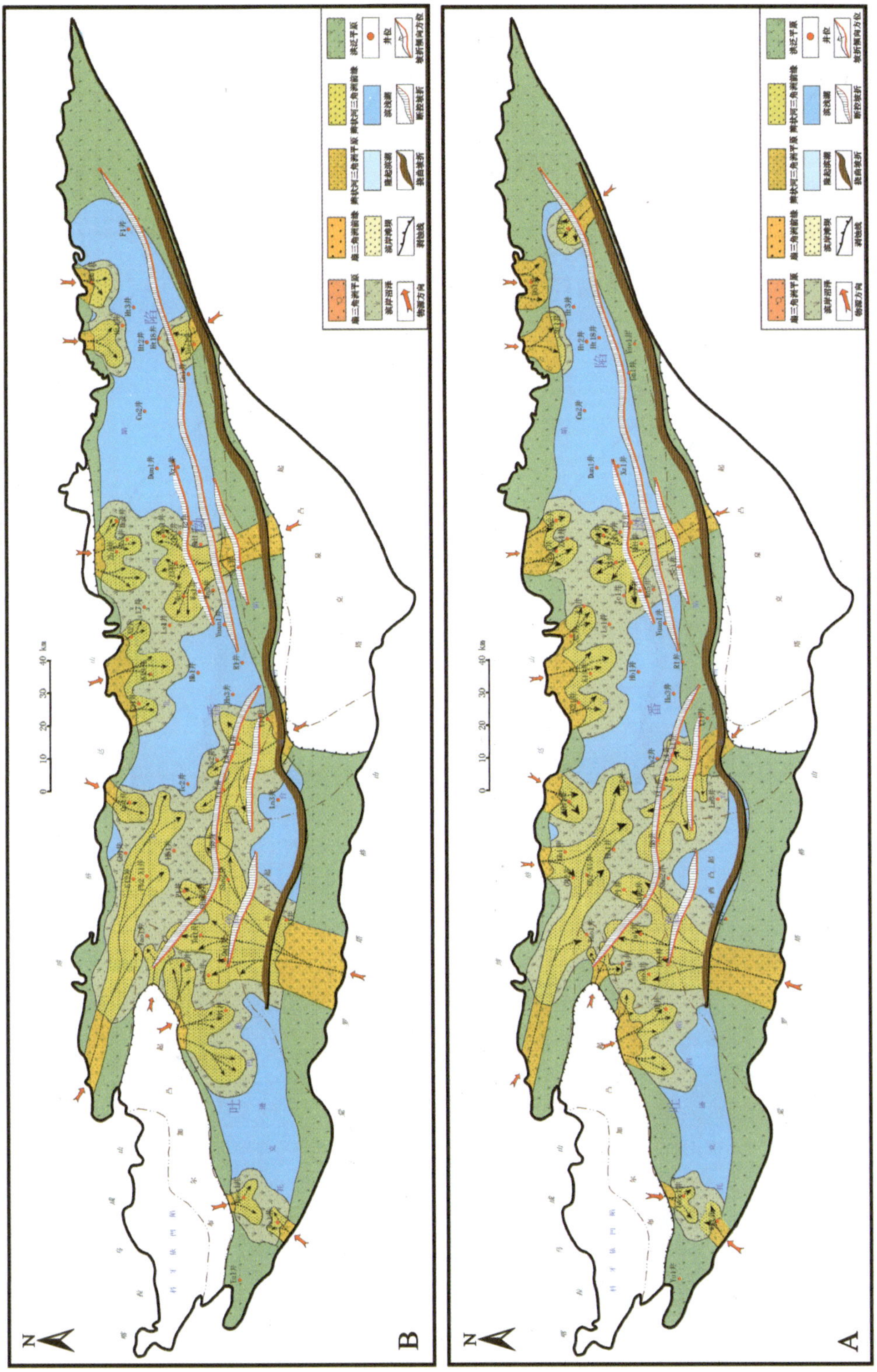

图 4-56 吐鲁番坳陷早侏罗世SQ_1沉积体系平面分布图

A.早侏罗世八道湾组一段沉积相平面分布图；B.早侏罗世八道湾组二段沉积相平面分布图

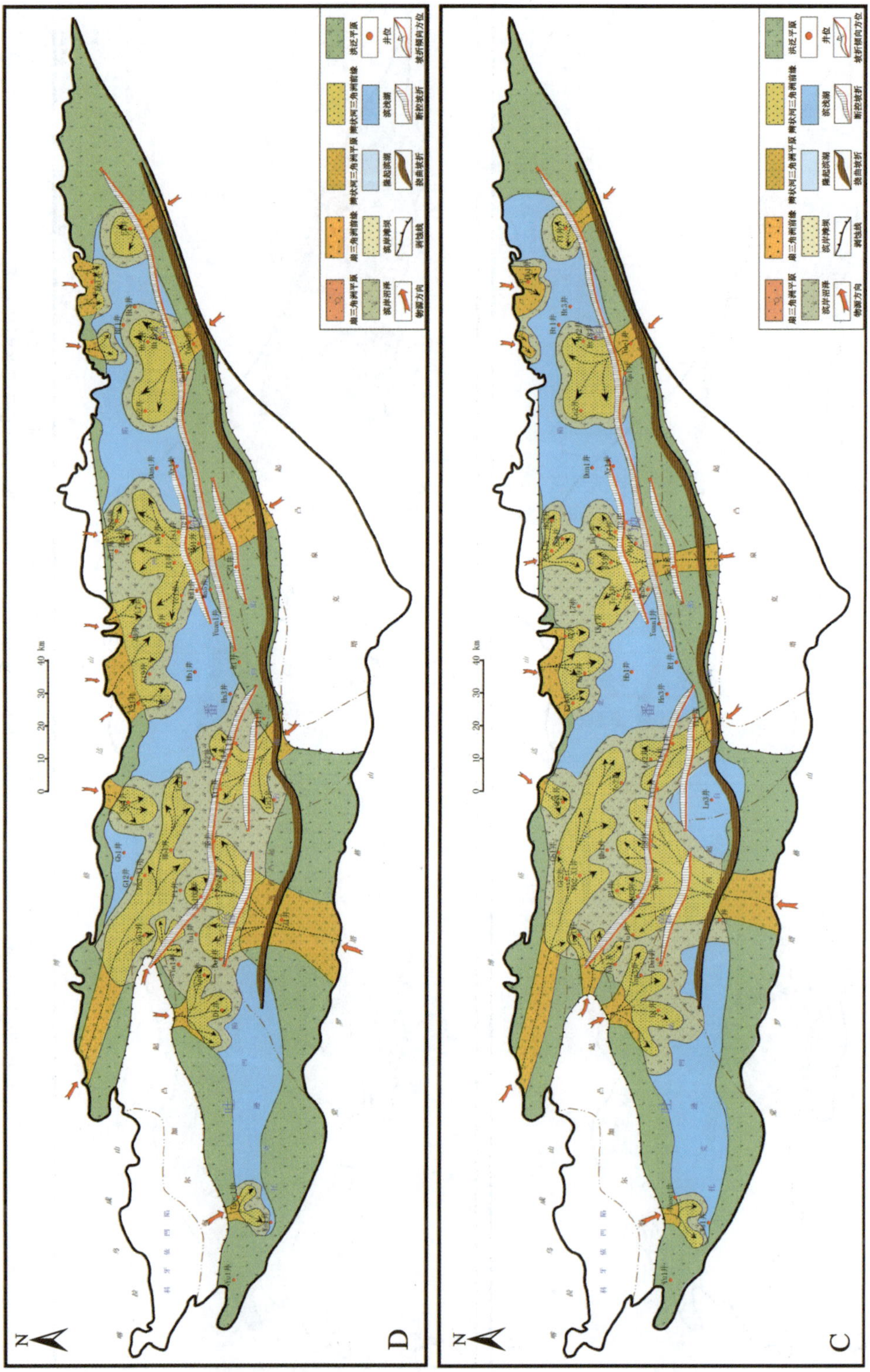

续图4-56
C.早侏罗世三工河组一段沉积相平面分布图；D.早侏罗世三工河组二段沉积相平面分布图

2. SQ_2沉积相平面展布特征

三级层序 SQ_2处于中侏罗统西山窑组全段和三间房组一段，分为 J_2x^1、J_2x^2、J_2x^3、J_2x^4和 J^2s^1五层地层，对应 S_5至 S_9五层四级层序。受燕山运动的影响，进入西山窑组沉积期，坳陷南北向挤压应力开始增强，坳陷整体开始抬升，南部斜坡变缓，整体扇体发育规模较早侏罗世时期小，水体变浅，沉积范围减少，沼泽化泛滥，北缘博格达山开始隆升，至西山窑组后期（西四段）完全出露水面并开始供源，至此北侧发育扇三角洲沉积，南部及西部仍发育辫状河三角洲沉积，在该三级层序内由低位-湖扩-高位体系域演化过程中，湖平面有窄-宽-窄的趋势，湖深也存在着浅-深-浅变化的趋势；此时期处于湿润气候环境，加之水体较浅，坳陷内沼泽化泛滥。下面将分层序详细阐述各层沉积相平面展布特征。

J_2x^1（S_5）沉积期处于 SQ_2低位体系域，该时期坳陷内部仍处于湿润气候条件，物源主要存在南部物源、北部物源以及西部物源 3 个方向。低位时期，由于水体较浅，滨湖沼泽仅发育于西部，全区洪泛平原亚相围绕三角洲前缘亚相大量发育，湖线内发育滨浅湖相，湖岸线西起达布尔加凸起东至 T1 井—Y1 井—Tao1 井一线，北线紧靠盆地边缘发育至 Qs1 井—L7 井一带，东线止于 J1 井地区，南部湖岸线位于 Ln3 井—英 11（Y11）井—R1 井一线。其中，在湖盆范围内大量发育滨岸沼泽相带，仅在胜北洼陷中心和湖岸线周缘发育滨浅湖相。南部发育大量辫状河三角洲沉积，其沉积规模、展布范围比北部大，北部沉积规模较小且靠近山前一带沉积发育（图 4-57A）。

J_2x^2（S_6）和 J_2x^3（S_7）沉积期处于 SQ_2湖扩体系域时期，此时湖泊水位持续上升，湖面较广，沼泽较为发育。西山窑组二段时期，坳陷内湖盆展布范围从西部弧形带直至小草湖凹陷，但湖盆内大部分区域仍被滨湖沼泽所覆盖，洪泛平原沉积面积较上一时期有所减少，而滨湖沼泽面积增加，三角洲沉积与上一时期基本相同；西山窑组三段时期，水位持续加深，湖面更广，湖面展布由西部弧形带至东部十三间房东侧，沼泽相沉积范围有所萎缩，三角洲由于湖水的增加而向湖岸后退，其沉积规模及范围都有所减小，洪泛平原沉积范围也极大地减小（图 4-57B、图 4-57C）。

J_2x^4（S_8）和 J_2s^1（S_9）沉积期处于 SQ_2高位体系域时期，此时湖泊水位开始下降，湖面开始收缩，北部博格达山的隆升，北侧开始供源，其沉积相类开始由辫状河三角洲转变为扇三角洲沉积。西山窑组四段时期，湖盆面积略有减少，坳陷内滨湖沼泽和洪泛平原面积有少许增加，以至于盆内各滨湖沼泽多相互连接贯通。由于北部博格达山脉的隆起，使南北物源发生较大的差异，北部山前带开始发育扇三角洲沉积，南部仍发育辫状河三角洲沉积。与上一时期相比，各三角洲沉积规模增加，向湖盆中心伸展。进入三间房组一段时期，湖面加速萎缩，展布于 Pb2-X1 井地区至 Cn2 井地区，洪泛平面沉积面积增加，南北三角洲沉积规模基本与上一期保持不变，南部发育辫状河三角洲，北部发育扇三角洲（图 4-57D、图 4-57E）。

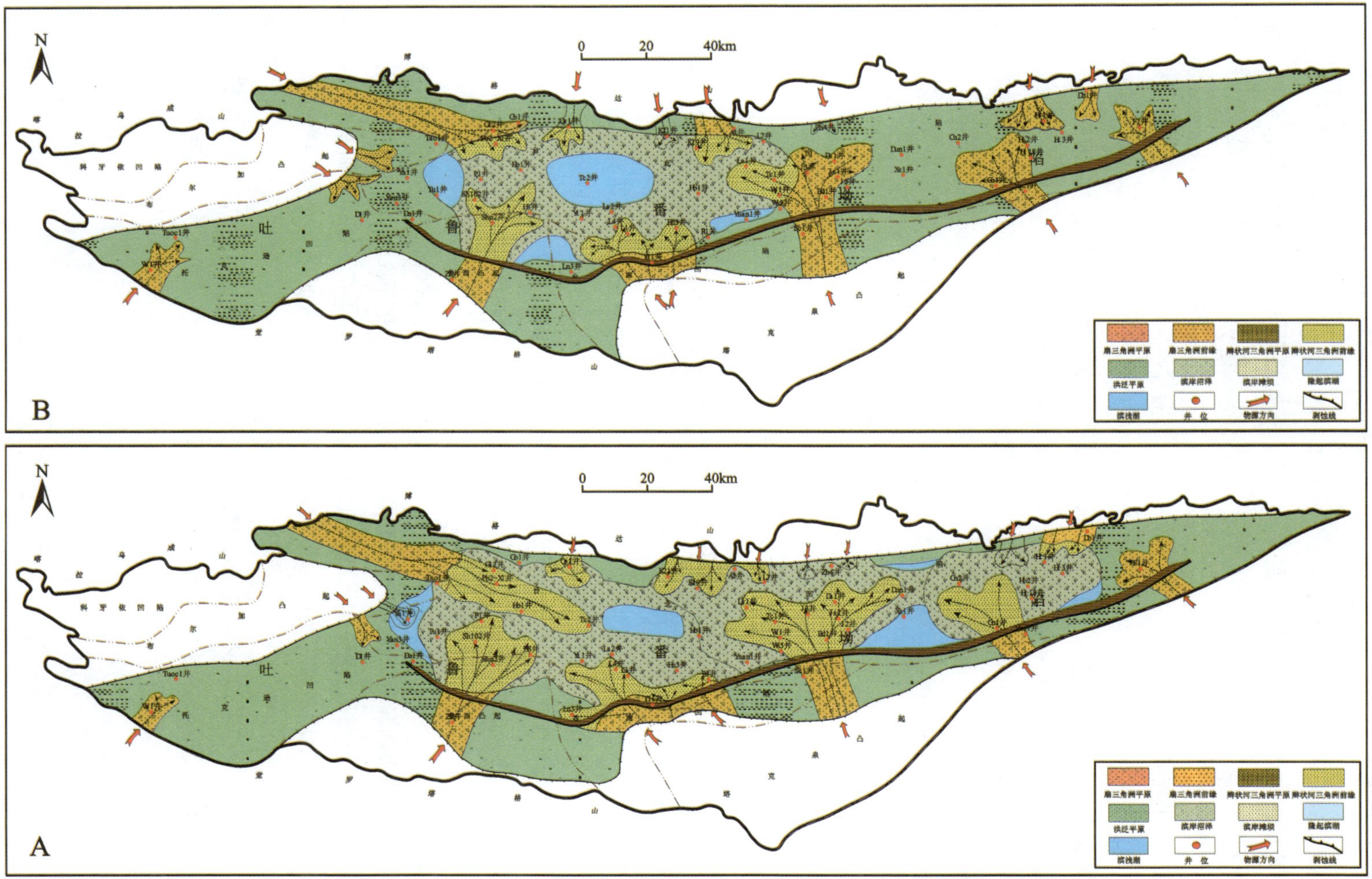

图 4-57 吐鲁番坳陷中侏罗世SQ_2沉积体系平面分布图
A.中侏罗世西山窑组一段沉积相平面分布图；B.中侏罗世西山窑组二段沉积相平面分布图

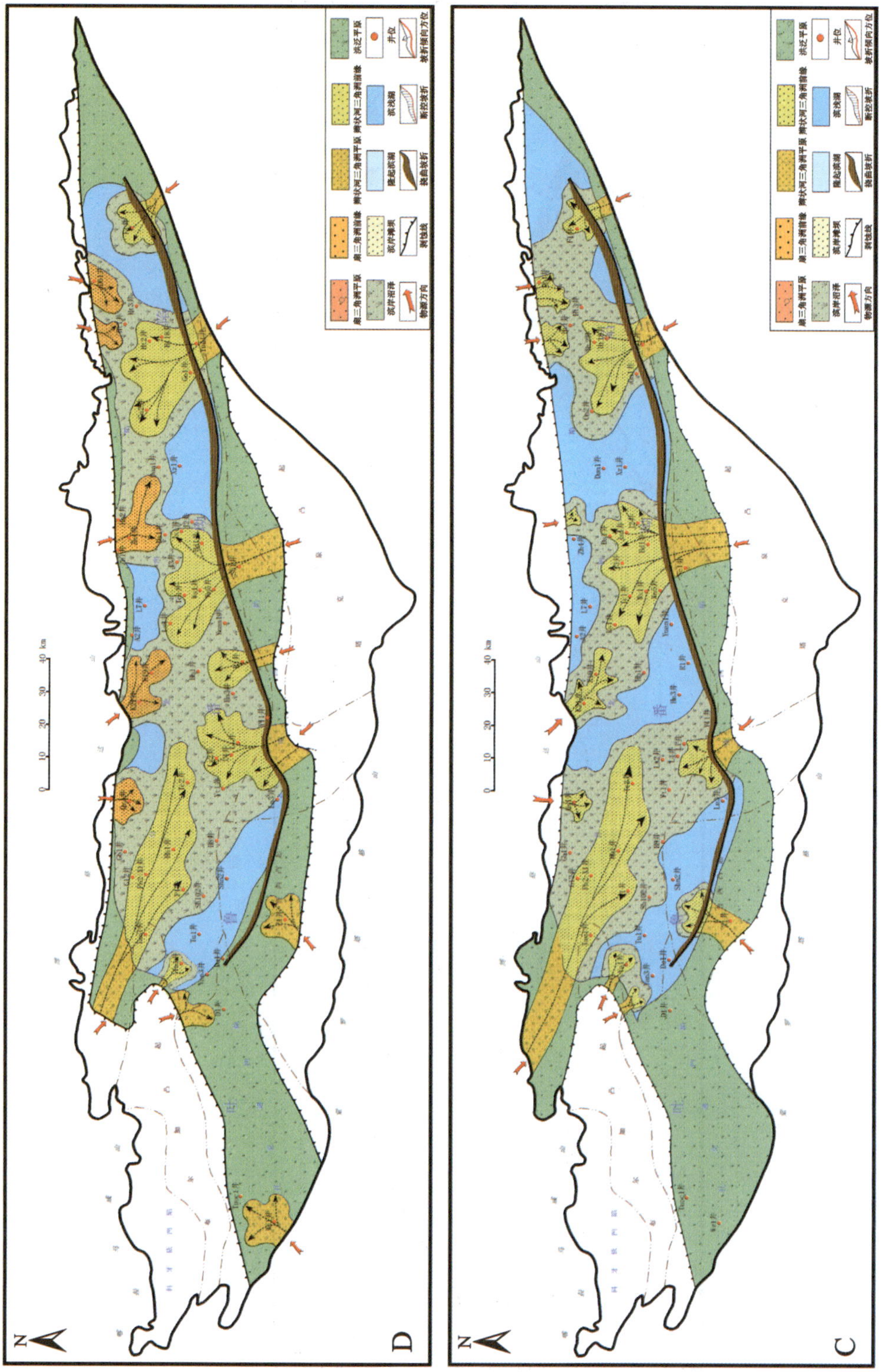

续图 4-57

C.中侏罗世西山窑组三段沉积相平面分布图；D.中侏罗世西山窑组四段沉积相平面分布图

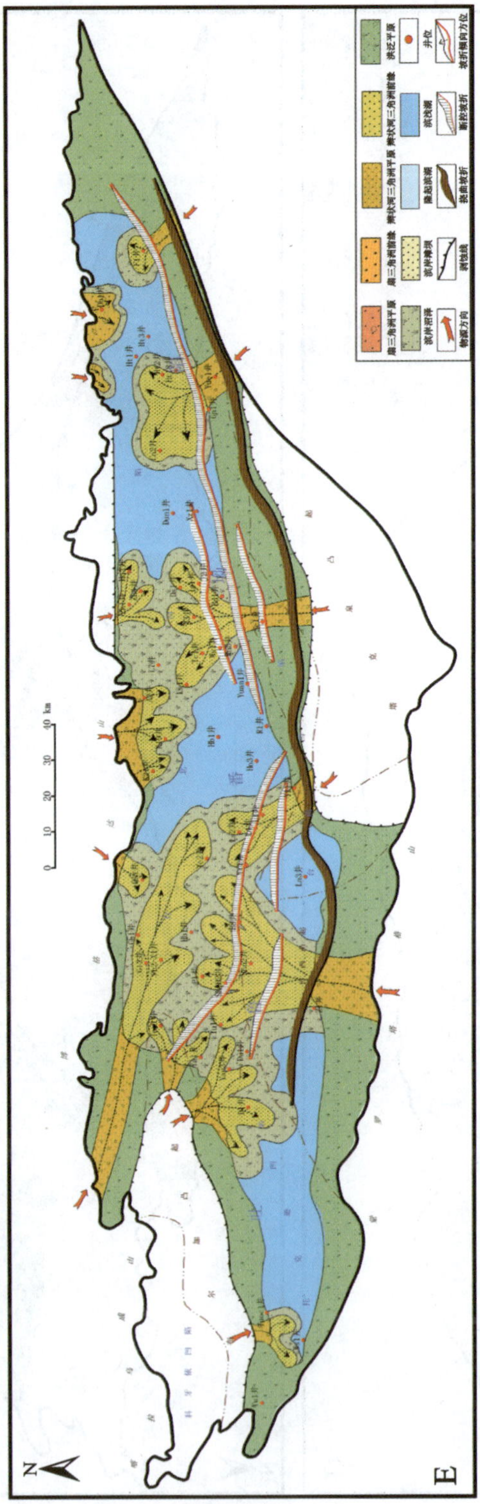

续图 4-57
E.早侏罗世三间房组一段沉积相平面分布图

3. SQ_3沉积相平面展布特征

三级层序 SQ_3处于中侏罗统三间房组和七克台组，分为 J_2s^2、J_2s^3、J_2q^1和 J_2q^2四层地层，对应 S_{10}至 S_{13}四层四级层序。此时期，南北向的挤压持续增强，整体坳陷继续被抬升，气候干旱。在三间房组沉积期，各源区供源充足，沉积相类南部及西部仍以辫状河三角洲为主，北部以扇三角洲为主，其沉积规模及展布范围变化不大。至七克台组沉积期，坳陷中部由于南北向的挤压作用形成低凸，形成滨岸滩坝沉积；该时期全区物源提供能力较弱且南部坡度变缓，南北三角洲沉积规模及展布范围大幅度减小。下面将分层序详细阐述各层沉积相平面展布特征。

J_2s^2(S_{10})沉积期处于 SQ_3低位体系域，坳陷内部气候转变为干旱气候条件，物源仍主要为南部物源、北部物源以及西物源 3 个方向，供源充足。坳陷内部主要发育扇三角洲相、辫状河三角洲相、滨湖沼泽、洪泛平原等沉积相，滨湖沉积范围较小。整体西部及南部辫状河三角洲发育规模较大，北部扇三角洲较小。洪泛平原亚相围绕盆地边缘大量发育，湖岸线内发育滨浅湖相，湖岸线西侧位于达布尔加凸起杜 1(D1)井—T1 井—P1 井一线，北线紧靠盆地边缘发育位于 Gb1 井—K19 井—L7 井一带，东线止于 Dun1 井—Xz1 井地区，南部湖岸线位于 Yt1 井—L1 井—Hn3 井—Y1 井一线。整个坳陷内湖盆大部分区域均被滨湖沼泽所覆盖，滨浅湖相主要出露少许在湖盆的丘东洼陷东缘及胜北洼陷中心。在湖盆范围内发育大量滨湖沼泽，来源于南缘及西北向的砂体在此大量堆积，形成规模较大的辫状河三角洲，洪泛平原围绕盆地边缘大量发育，占据整个坳陷的大部分地区(图 4-58A)。

J_2s^3(S_{11})和 J_2q^1(S_{12})沉积期处于 SQ_3湖扩体系域时期，此时湖泊水位上升，湖盆水域面积增大。三间房组三段时期，坳陷内湖盆展布范围从西部弧形带至小草湖洼陷，但湖盆内大部分区域仍被滨湖沼泽所覆盖。洪泛平原沉积面积较上一时期有所减少，滨湖沼泽面积增加，三角洲物沉积规模与上一期基本一致。此时，湖水扩张，大量三角洲砂体入湖，致使原三角洲平原相成为三角洲前缘相并伴随大量沼泽的形成。七克台组一段时期，水体持续扩张，但由于抬升作用，水体总体特征为广及浅。该时期，在坳陷中部及西部弧形带发育滩坝沉积，总体呈东西向展布，位于滨岸鲁西地区，也发育规模较小滨岸滩坝。南缘仍发育辫状河三角洲沉积，但因坳陷整体由南北向挤压变得更浅，致使其发育规模较小、搬运距离更近；而北侧扇三角洲发育规模有增大的趋势。滨岸沼泽及洪泛平原不甚发育(图 4-58B、图 4-58C)。

J_2q^2(S_{13})沉积期处于 SQ_3高位体系域，此时湖泊水位开始退却，湖面开始收缩。洪泛平原面积有少许增加。全区南部及西部仍发育小规模辫状河三角洲，西部弧形带及中部发育滩坝沉积，但其规模较上一期有所缩小，鲁西地区滨岸砂坝消失。北侧扇三角洲规模与上一期沉积面积有所减少，只有少量砂体入湖，三角洲前缘周缘发育少量滨湖沼泽沉积(图 4-58D)。

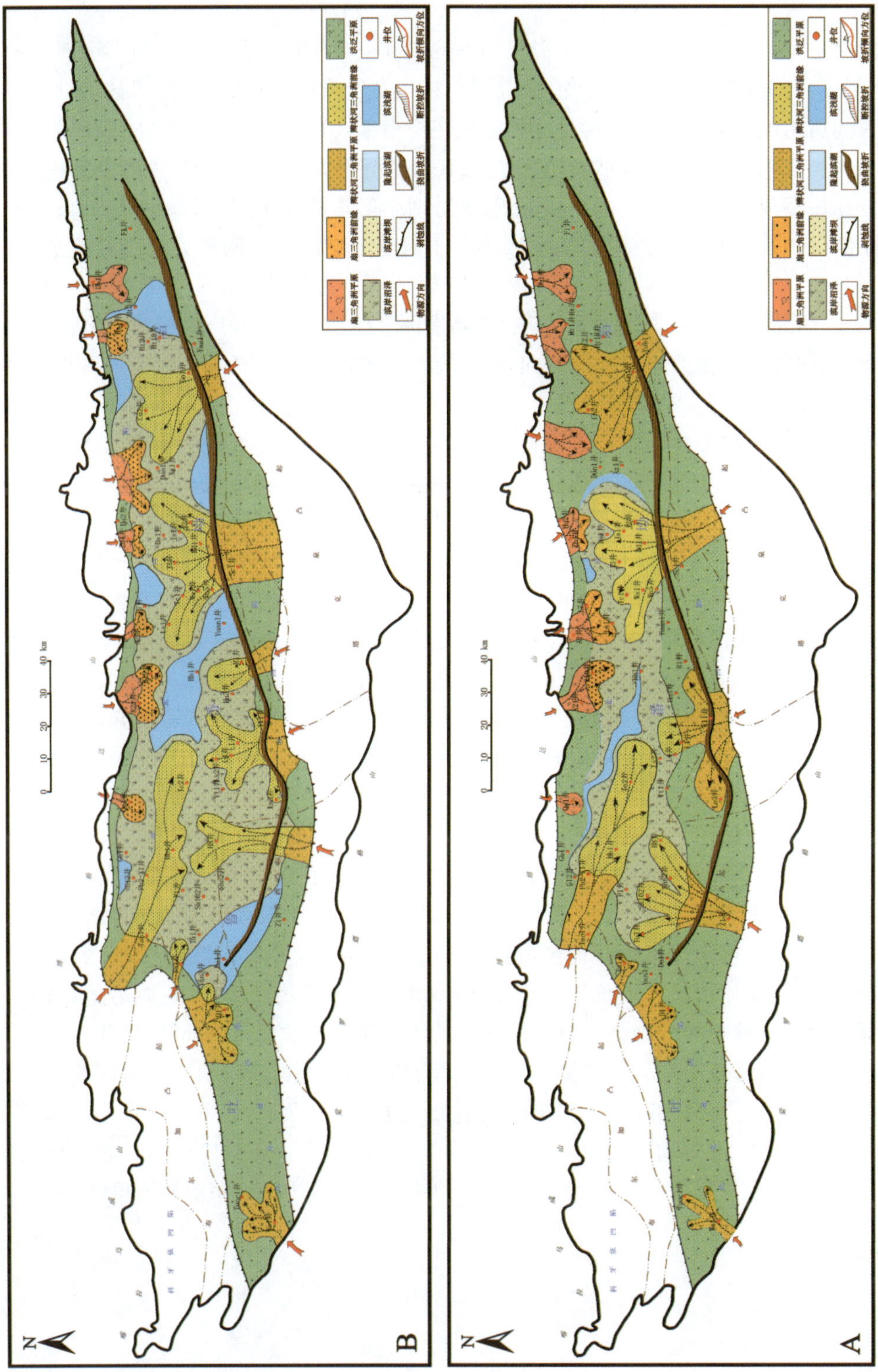

图 4-58 吐鲁番坳陷中侏罗世SQ_3沉积体系平面分布图

A.中侏罗世三间房组二段沉积相平面分布图；B.中侏罗世三间房组三段沉积相平面分布图

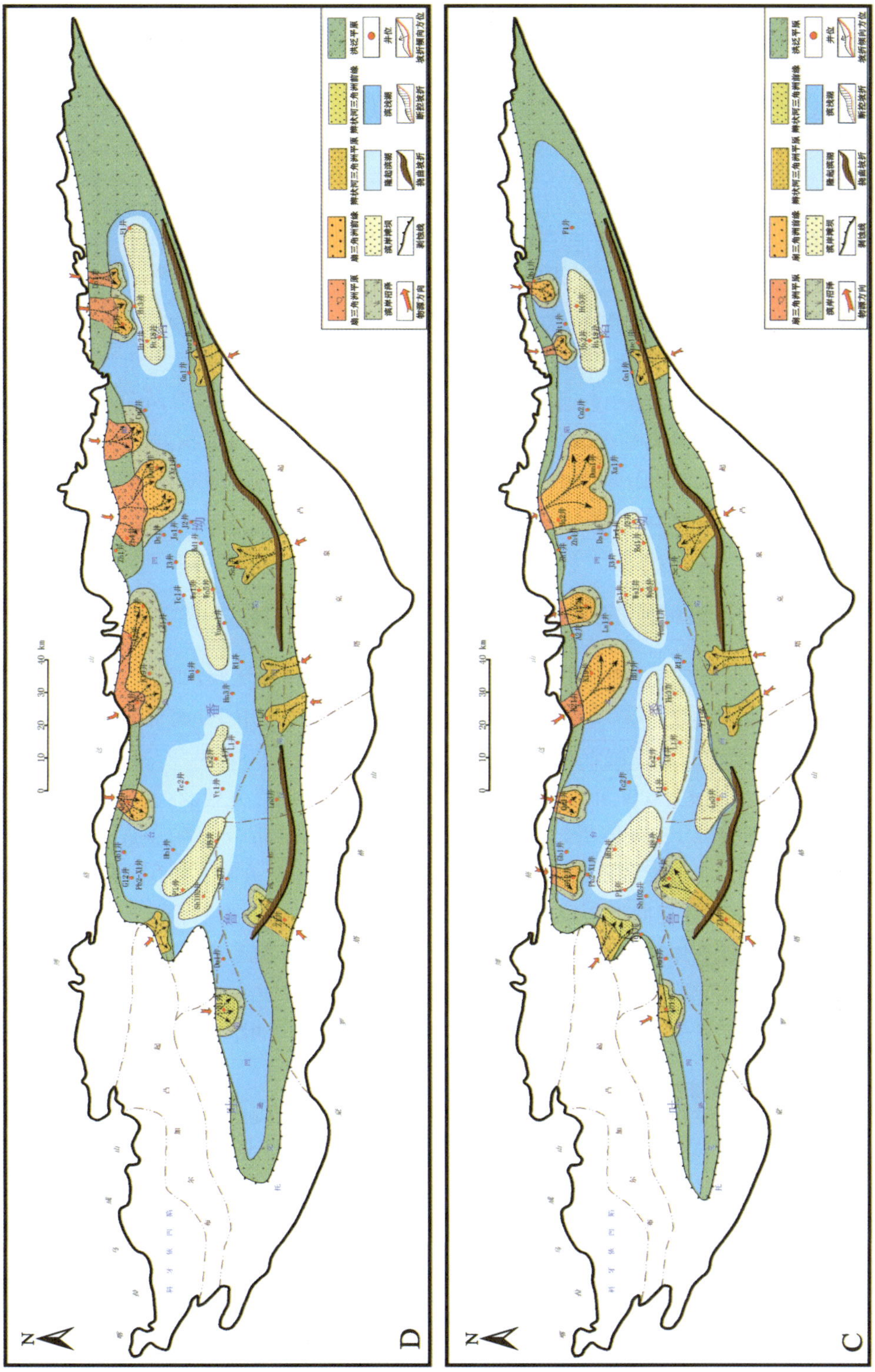

续图 4-58
C.中侏罗世七克台组一段沉积相平面分布图；D.中侏罗世七克台组二段沉积相平面分布图

第九节　吐鲁番坳陷中下侏罗统沉积相发育模式

一、构造-层序充填模式

在吐鲁番坳陷早中侏罗世构造演化及沉积特征分析的基础上，综合分析得出吐鲁番坳陷存在三期构造演化，在此构造的控制下，存在着三次沉积特征与之响应。据此，建立了本区中下侏罗统构造层序充填模式。

早侏罗世 SQ_1 时期，坳陷处于拉张环境，南部斜坡存在着挠曲坡折及两级断坡，控制着南部辫状河三角洲沉积，北部博格达山还未隆升，仍处于水下，北缘辫状河三角洲发育；SQ_2 时期，由于燕山运动的影响，坳陷由拉张环境转变为挤压性环境，南部斜坡断阶转变为隐伏断层，控制着南部辫状河三角洲的发育，北部早中期发育辫状河三角洲沉积，晚期由于博格达山的隆升发育扇三角洲沉积；SQ_3 时期由于南北向挤压运动的增强，南部断阶消失，湖泊中心开始隆升，形成低凸，在低凸周缘发育滩坝沉积，南部仍发育辫状河三角洲，由于缓坡变缓，其规模减小，北部仍发育扇三角洲。

1. 早期 SQ_1 两级断坡构造-层序充填模式

早侏罗世时期（J_1b—J_1s），坳陷处于拉张背景，温暖潮湿的古气候，煤层广泛发育于湖扩体系域早期，南北缓坡均发育辫状河三角洲。该阶段，在伸展作用下，南部斜坡发育多级断坡，控制着沉积中心，进一步控制着相带的空间展布（图 4-59A）。

从坳陷南缘向盆地中心，再至北部山前缓坡带，按照坡折带的类型及控制作用，可将其分为一级挠曲坡折，断控二、三级坡折，北侧缓坡。一级挠曲坡折带分布在靠近盆地边缘的位置，长而缓，规模较大，主要控制着辫状河三角洲上下平原亚相的分界，进而控制其空间展布；二级断控坡折带位于一级挠曲坡折前端，横向展布相对较短。分异辫状河三角洲平原相和辫状河三角洲前缘相，且砂体在其根部厚度增大；三级断控坡折带位于靠近坳陷中心的位置，主要控制并分界三角洲前缘和前三角洲沉积；北部山前缓坡带，未发育坡折，为正常辫状河三角洲沉积，沼泽相沉积主要分布在辫状河三角洲前缘及前三角洲亚相周缘，向湖盆中心推进。

2. 中期 SQ_2 隐伏断坡构造-层序充填模式

进入西山窑组沉积期，坳陷构造应力背景逐渐开始由拉张背景转变为挤压背景，坳陷沉积范围逐渐南北向萎缩，抬升变浅。古气候仍为温暖潮湿气候条件，煤层广泛发育于湖扩体系域早期，南部斜坡及北部早中期仍发育辫状河三角洲，北部缓坡后期由于博格达山的隆升发育扇三角洲（图 4-59B）。

南北向伸展作用转为挤压作用，南部断控坡折逐渐转化为隐伏断层，整体来看，从南缘至北侧，在早中期低位体系域及湖扩体系域时期，依次可划分为一级挠曲坡折，二级隐伏挠曲坡折、三级隐伏挠曲坡折及北部缓坡；晚期高位体系域时期，南部坡折不变，北部转变为陡坡。一级挠曲坡折带主要沿坳陷南部边缘展布，控制着辫状河三角洲下平原亚相的沉积展布；二级隐伏挠曲坡折带位于一级挠曲坡折带前端，主要控制辫状河三角洲前缘沉积。三级隐伏挠曲坡折带位于二级隐伏挠曲坡折带及湖盆中心之间，主要控制着辫状河三角洲前缘亚相及前三角洲亚相的沉积展布。北部山前早中期缓坡发育正常辫状河三角洲沉积，晚期陡坡控制着扇三角洲沉积。同期，沼泽相广泛发育于湖扩体系域时期且主体发育于三角洲前缘及前三角洲亚相，沉积广泛且其厚度较大。

3. 晚期 SQ_3 低凸构造-层序充填模式

中侏罗世晚期($J_2s^{2\text{-}3}$—J_2q)，坳陷已由拉张环境完全转变为挤压环境，气候也开始转变为半干旱半潮湿的温带亚热带气候，全坳陷水体较浅，煤层仅发育于湖扩体系域晚期且厚度较薄。早中期断控隐伏断层受挤压应力的作用，逐渐转为逆冲性质，特别沿火焰山构造带一线，断坡之上地层由于挤压推覆作用，在七克台组沉积期，形成低凸(图 4-59C)。

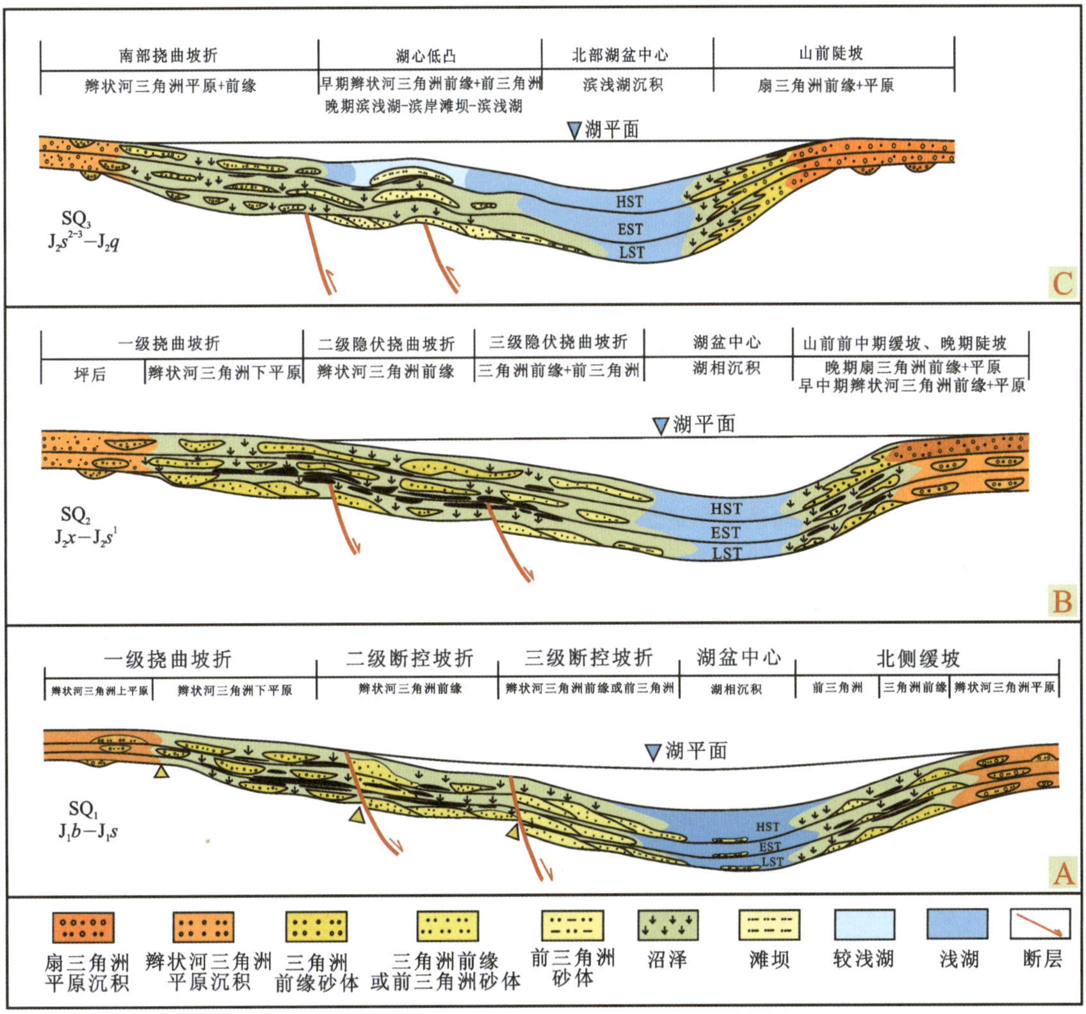

图 4-59 吐鲁番坳陷早中侏罗世三种构造—层序—沉积充填模式示意图

A. 早期 SQ_1 两级断坡构造—层序充填模式；B. 中期 SQ_2 隐伏断坡构造—层序充填模式；

C. 晚期 SQ_3 低凸构造—层序充填模式

此时坳陷南部斜坡由原先的三级坡折带转变为更加平缓广阔分布的单级挠曲坡折，北部为陡坡；低位体系域及湖扩体系域早期，南部斜坡仍发育辫状河三角洲，北部陡坡发育扇三角洲；进入湖扩晚期及高位体系域时期，坳陷进一步抬升、变浅，沿火焰山一带的隐伏坡折带隆升，形成低凸，分割南北，其上沉积滩坝，绕低凸发育，南部辫状河三角洲在斜坡挠曲坡折带前缘向湖心进积，但南缘斜坡较缓，其发育规模较小，北部发育扇三角洲。

二、五种微地貌控砂模式

通过对研究区构造演化及控相坡折的研究和分析，可以总结出 5 种沉积模式。①西北断阶模式：由于葡北地区多级南北向断层的存在，使得西北部辫状河三角洲可以沿断沟输送至胜北洼槽中心。②南部多级断阶模式：由于早侏罗世的拉张活动，使得南斜坡多级断阶的发育控制着辫状河三角洲的发育。③鄯善弧形带鼻隆沉积模式：鼻隆的存在，使得鄯善弧形带南部的辫状河三角洲可以沿着鼻隆延伸至洼槽中心并向两翼沉积。④山前陡坡沉积模式：山前一系列的断层，控制着北部扇三角洲的发育。⑤低凸控砂模式：七克台组以滨浅湖沉积为主，绕着低凸，滩坝砂岩与碳质泥岩或煤层互层，周缘烃源岩向低凸滩坝砂体供源，形成近源富集或源内的岩性油气藏。

1. 西北部断沟微地貌控砂模式

研究区西北方向物源口是全区输砂控相的主力物源口之一，该物源口北部为博格达山，南部为布尔加凸起，形成了两边高，中间低的物源输送通道，在葡萄沟-葡北一系列南北向断层形成的断沟微地貌的控制下，砂体被输送至胜北湖盆中心，形成了由断沟控制的输砂模式，其砂体较纯，经长距离的搬运、淘洗，其分选磨圆、储层物性较好(图 4-60)。

一系列断坡以及挠曲坡破折形成的沟槽分布在南北两个凸起中间的狭长通道内，向外延伸到葡萄沟一带，为砂体输送提供通道，前端还可作为砂体堆积场所，从而控制砂体的空间展布。砂体经长距离搬运，分选磨圆较好，淘洗筛选彻底。砂体沿沟槽一路运输，更接近湖盆中心油源，有利于构成良好的生储盖条件，形成有利区带。

2. 南部多级断阶控砂模式

在早侏罗世，研究区南部斜坡物源口是全区控相输砂的重要物源口之一，胜北凹陷的南部斜坡带在整体拉张背景下形成一级挠曲坡折带-二级断控坡折带-三级断控坡折带，从南至北，从研究区边缘向全盆中心推进的多级断阶沉积输砂模式。整个斜坡带长而缓，依次分布着多级依次向下的断阶，在断层根部，其可容空间增大，为砂体的有利堆积空间。砂体自南部隆起由南向北、由高向低逐级输送，在一级挠曲坡折带以上形成辫状河三角洲上平原，二级断控坡折带以上形成辫状河三角洲下平原和辫状河三角洲上前缘，在三级断控坡折带形成辫状河三角洲下前缘及滨湖沼泽(图 4-61)。砂体由南部隆起顺着多级断阶向洼漕中心输送，在多级坡折带的控制下，砂体可以延伸至滨湖沼泽带附近，每级坡折带根部成为有利储层富集区。因此，南部斜坡带的三级断阶坡折带能有效控相控砂控储，同时，多级坡折带的坡折底部为有效储层发育的有利区带(图 4-61)。

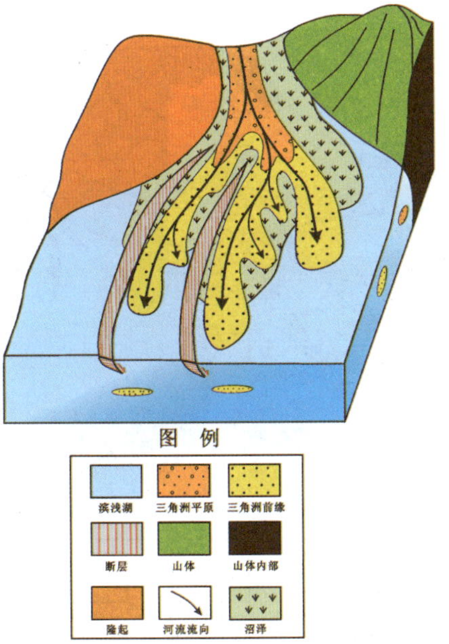

图 4-60　葡北-胜北断沟微地貌控砂模式图

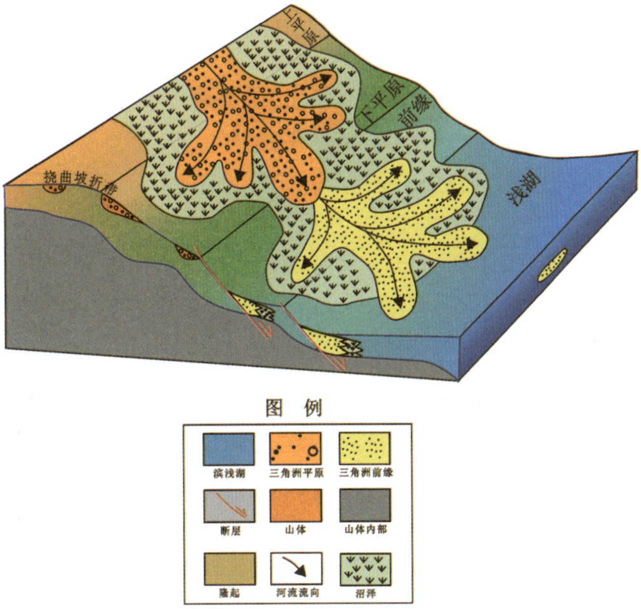

图 4-61　南部多级断阶控砂模式图

3. 鄯善弧形带鼻隆控砂模式

鄯善弧形带位于吐哈盆地东部丘陵-善鄯-温吉桑-米登-萨克桑构造带，由于继承性的隆起，形成两翼低、中间高的地势环境，两翼同时发育研究区东西向断层，形成了独特的断鼻构造控砂模式。位于鼻隆中央的断鼻带一方面为砂体输送提供有利的通道，另一方面也可作为砂体堆积的沉积场所，由南部输送的砂体在鼻隆带边输送边沉积，沿一级断控坡折带形成规模较小的辫状河三角洲平原，沿二级、三级断控坡折带形成两期侧缘延伸长中间叠合规模较小的辫状河三角洲前缘相，滨湖沼泽及浅湖相顺鼻隆周缘沉积展布。顺鼻隆及周缘形成砂体富集区，发育在鼻隆周缘的沼泽和浅湖相沉积大量煤和碳质泥岩，为鼻隆提供丰富油源，油气由鼻隆油源区向砂体富集区运移，因此可以顺着鼻隆，寻找有利区带(图 4-62)。

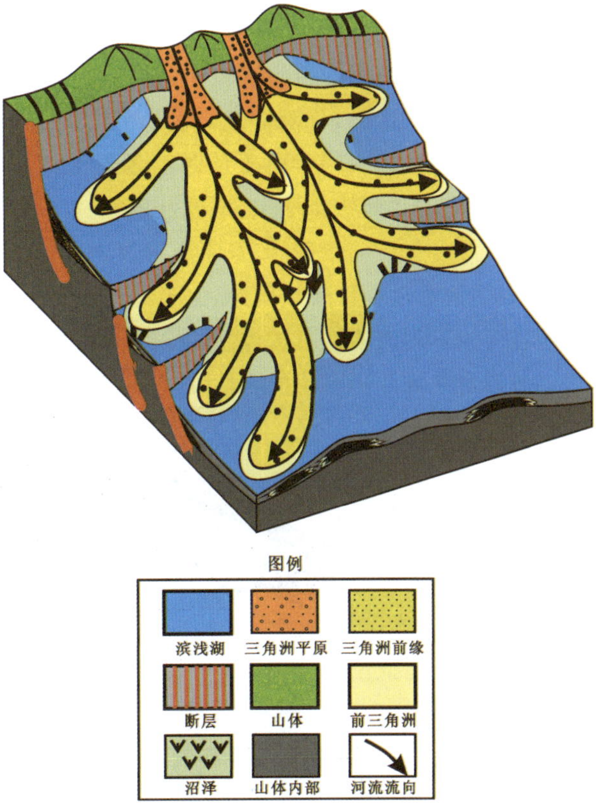

图 4-62　鄯善弧形带鼻隆控砂模式图

4. 山前陡坡控砂模式

进入中侏罗世七克台组沉积期，受进一步挤压作用，随着博格达山持续隆升，在北部形成山前陡坡带，其北部物源顺山前陡坡快速堆积，形成规模较小分布较广的扇三角洲沉积，在山前断裂带附近发育扇三角洲平原相，向湖盆中心推进沉积扇三角洲前缘及滨浅湖沼泽相，扇三角洲前缘呈指状分布，由滨湖沼泽相过渡到浅湖相。古物源输送的砂体顺扇三角洲平原及前缘大量快速堆积，成为有利的砂体富集区，山前滨浅湖沼泽沉积的碳质泥岩和煤层可作为砂体富集区较近的油源区，从而在北部山前陡坡带前缘形成有利的生储盖组合区带（图 4-63）。

图 4-63　山前陡坡控砂模式图

5. 低凸控砂模式

进入中侏罗统七克台组沉积期，其气候干旱，湖水变浅，南北挤压进一步增强，沿湖盆中心形成一系列的低凸，分割南北，绕低凸周源形成滩坝砂沉积，由于其砂体经过长时期的淘洗，砂体分选和磨圆良好，由于该时期各物源区供给减少，南部仅发育一些小型辫状河三角洲，北部发育一系列快速堆积、事件性的扇三角洲沉积。位于湖盆中心低凸周缘发育的滩坝沉积为良好的优质储集砂体，且距离烃源岩近，满足“近水楼台先得月”的先天条件，优先供源成藏，成为有利勘探区带。因此，由于七克台组沉积期，以滨浅湖沉积为主，绕着低凸周缘，滩坝砂岩与附近的碳质泥岩或煤层组合特殊的生储盖组合，周缘烃源岩向低凸滩坝砂体供源，形成近源富集或源内富集的岩性油气藏（图 4-64）。

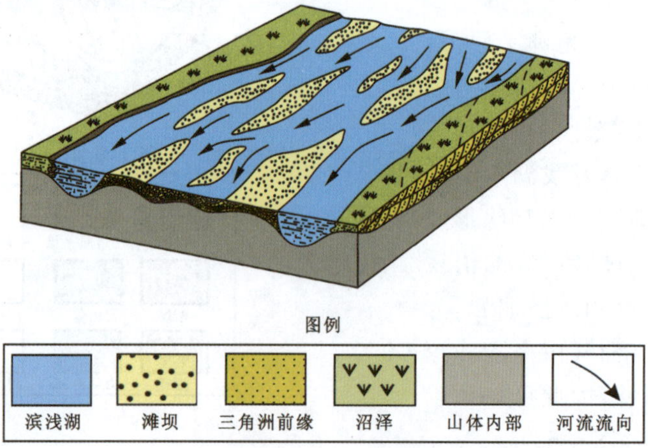

图 4-64　低凸控砂模式图

第五章　吐鲁番坳陷中下侏罗统有利储层发育特征及有利勘探区带

基于西北地区及吐哈盆地的构造演化分析认识，吐鲁番坳陷中下侏罗统经历三期构造演化、发育 3 种坳陷结构，形成 3 次层序演化旋回，据此，结合坳陷内生储盖-油气藏匹配关系，探讨吐鲁番凹陷中下侏罗统在纵向上有利勘探层段以及平面上有利勘探区带分布规律。

第一节　优质储层的主控因素

一、储层岩石学特征

1. 储层物性平面对比分析

通过对来自研究区内 18 个不同构造带不同时期的 2562 块储层砂体样品的分析对比可知，SQ_1 层序内全区孔隙度平均为 5%～10%、渗透率为 $0\sim2\times10^{-3}\mu m^2$；$SQ_2$ 时期，孔隙度在 0～5%之间、渗透率在 $8\times10^{-3}\sim10\times10^{-3}\mu m^2$ 之间；SQ_3 时期，平均孔隙度在 10%～12%之间，三间房渗透率平均为 $18\times10^{-3}\mu m^2$，七克台渗透率平均在 $2\times10^{-3}\sim3\times10^{-3}\mu m^2$ 之间，局部地区高达 $200\times10^{-3}\mu m^2$。在平面上，可以看出吐鲁番坳陷内来自西部区域的玉果、红连、葡萄沟和火焰山等构造带的样品物性，整体上明显好于来自东部疙瘩台、小草湖、红台和米登等构造带的样品。纵观研究区全区，物性最好的构造带吐鲁番构造带、胜南构造带和葡萄沟-葡北构造带皆来自吐鲁番坳陷西部（图 5-1）。

2. 储层岩石学特征

储层砂岩岩石类型以长石岩屑砂岩为主，其次为岩屑长石砂岩、岩屑砂岩，其中石英含量为 25%～50%，长石和岩屑含量大致相近，处于 15%～45%之间。其中三间房石英含量为 31.7%，岩屑含量高达 38.5%，长石含量为 29.7%；西山窑石英含量为 27.9%，岩屑含量高达 42.7%，长石含量平均为 29.4%。圆度上以次棱角状为主，其次为次圆状-次棱角状。总体上砂体分选差，分选系数为 2.23～3.45，平均为 3.01。填隙物含量平均为 8%、最高为 15%。杂基为泥质，胶结物以高岭石、伊利石黏土矿物为主，其次为方解石胶结，以及少量黄铁矿胶结（图 5-2，表 5-1）。

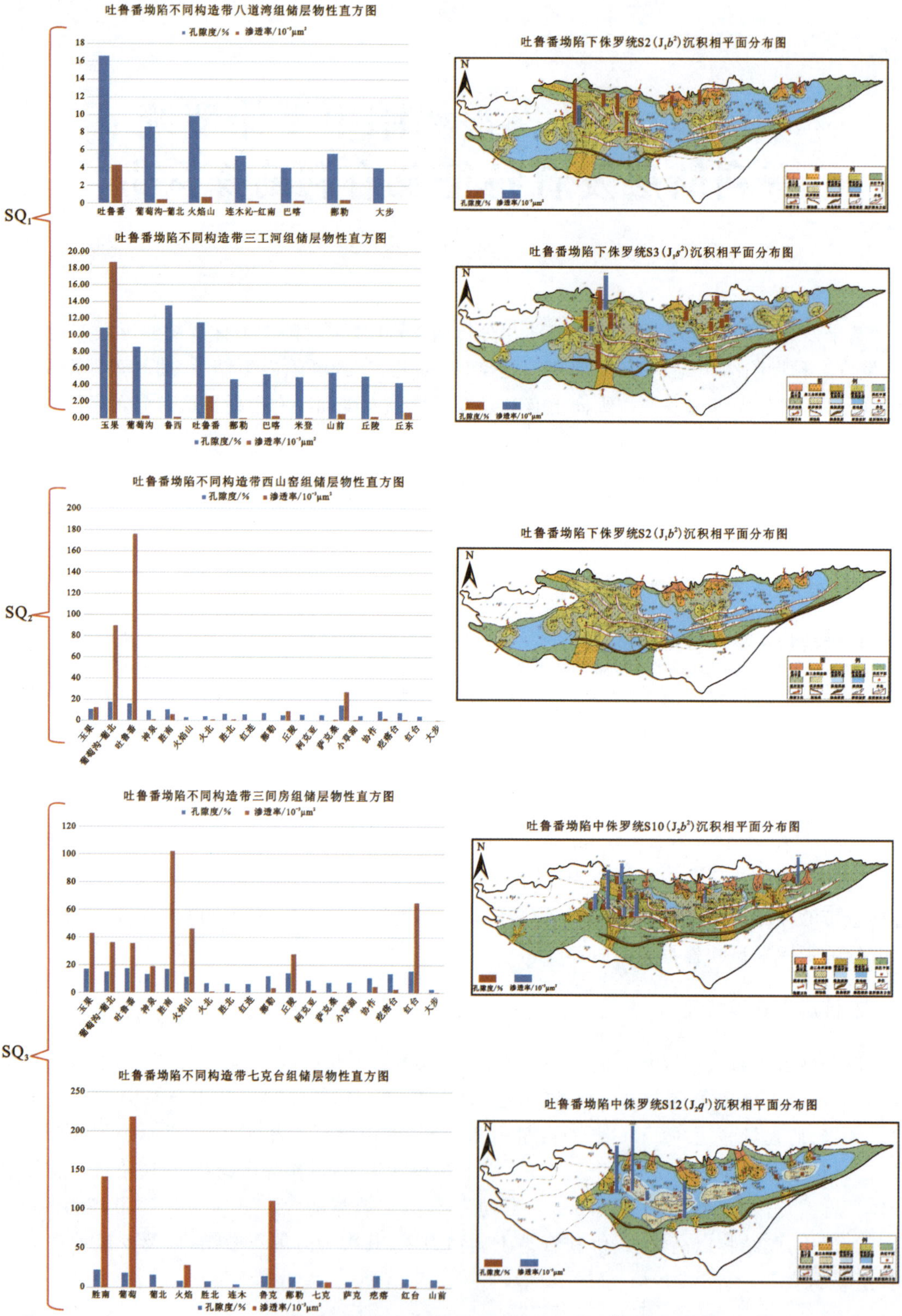

图 5-1 吐鲁番坳陷不同构造带不同时期储层物性直方图及其位置

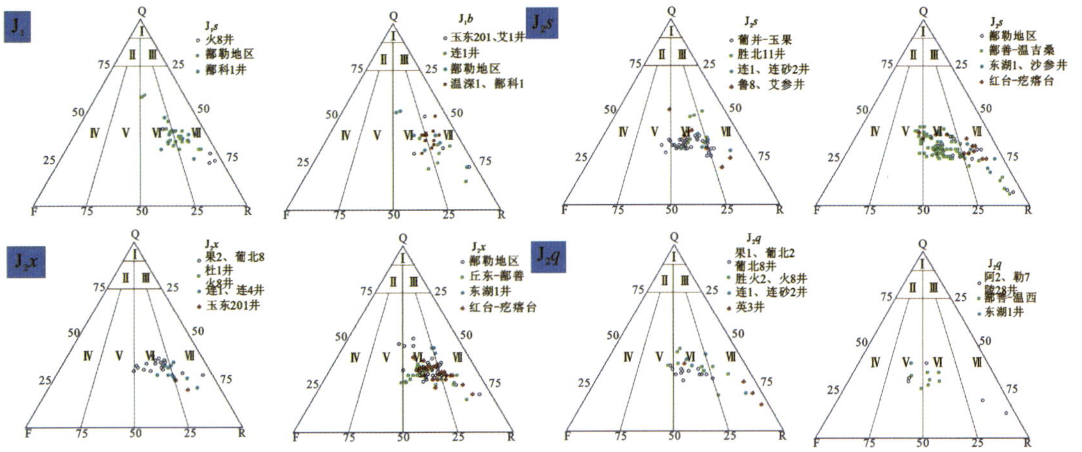

图 5-2 吐鲁番坳陷中下侏罗统砂岩组分三端元图

Ⅰ.石英砂岩；Ⅱ.长石石英砂岩；Ⅲ.岩屑石英砂岩；Ⅳ.长石砂岩；Ⅴ.岩屑长石砂岩；Ⅵ.长石岩屑砂岩；Ⅶ.岩屑砂岩

表 5-1 吐鲁番坳陷中下侏罗统储层物性统计表(部分)

层位	地区/井	井段/m	主要粒级	孔隙度/%	渗透率/$\times10^{-3}\mu m^2$	泥质/%	粒间孔	粒间溶孔	粒内溶孔	缝	面孔率/%
J_2q	萄北-七泉湖	3270～3670	细-粗	15.46	27.79	0.8	5.1	0	0.5		5.6
	胜火	1500～1540	中-细	8.33	5.48	2.5	2		0.4		2.4
	火焰山	3410	细	9.47	0.47	7.3	1.2		0.4		1.6
	连木沁-鲁克沁	1880～3052	中-粗	12.12	17.12	1.3	2	0.2	0.4	0.1	2.7
	阿克塔什-鄯勒	1350～1900	中	11.57	2.69	5.3	3.1		0.3		3.3
	丘陵-鄯善	2360～2995	中-细	12.04	2.6	2	2.9		0.6		3.4
	东湖 1	2953	细	21.1	11.9	1	20		1		2.1
J_2s	萄北-七泉湖	3100～3800	中-粗	14.91	99.07	0.5	5.3	0	0.5		5.9
	胜北	4200～4400	中-粗	5.47	0.11	1.3	0.2		0.1		0.5
	杜光湖	2667	细-中	19.65	57.15	0.8	9.3		0.3		9.5
	连木沁	3230～3930	中-粗	6.28	0.16	6.4	0		0.1		0.1
	鲁克沁	1960～2360	中-粗	22.77	267.56	4.4	5.4		0.4	0.1	7.1
	阿克塔什-鄯勒	2230～2730	细粗	12.29	8.29	1.6	2.6	0	0.3	0	2.9
	丘陵-鄯善	1820～3360	中-粗	14.15	29.15	0.7	4.2		0.4		4.5
	东湖 1-沙参 1	2400～3370	细-砾	11.27	5.77	1.3	2.3	0	0.5	0.1	2.9
	红台-疙瘩台	2270～2650	中-粗	10.67	1.83	1.2	1.8		0.4		2.2
J_2x	萄北-七泉湖	3210～3580	中-粗	13.26	12.6	1.2	3.8		0.5	0	4.3
	杜光湖	2 979.6	中-粗	20.05	729.75	0.3	8.5		0.3		8.8
	连木沁	3250～3720	中-粗	6.19	0.34	2.6	0.1		0.1		0.2

续表 5-1

层位	地区/井	井段/m	主要粒级	孔隙度/%	渗透率/$\times10^{-3}\mu m^2$	泥质/%	粒间孔	粒间溶孔	粒内溶孔	缝	面孔率/%
J_2x	鲁克沁	2467	不等粒	18.15	185.54	4.6	5.2		0.4		5.6
	阿克塔什-都勒	2520～3940	中-粗	10.06	4.42	1.1	1.7		0.2	0	1.9
	丘陵-鄯善	3100～3520	中-粗	9	5.3	1.1	1.4		0.2		1.6
	莺 1	2010	中-粗	13.38	41.5	0.3	4.4		0.5		4.9
	东湖 1	3682	中	15	2.21	1	3.3		0.5		3.7
	红台-疙瘩台	2590～3230	中-砾	7.92	0.5	1	1.5	0	0.3	0	1.8
	恰深 1	3555	中-粗	6.63	0.16	2.2	0.1		0.2		0.2
	火焰山	3 985.6	J_2x^2	6.3		3					
	连木沁	3669	中	6.87	0.28	2	0.1		0		0.1
	阿克塔什-鄯勒	2800～3940	中-粗	5.75	0.09	1.5	0		0.1		0.1
	丘陵-鄯善	3655～3940	中-粗	6.1	0.16	1.8					
	恰深 1	3555	中-粗	6.63	0.16	2.2	0.1		0.2		0.2
	火焰山	3 985.6	J_2x^2	6.3		3					
	连木沁	3669	中	6.87	0.28	2	0.1		0		0.1
	阿克塔什-都勒	2800～3940	中-粗	5.75	0.09	1.5	0		0.1		0.1
	丘陵-鄯善	3655～3940	中-粗	6.1	0.16	1.8					
J_1s	火 8	4 079.985	粗	12.45	7.12	0.4	3.1		0.5	0.1	2.9
	阿 2	4020～4182	粗	6.03	0.19	1.4	0.1		0.2		0.3
	勒 7	3 342.596	粗	6.4	0.49	2	0		0.1		0.2
	陵深 1	4042～4130	粗	6.73	0.66	1.9					
	鄯科 1	4250～4340	中-砾	7.47	0.57	1.3	0.1		0.1		0.2
J_1b	阿 2	4 388.87	粗	5.9	0.27	2	0.1		0.2		03
	勒 3	3 478.317 5	中-砾	9.05	0.94	1.9	0.1		0.1		0.2
	连 4	4 196.005	中-砾	7.98	0.49	0.5	0.1		0.1		0.2
	陵深 1	4 178.365	中-砾	5.6	0.41	1.3					
	温深 1	3 908.428	中-粗	3.54	0.31	2.1					
	玉东 201	2 539.76	细-粗	12.9	16.37	2.5	1.7		0.1		1.9
	鄯科 1	4 466.5～64 286	中-粗	4.66	0.43	1.2			0		0
	艾 1	916.11	中-粗	20.4	8.62	2.3	2.8		0.5		3.3

总体表现为中、下侏罗统砂岩岩石普遍具有低成分成熟度、低泥质充填、低胶结物含量、弱溶蚀作用"三低一弱一强"的共性，分别表现为：①砂岩成分成熟度低。砂岩压实梯度大，有效埋藏深度浅。②弱胶结作用。除胜北、火焰山、鲁克沁构造带储层钙质含量较高外，其他地区各层系除高钙质夹层外胶结物总量均较低，一般在 1.5%～6%之间，只是各层系胶结物类型和产状有差异。③总体溶蚀作用弱，局部溶蚀强。目前中、下侏罗统还未发现有规模的溶蚀次生孔隙带，但各层位都有发生溶蚀作用，以颗粒溶蚀作用为主，颗粒溶孔普遍。

通过对研究区内不同构造带的砂体进行岩石组分分析可得，西部储层含有较高的石英和长石含量，而东部储层泥质含量更高。西部储层石英和长石含量高意味着西部储层成分成熟度优于东部，西部地区砂体刚性颗粒含量高，在经历深度压实后能保存更好的孔渗条件，长石等易溶硅酸盐颗粒在经历早期溶蚀、压碎后，易发生碎裂，形成微裂缝，使储层物性增强。而东部泥质含量多，则意味着抗压实能力差，且高泥质含量会使泥质成分填充孔隙和喉道，也会转化为高岭石堵塞粒间孔隙，致使降低储层物性(图 5-3、图 5-4)。

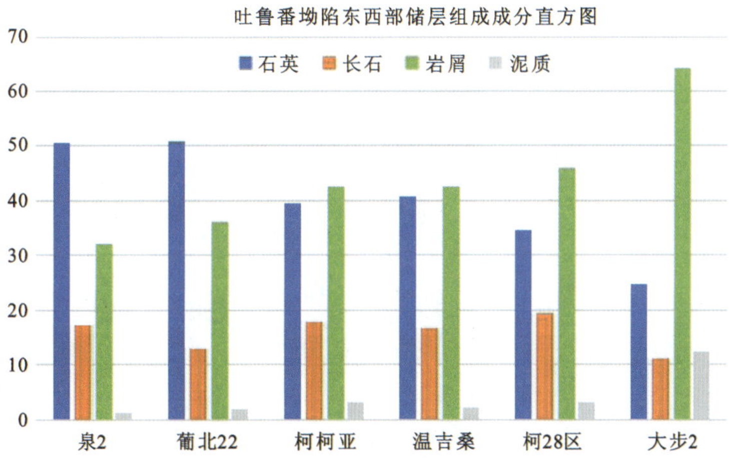

图 5-3　吐鲁番坳陷东西部储层组成成分直方图

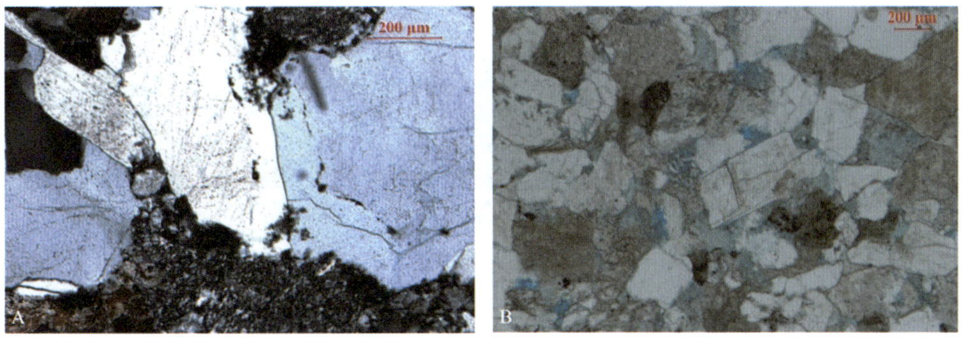

A　　　　B

图 5-4　泥岩转化为高岭石(A)和长石破碎(B)

A. 吉 1,3 889.79m,J_1s,泥质转化高岭石;B. 葡北 22,4 486.77～4 486.9m,长石碎裂

3. 储层微观特征分析

砂岩储层为低孔、低渗储层，以细微孔喉为主，平均喉道半径为 0.001 4～0.014 2mm，平均为 0.006 3mm，孔喉分选中等，分选系数为 2.23～3.45，平均为 3.01mm。

通过对全区镜下铸体薄片分析发现，储集空间类型以孔隙为主，发育粒间、粒内溶蚀孔隙和微裂隙。区内储层孔隙发育差-中等，分布不均匀，孔隙结构均匀程度偏弱，为 0.35～0.65，平均为 0.47，主要为溶蚀粒间孔、溶蚀粒内孔、剩余粒间孔，晶间微孔。在区域上，以颗粒溶蚀作用为主，颗粒溶孔普遍，但各井平均一般小于 1.0%，个别见粒间方解石或方沸石微溶孔。由于其煤系特有的酸性环境，导致长石溶蚀粒内、粒间溶蚀比较发育，溶蚀孔贡献大。

从东西分布上分析，认为同一地区不同层段储层物性在岩性相同的情况下随着埋深的增加往往变差；相同层段、岩性相同相近下，东部粒间孔隙少于西部，这是由于东部地区成岩早期加大、长石溶蚀及高岭石形成，晚期压溶加大、铁方解石与白云石胶结及交代致使东部粒间孔隙快速消失（图 5-5、图 5-6）。

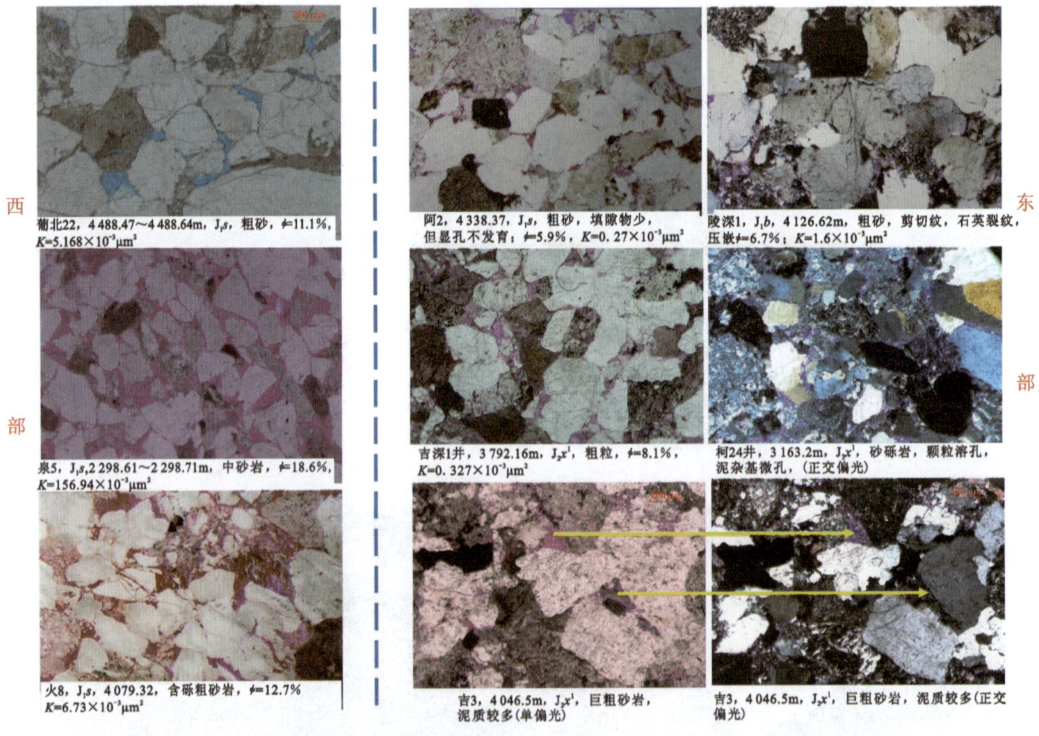

图 5-5　吐鲁番坳陷东西部储层铸体薄片分析

二、沉积微相与微地貌

在全区物源分析、储层物质组成差异对比的基础上，进一步对不同沉积微相及微地貌有利储集体的影响做出比较和分析，通过统计不同沉积微相储层物性的数据进行直方图、散点图数学分析，并进行不同微地貌的储层性质差异对比分析，研究认为：有利沉积微相以辫状河

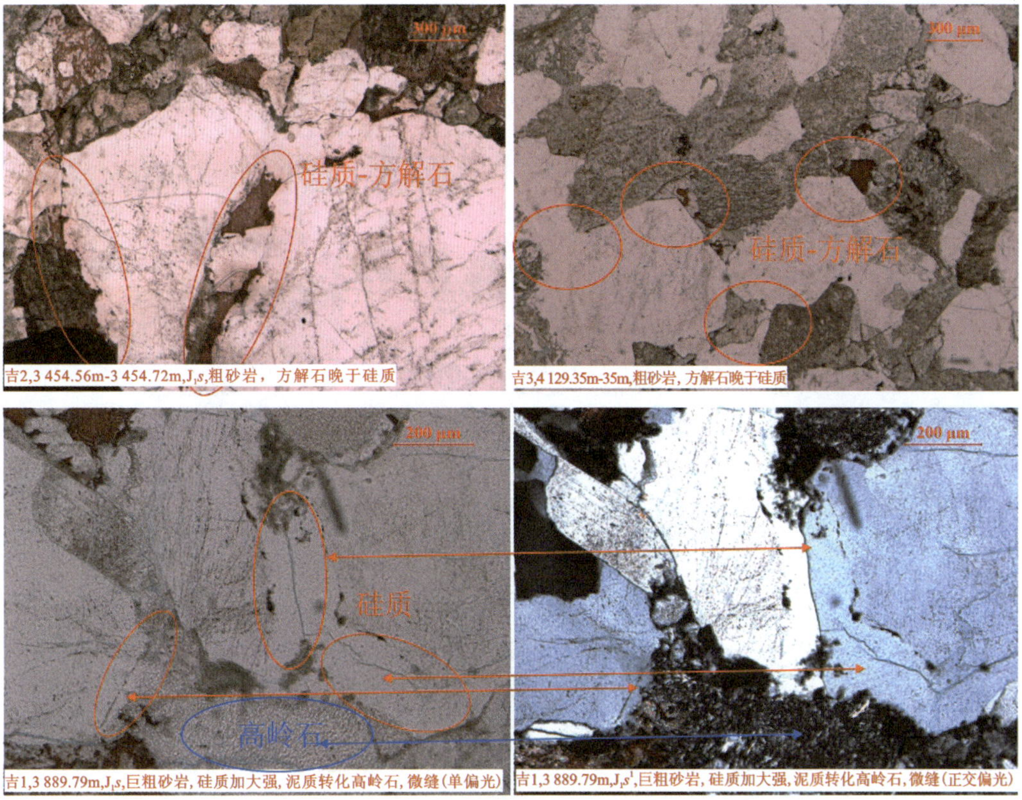

图 5-6 吐鲁番坳陷东部温吉桑地区硅质-方解石胶结

三角洲下前缘和沼泽最好，上平原次之，滨浅湖最差；扇三角洲前缘和沼泽为优，平原相较差。通过断沟微地貌输送的砂体淘洗和筛选程度更彻底，物性优于同条件的相邻微地貌；鼻隆整体储层物性较好于鼻隆侧缘，鼻隆远端储层物性好于其他部位；下坡折储层物性明显好于上坡折。

1. 断沟微地貌对储层物性的控制

在研究区西北物源形成的沉积相中，西侧为布尔加凸起，北侧为博格达山，中间沟槽及葡北一系列近东西向断层形成断-沟微地貌，一方面为砂体的输送提供通道，有利于砂体的富集，另一方面由于较长的输送距离，导致沿断沟输送富集的砂体分选磨圆较好，淘洗彻底，筛选效果优异，整体物性好于其他部位。

研究过程中选取了分布在断沟微地貌控制下的两口具有代表性的井位，其中，泉 2 井距离物源口较近，葡北 22 井距物源口较远。

从两口井的物性差异来看，葡北 22 井埋深较大，物性明显优于埋深较浅的泉 2 井，葡北 22 井储层孔隙度在 7%～8%之间，渗透率接近 10mD，泉 2 井储层孔隙度仅有不到 0.5%，渗透率为 2.3mD，而两口井岩石组成中石英、长石含量相差不大，泉 2 井储层样品的石英质碎屑成分为 50.6%，长石成分为 17.4%，而葡北 22 井储层样品的相应成分分别为 51%、13%（图 5-7、图 5-8）。

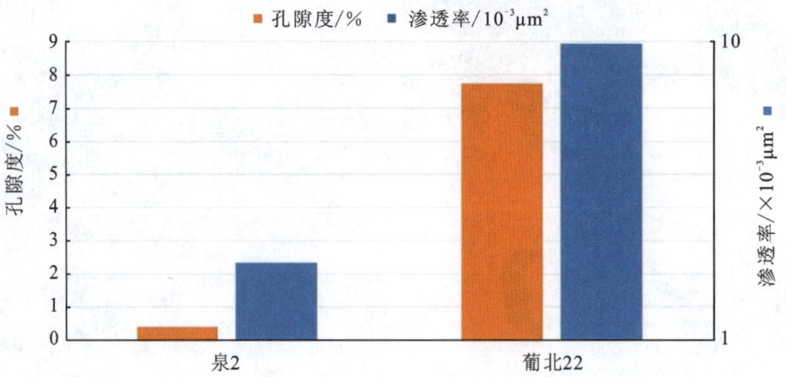

图 5-7　三工河组泉 2 井-葡北 22 井储层物性对比图

井号/地区	井深/m	样品数	主要粒级	孔隙度/%	渗透率/×10^{-3}μm^2	石英质碎屑	长石	其他碎屑	泥质	圆度	接触关系	胶结类型
泉2	2689～2695	5	中粗粒	7.75	0.41	50.6	17.4	32	1.2	次圆、次棱	点-线	压嵌-孔隙
葡北22	4470～4492	15	中-巨粒	9.83	1.82	51	13	36	2	次棱-次圆	点-线	孔隙-压嵌

图 5-8　三工河组泉 2 井-葡北 22 井样品物质组成对比图

综合以上因素分析，西北多级断阶以及东西向的沟槽为砂体远距离输送提供条件，通过长距离输送的砂体淘洗筛选效果好，储层物性得到提高，断沟微地貌对有利储集体的空间分布存在控制作用。

2. 鼻隆微地貌对储层物性的控制

温吉桑-米登地区的鼻隆微地貌上发育了一系列断层，形成断沟和断阶组合，为砂体输送提供通道和堆积场所，边输送边沉积，顺断鼻砂体被长距离输送到湖盆中心沉积。在鼻隆微地貌控制下的沉积砂体上选取 5 口具有代表性的井位，对它们的孔渗特性进行对比分析(图 5-9)。上鼻隆的井位储层物性明显好于下鼻隆及鼻隆侧缘的井位，鼻隆远端的物性优于其他部位(图 5-9)。

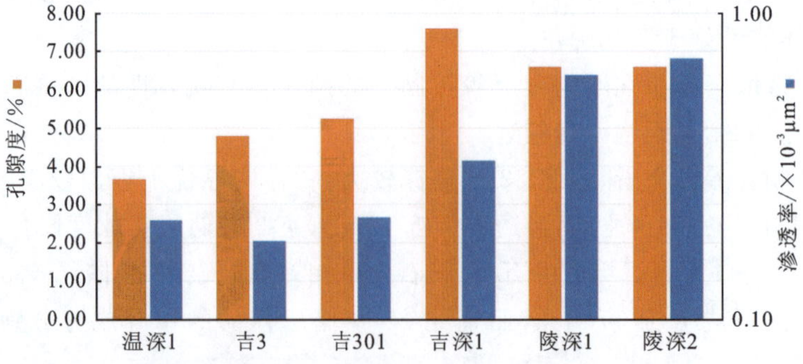

图 5-9　鄯善弧形带三工河组储层物性直方图

从鼻隆上的吉 3 井、吉 301 井和吉深 1 井的样品铸体薄片来看，可见溶蚀孔隙和构造裂缝，进一步证实了鼻隆微地貌对储层物性的有效控制(图 5-10)。

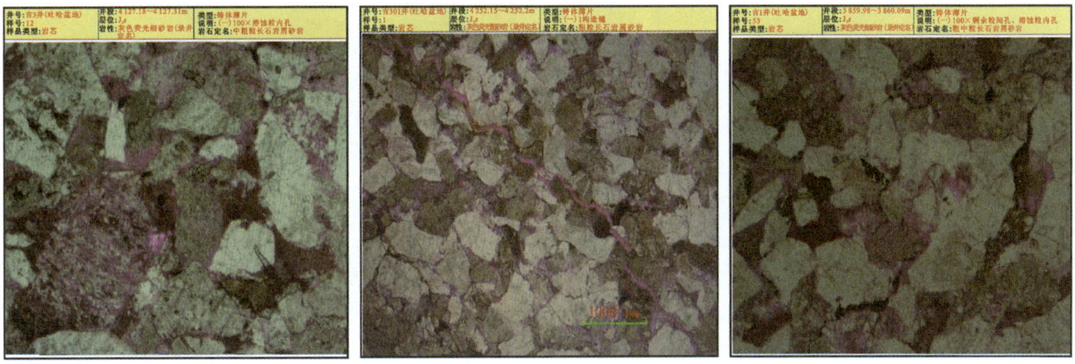

图 5-10　吉 3 井-吉 301 井-吉深 1 井铸体薄片

3. 下坡折微地貌对储层物性的控制

胜北凹陷南部发育一系列东西向断层，共同组成挠曲+多级断阶坡折带，在上下坡折带上选取 3 口具有代表性的井位，对其物性进行对比分析。

根据储层物性数据，对 3 口井的孔隙度渗透率参数以直方图和散点图的形式对比可得，位于下坡折的神 2 井和神南 2 井的孔渗特性明显好于上坡折的神南 2 井；下前缘和沼泽的储层物性好于上前缘和平原相(图 5-11)。

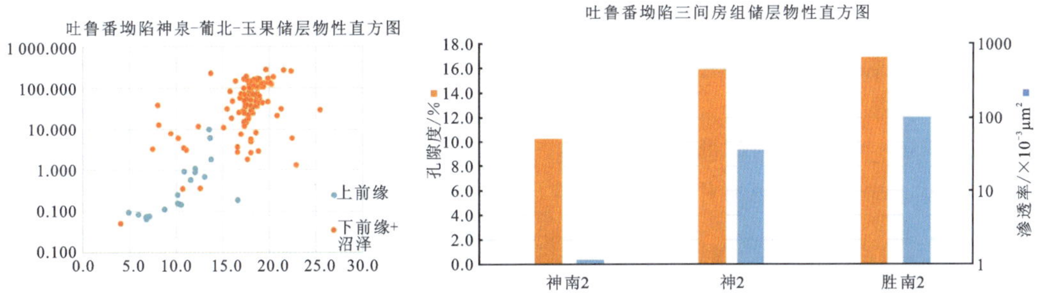

图 5-11　吐鲁番坳陷神泉-葡北-玉果储层物性对比

4. 山前陡坡带微地貌对储层物性的控制

对研究区北部山前陡坡带选取具有代表性的 4 口井进行对比分析，其中，勒 10 井、阿 2 井位于北部扇三角洲平原，柯 23 井、柯 19 井位于北部扇三角洲前缘和沼泽。从该区三工河组储层物性直方图中可以明显看出，扇三角洲前缘和沼泽相的物性参数要好于扇三角洲平原的物性参数(图 5-12)。

三、有利储层主控因素分析

成岩作用包括压实、胶结、溶蚀和交代作用等，根据前人已有研究成果及本次研究成果发

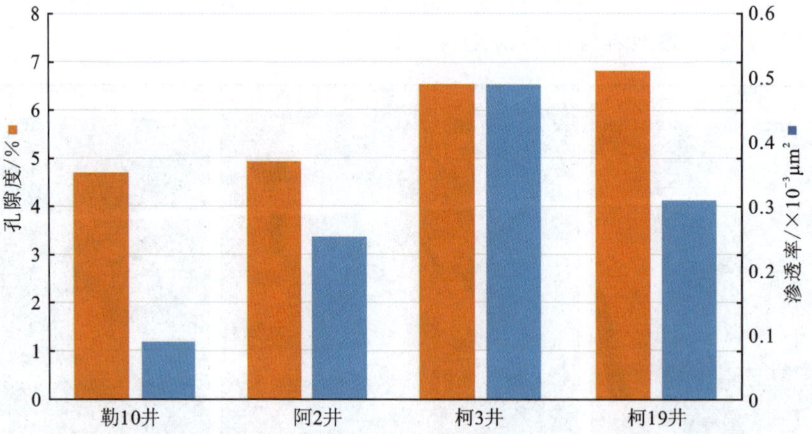

图 5-12　吐鲁番坳陷山前勒 10 井-阿 2 井-柯 23 井-柯 19 井三工河组储层物性直方图

现,影响本地区储层的主要因素为压实作用。压实作用是沉积物最重要的成岩作用之一,指沉积物沉积后,由于上覆沉积物不断加厚,在重荷压力下所发生的作用。

1. 埋藏过程与成岩阶段

吐哈盆地的砂体埋藏过程大致可以分为东部和西部两种类型,随着深度增加压实作用逐渐增强,但是仍存在因溶蚀作用导致的次生孔隙发育带。

在吐哈盆地,其西部储层的沉积特点可以总结为“早浅后深”,在西部储层砂体早期浅埋,后期深埋,属于低热演化程度,所以就现阶段而言,其仍然处于早中期成岩阶段。

如图 5-13 所示,在上新世西部区域可见快速压实现象,但其成岩阶段仍然处于早成岩 B 期和晚成岩 A 期,早期浅埋,晚期深埋的埋藏方式有利于孔隙保存,主要代表区域为西部斜坡带与逆冲推覆带的下盘地区。

在吐哈盆地东部地区,其储层早期深埋,晚期虽然有所抬升,但是却已经大大地破坏了原始孔隙,所以具有更强的成岩作用。如图 5-13 右图所示,在东部区域,其成岩阶段处于晚成岩 A 期和 B 期,特点为持续正常埋藏,物性正常速率衰弱,在深度较浅时表现为强压实,但物性与深度的关系正常,孔隙保存较好。

总的来说,西部储层具有长期浅埋或者早期浅埋,晚期深埋的特点,物性普遍较好。

2. 压实作用对储层物性的影响

压实作用主要包括机械压实作用和压溶作用,机械压实作用主要表现在沉积物埋藏的早期阶段,其微观特征主要是:①碎屑颗粒的重排列,从游离状态向紧密堆积状态转变。②泥岩岩屑等塑性颗粒发生挤压变形或顺层排列。③部分塑性颗粒变为假杂基。④刚性碎屑矿物被压碎或者压裂。

中下侏罗统水西沟群的煤系地层在早期处于酸性介质环境,并持续了较长时间,这导致储层极易发生压实与压溶现象,这些因素是影响储层物性的主要减孔因素。

埋藏深度是影响压实作用强度的主要因素,随着埋藏深度不断增加,压实级别相对应升高,压实作用强度也随之增强(图 5-14)。

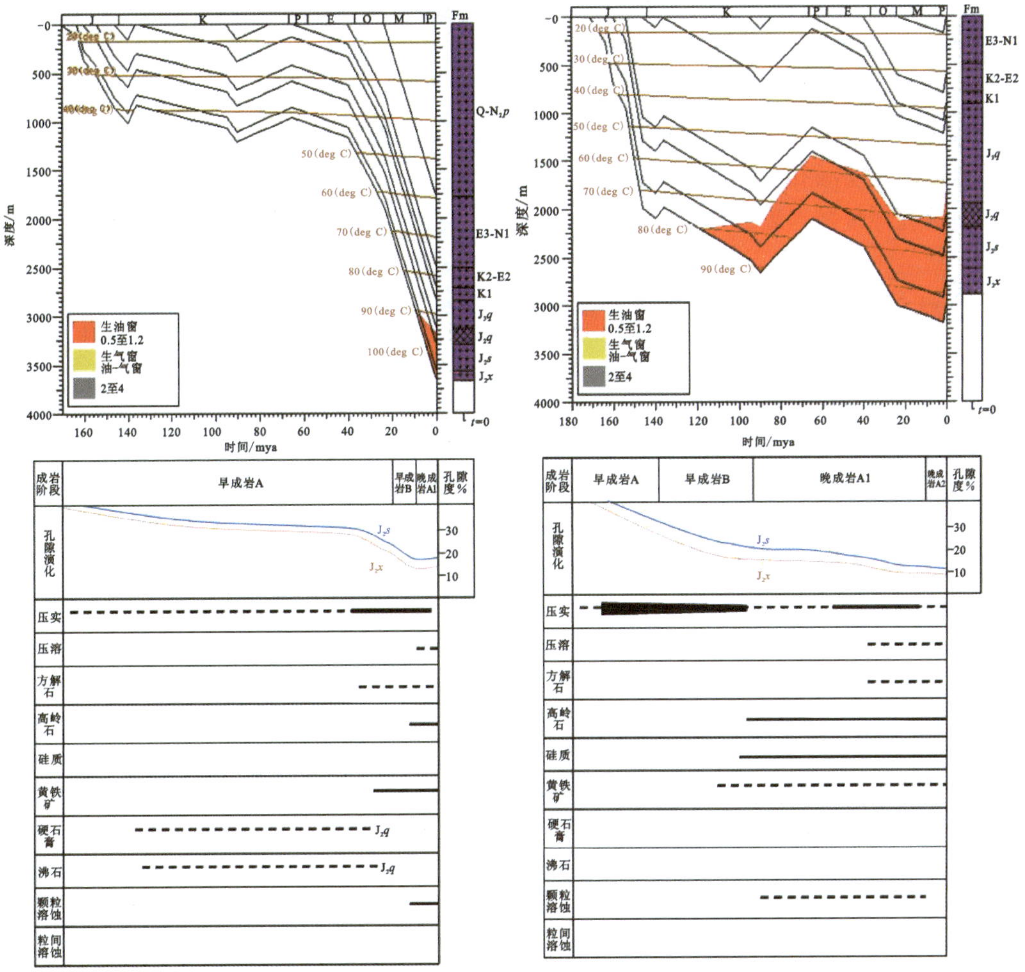

图 5-13　东西部区域成岩作用特征(左:西部,右:东部)

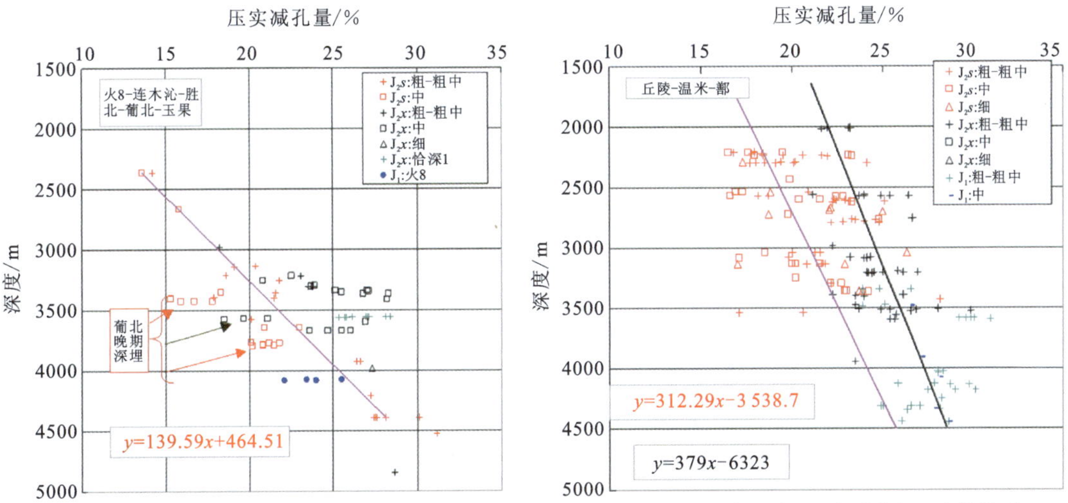

胜北洼陷区砂岩压实减孔与深度的关系　　丘陵洼陷区砂岩压实减孔与深度的关系

图 5-14　东西部区域压实减孔与深度的关系

由于部分区域火山岩岩屑含量高，其抗压能力较差，所以在早期成岩阶段，机械压实作用十分明显，这使得原生孔隙大量减少，再结合种种其他因素，吐哈盆地的压实作用对不同区域的储层有着不同的影响程度。

通过总结大量资料，选取东西部不同构造带，不同区域的井做出散点图，经过观察可以发现，东西部的压实减孔与深度的关系存在着较大的差别，西部孔隙度随着深度的增加变化不大，而东部孔隙度随深度的变化较大。

四、吐鲁番坳陷中下侏罗统储层物性特征

整体来看，吐鲁番坳陷中下侏罗统的物源体系表现出“东西分异、南北不同、早晚演化”的特征。全区主要发育的重矿物有金红石、电气石、锆石、石榴石、磁铁矿、白钛矿、赤铁矿、绿帘石等，根据其组合特征，可划分为五大主要来源，分别为西部物源、鲁西物源、南部塔克泉物源、鄯勒物源和恰勒坎-巴喀物源。南北部和东西部具有明显的差异性，东部稳定性矿物含量高，而西部不稳定性矿物含量高，且含变质岩矿物；北部锆石含量高，而南部白钛矿-赤铁矿含量高，这主要是因为南北部母岩差异所造成的，北部以中酸性为主，东南部以中基性为主，西部则以酸性—基性-变质岩混杂为主。J_1b-J_2x 区域物源三分性特征继承性发育，但北部磁铁矿含量逐渐增加，而南部变质岩矿物沉积范围扩大，整体还是以南部和西部物源供给为主，北部以局部近物源堆积为主。以三工河组沉积为界，北部物源磁铁矿含量明显增加，而南部鲁西物源矿物含量复杂化，且沉积范围萎缩，西部物源向北部物源趋同，且沉积范围扩大，而整个盆地稳定矿物含量明显减少，与盆地构造演化相关。

就泥岩颜色而言，同一个层序内部，湖扩体系域的深色泥岩范围明显大于低位和高位，而早期 SQ_1 和 SQ_2 深色泥岩范围明显大于 SQ_3，SQ_3 杂色泥岩范围扩大。泥岩厚度中心在空间上由西向东迁移，垂向上由浅变深再变浅演化。煤层厚度图的演化变迁显示，在同一个三级层序里，煤层主要发育在湖扩体系域，垂向上，SQ_1 和 SQ_2 煤层厚且范围广，而 SQ_3 煤层明显变薄且范围缩小，整体有向东迁移特征。从全区沉积环境图来看，中下侏罗统，以浅水环境为主要沉积背景，沼泽相广泛发育，湖扩体系域浅湖和沼泽范围最广，从下往上，蓄水范围进一步萎缩，水体逐渐变浅。

砂体厚度表现为物源整体三分性，主要为西部和南部物源，其中玉果-葡北、鲁西凸起砂体分布广，搬运距离远，而鄯善-鄯勒砂体分布范围小，砂体搬运距离短。断沟和断层控制砂体空间展布。砂体百分率表现出整体三分性，主要为西部和南部物源，其中玉果-葡北、鲁西凸起砂体分布广，搬运距离远，其他地区为近距离搬运。断沟和断层控制砂体空间展布。沉积相整体以浅水沉积为主，沼泽广泛发育，主要发育辫状河三角洲、扇三角洲、滨浅湖＋沼泽。物源表现为整体三分性，主要为西部和南部物源，且早强晚弱，北部为局部近物源。坡折和断沟控制沉积体系类型和相带空间展布。

整个吐鲁番坳陷中下侏罗统的沉积相主要包括 4 种类型：扇三角洲、辫状河三角洲、沼泽、滨浅湖滩坝。扇三角洲的岩芯特征为细砾岩、中砾岩、含砾（粗、细）砂岩夹于灰色、棕红色、灰绿色泥岩中，多见块状层理、递变层理。测井相主要表现为中高幅光滑或微齿化箱型。沉积背景主要是冲积扇快速入湖，重力＋牵引机制。在空间展布上主要为近岸、快速堆积、规

模相对较大。辫状河三角洲的岩芯特征为中细砾岩、含砾砂岩、砾石分选中等-较好，次圆-次棱角，有一定的定向排列，见粒序层理、底部滞留沉积；测井相为中高幅钟型、齿化箱型，漏斗型；沉积背景主要以牵引力为主；空间展布上呈现缓坡、远距离搬运、辫状河道沉积的特征。滨浅湖及滩坝岩芯主要表现为灰绿色粉砂岩、粉砂质泥岩、泥岩，块状泥岩见有生物虫孔及生物扰动。测井相为中低幅钟型、漏斗形、基线型。沉积背景较弱，以稳定牵引力为主。空间展布上靠近泛滥平原、滨岸沉积。沼泽相岩芯为灰绿色粉砂岩、粉砂质泥岩、深绿色、深灰色泥岩，黑色煤层，见有完整植物茎秆。测井相主要是中低幅钟型、泥岩基线型。沉积背景以弱牵引力为主。空间展布上靠近湖岸、滨岸、原地沉积。

吐鲁番坳陷中下侏罗统优质储层控制因素主要包括：①母岩成分差异。研究区北部母岩特征主要为博格达山，靠近盆地，以上石炭统火山-沉积岩为主，侵入岩零星分布，测年显示，沉积期母岩来源于奥陶纪—二叠纪岩层。南部母岩特征表现为物源远，主要为觉罗塔格山，以下石炭统火山-沉积岩为主、侵入岩广泛分布，前寒武地层也成带分布，测年显示，沉积期母岩来源于前寒武纪—三叠纪岩层。②沉积搬运和微地貌。西部砂体搬运距离远、淘洗充分——石英含量高、岩矿基础好、颗粒支撑强、剩余粒间孔发育。西部储层成分成熟度优于西部，东部泥质含量多，岩屑成分差，成分成熟度低，抗压实能力差。研究区西部顺断沟下前缘＋沼泽砂体物性最好；其次为顺断槽的平原砂体，最差为顺断槽远端席状砂——搬运距离＋沉积微相影响储层物性，而微地貌控制有利储层空间展布。西北多级断阶以及东西向的沟槽为砂体远距离输送提供条件，长距离的淘洗和筛选使得较远的葡北 22 井物性好于泉 2 井——沉积淘洗影响物性好坏，断-沟控制有利储层空间分布。南部坡折带下坡折的下前缘＋沼泽相储层物性明显好于上坡折。温吉桑-米登鼻隆微地貌中，鼻隆储层物性好于鼻隆侧缘，鼻隆远端物性好于其他部位，鼻隆上见溶蚀孔及构造缝。③成岩作用。西部储层砂体早期浅埋，晚期深埋，致使现阶段仍处于早中期成岩阶段，而东部储层早期深埋，晚期虽有抬升，但已大大破坏原始孔隙，成岩作用更强。压实减孔与深度的关系表明：西部孔隙度随着深度的增加变化不大，东部孔隙度随深度的变化较大，应该与刚性颗粒含量有关。综上可以认为：物源控制优质储层物质、沉积控制优质储层发育、微地貌控制优质储层空间分布，成岩作用影响储层物性，物源-沉积-微地貌-成岩控制优质储层发育。

第二节 层序格架下的生储盖匹配关系

通过对沉积环境的分析研究可知，吐鲁番坳陷中下侏罗统主要为浅水、坡缓、沼泽化的沉积环境，煤系地层发育。而后通过对煤层厚度、泥岩颜色的平面分布以及对沉积相砂体的平面展布特征相匹配关系，借此来对有利层段进行预测。

一、葡萄沟-葡北地区有利层段优选

如图 5-15 所示，在葡萄沟-葡北地区中，选取一条南北向连井剖面：Ze1 井- Sn2 井- S102 井- Pu14 井- Pb2-X1 井，对其进行连井相对比分析：从南到北，SQ_1、SQ_2、SQ_3的发育特征，总

体上看，从下侏罗统八道湾组沉积期到中侏罗统七克台组沉积期，共发育有 3 套改盖层：SQ_1 高位体系域 J_1s^2、SQ_2 高位体系域 J_2x^4、SQ_3 高位体系域 J_2q，与下伏砂体＋湖扩体系域的煤和碳质泥岩形成有利的生储盖组合。

在 SQ_1 高位体系域 J_1s^2 下，发育有八道湾组一套生油煤层，在八道湾组沉积期，发育有大套沼泽沉积微相，此时从 Ze1 井－Pb2-X1 井剖面上看，南缘相对较低，北缘较高，煤层向低洼聚集，其主要发育有水下分流河道、席状砂、越岸沉积等沉积微相，有分布较为广泛的煤层发育，其煤层主要发育在葡 14 井周边，而后在该剖面南部缘砂体向 Pb2-X1 井运移，Pu14 井周边由于砂体并未大量堆积沉积，所以仍发育为较厚的煤层，而沉积较深的 Pb2-X1 井则有大量砂体聚集，形成了良好的储集层，而后在八道湾组晚期和三工河组早期发育有滨浅湖沉积，形成一套良好的盖层。

在 SQ_2 高位体系域 J_2x^4 下，发育有西山窑组生油层，在西山窑组沉积期，发育有多期薄煤层，反映了一种不足补偿的沉积特征，其沉积中心略微向北运移，此时主要发育有水下分流河道、河口坝以及席状砂沉积，其储集层位于西山窑组第二、第三段，在西山窑组第二、第三段发育有大量砂体，给油气提供了充足的可容纳空间，到西山窑组四段之后，砂体较少，发育有充足的泥岩盖层，封堵了油气的运移通道，形成了良好的生储盖组合。

在 SQ_3 体系域中，三间房组沉积期发育有部分的沼泽沉积微相，该时期的微相发育不完善，形成了以三间房组为生储组合，七克台组泥岩为盖层的岩性组合特征。

二、玉北－红莲－胜北地区有利层段优选

如图 5-16 所示，在层序格架玉北－红莲－胜北构造带中，同样选取一条南北向连井剖面：Ln3 井－Yt1 井－Ls2 井－Tc2 井－Sb11 井－Qs1 井，进行分析，同样共发育 3 套盖层：SQ_1 高位体系域 J_1s^2、SQ_2 高位体系域 J_2x^4、SQ_3 高位体系域 J_2q，同样与下伏砂体＋湖扩体系域的煤和碳质泥岩形成有利生储盖组合。

在 SQ_1 高位体系域 J_1s^2 下，主要发育有八道湾组的一套煤层，在八道湾组的煤层中，仍然具有多套薄煤层，反映出一种不足补偿的特征，八道湾组晚期到三工河组早期有一套砂岩储层，此时北部地层较厚，由剖面可知，此时的盖层只在湖盆中心大量发育，在八道湾组沉积期，主要发育有辫状河三角洲沉积，沼泽大量发育，而后发育有砂岩型储集层，到 J_1s^2 之后发育大套湖泊沉积，大量泥岩形成优质盖层。

SQ_2 高位体系域 J_2x^4 之下有部分不十分发育的泥炭微相，其生油层仍然处于三间房组早期，在西山窑组早中期发育有席状砂以及分流河道沉积微相，为油气的运移提供了大量的通道，而西山窑组四段发育的大套泥岩则是良好的盖层，起到了封堵油气的作用。

在 SQ_3 体系域中和三间房组早期气候条件下，发育有大量的泥炭微相，形成了良好的生油岩，在三间房组沉积期砂岩较为发育，是油气的良好储集空间，其上为七克台组沉积期的泥岩盖层。

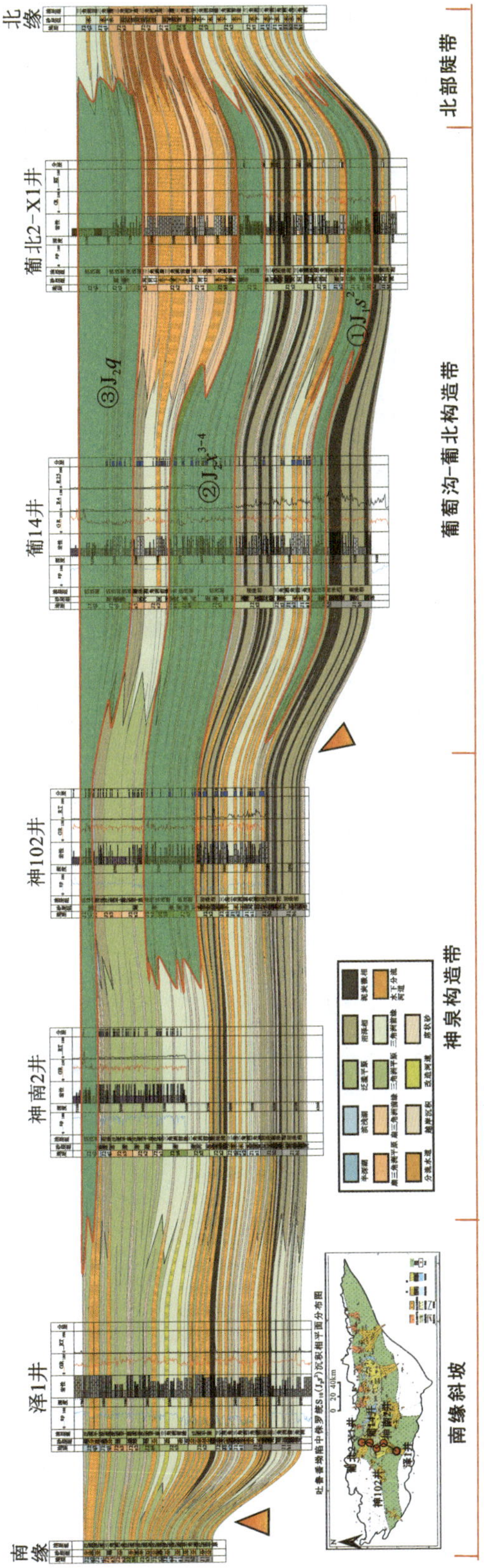

图5-15 泽1井—神南2井—神102井—葡14—葡北2-X1井(由左至右)连井剖面

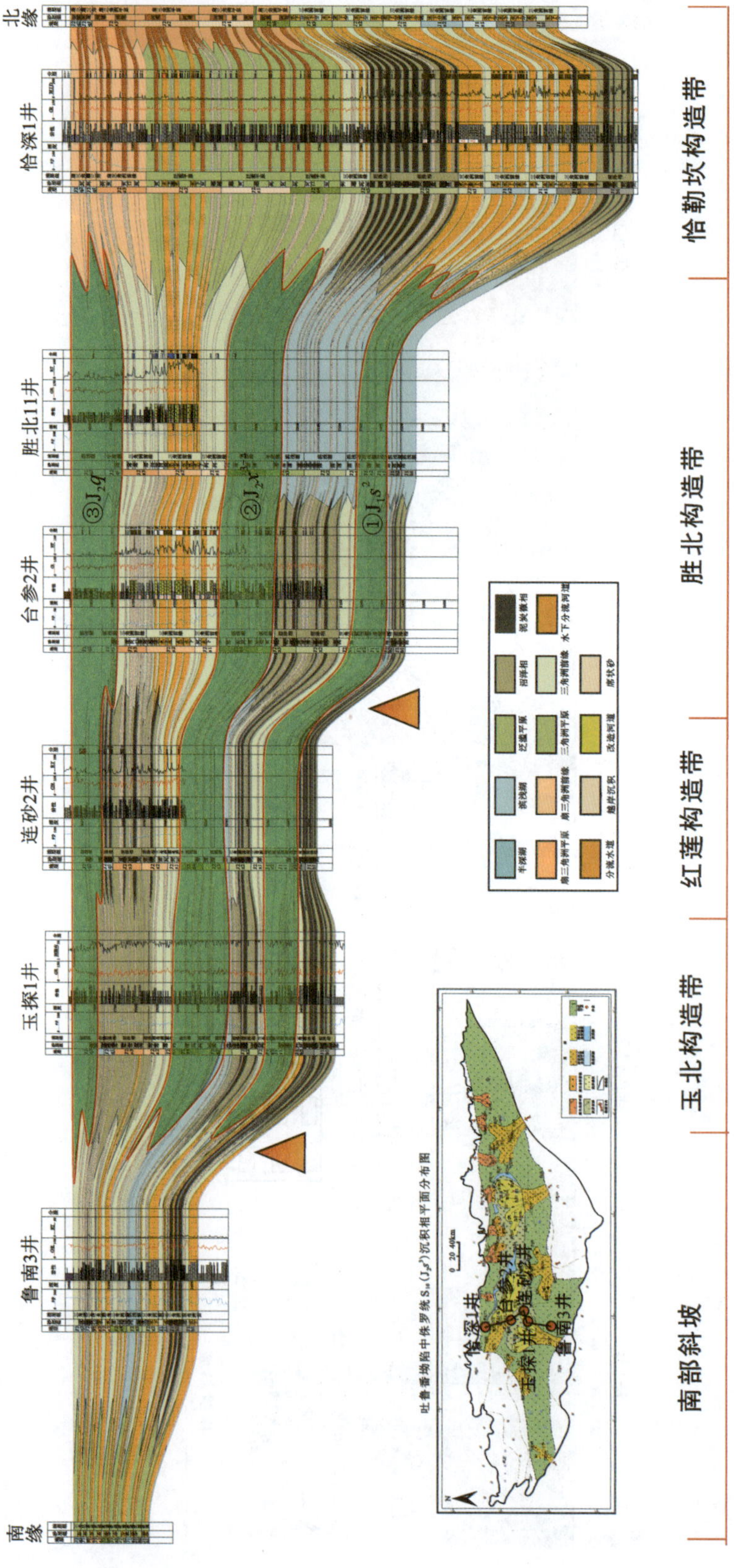

图5-16 鲁南3井—玉探1井—连砂2井—台参2井—胜北11井—恰深1井(由左至右)连井剖面

三、红台地区有利层段优选

如图 5-17 所示，在红台-大步构造带再次选取一条南北向剖面：Yue1 井- Ht18 井- Ht2 井- Ht1 井- Db1 井，可以看到其发育三套盖层：SQ_1高位体系域 J_1s^2、SQ_2高位体系域 J_2x^{3-4}、SQ_3高位体系域 J_2q，同样与下伏砂体＋湖扩体系域的煤和碳质泥岩形成有利生储盖组合。

在 SQ_1体系域中，由于该剖面在盆地边缘，所以在八道湾组早期并未发育大量源岩，但整体仍以沼泽相沉积居多，此时扇体较少，以湖相沉积为主，在三工河组晚期剖面有滨浅湖发育，形成盖层，但由于源岩不充足，难以形成有效储层。

在 SQ_2体系域中，以湖盆中心的 Ht2 井为中心，在西山窑组早期分布有大量泥炭，沼泽相十分发育，为油气的产生提供了完美的物质基础，此时发育有河口坝沉积、越岸沉积以及分布于三角洲周缘的席状砂，为油气的运移以及储存提供了保障，加之西山窑组后期盖层的发育，在红台构造带有较为良好的生储盖组合特征。

进入 SQ_3体系域之后，在三间房组初期有少量煤层发育，仍然集中于湖盆中心的 Ht2 井周缘，此时沼泽相也集中在 Ht2 井周缘发育，在三间房晚期与七克台组早期选取的剖面发育大量砂岩沉积，为油气提供了良好的储集空间，在七克台组晚期发育大套泥岩，对油气形成了封堵，构成了一个有利的生储盖组合。

四、油气富集地质条件

吐鲁番坳陷中下侏罗统构造演化对沉积演化和油气富集的控制作用，主要体现在两方面：一是控制纵向上生储盖的组合关系；二是控制生储盖在平面上的分布关系。

首先，是对烃源岩的控制作用，在本区，有效烃源岩主要为碳质泥岩、还原色泥岩及煤层。坳陷三次构造演化影响煤层的发育，早侏罗世时期，坳陷结构主体为断陷类型，南部斜坡发育挠曲坡折及两级断坡，挠曲坡折之下发育煤层，其上易被剥蚀，不甚发育；其次，湖水在低位体系域时期及湖扩体系域早期深度合适，较适宜煤层生长，还原色泥岩沉积在早侏罗世湖扩体系域，也广泛地发育，因此，优质烃源岩在早侏罗世纵向上发育于湖扩体系域早期，平面上发育于挠曲坡折之下。进入中侏罗世西山窑组沉积期，南北向挤压增强，坳陷开始由断陷结构转入坳陷阶段，坳陷整体被抬升，南部斜坡开始转变为隐伏断层，煤层多发育于隐伏断层坡折之下，湖水变浅，以至于煤层在低位体系域不发育，而至湖扩体系域时期较发育且该时期还原色泥岩多发育二级隐伏断坡之下。至中侏罗世三间房组-七克台组沉积期，其南北向的挤压加强，坳陷抬升增强，湖水整体较浅，煤层不发育，仅发育于湖水相对较深的湖扩体系域晚期且其厚度较薄，泥岩发育萎缩至洼陷中心。综上所述，构造应力背景约束坳陷结构类型及所发育的古地貌构造，从而控制其水深，以至于控制烃源岩的发育及展布，大致存在着三期：早期挠曲坡折之下，西山窑时期于二级隐伏断坡之下，三间房组-七克台组沉积期处于洼陷中心；纵向上控制烃源岩于湖扩体系域时期。

构造演化对有利储层发育的控制作用：在不同构造应力背景下，使得坳陷内部发育不同的古地貌，从而控制沉积砂体的空间展布。早侏罗世时期，坳陷主要发育辫状河三角洲，南部斜坡发育挠曲坡折及两级断坡，断控坡折根部堆积大量砂体，其主要为辫状河三角洲前缘，砂

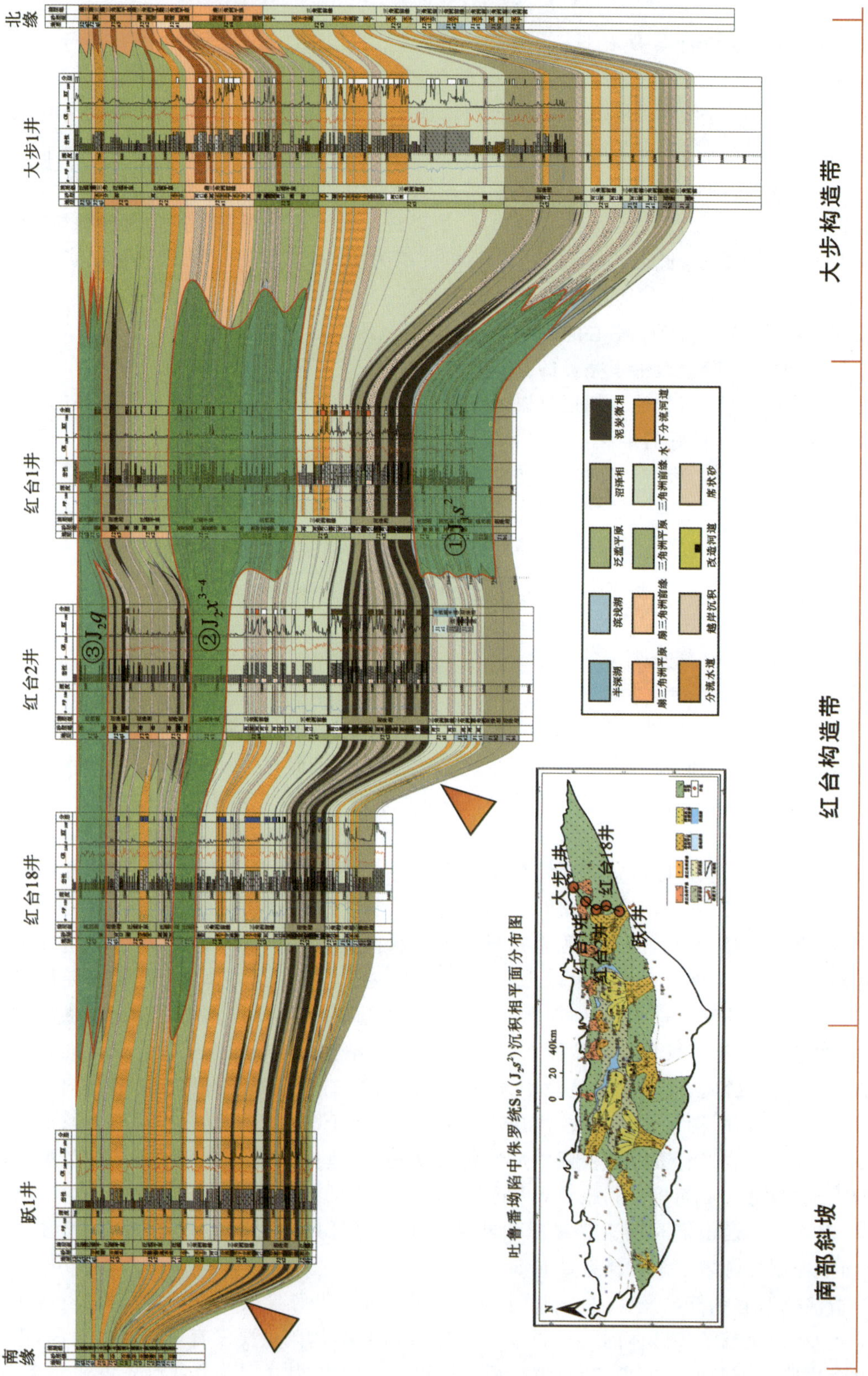

图5-17　跃1井—红台18井—红台2井—红台1井—大步1井(由左至右)连井剖面

体较纯净，厚度较大，砂体分选磨圆较好，淘洗较彻底，辫状三角洲前缘为较好储集体；山前及其他地区砂体无断坡及古构造控制，较好储集体为辫状河三角洲前缘。在西山窑组沉积期，南北挤压增强，南部二级断坡变为隐伏断层，砂体仍长距离入湖，但辫状河三角洲前缘其搬运距离以及砂体粒度、淘洗较干净，为较好储集体。三间房组沉积期-七克台组沉积期，南北向的挤压增强，湖心低凸开始隆起，控制着滩坝沉积，其分选、磨圆较好，经湖水的反复淘洗较为干净，为良好的储集体；其余地区辫状河三角洲前缘砂体为有利储层。

构造演化对盖层发育的控制作用：研究区中下侏罗统大致发育了3套区域盖层，3套盖层均发育于三次构造演化末期，在该沉积阶段，为构造间歇期，泥岩广泛发育，即发育于三级层序的高位体系域时期，分别是 SQ_1 高位体系域 J_1s^2、SQ_2 高位体系域 J_2x^4、SQ_3 高位体系域 J_2q^2，较好地阻挡了油气的运移，并与下伏湖扩体系域时期发育的煤、碳质泥岩及砂体组成有效生储盖组合（图5-18）。

因此，吐鲁番坳陷中下侏罗统自下而上大致发育了三套生储盖组合，大致与3个三级层序相对应。结合油气藏发育情况，坳陷内生油层往往发育于每个三级层序的湖扩体系域时期，通过该时期发育的煤层和深色碳质泥岩来提供油源，再被其上层高位体系域时期区域性厚层泥岩形成的盖层封闭，使油气储存于盖层之下的砂体中，形成有效的生储盖组合（图5-18）。

第三节 油气富集规律及油气勘探方向

一、有利区带评价方法体系

本节在大地构造背景、层序地层格架及沉积演化体系的基础上，总结提炼了有利区带的主要控制因素，分析评价全区储层优劣特征，进而形成了吐鲁番坳陷中下侏罗统有利区带多级成因评价方法体系，以该体系作为指导优选出有利区带。

吐鲁番坳陷中下侏罗统在构造上处于燕山运动时期，其经历了整体沉降、拉张阶段和后期隆升的构造期，全区沉积相类型以辫状河三角洲为主，控制了砂体的分布范围和展布特征，研究区滨浅湖广泛发育，整体表现为浅水环境。根据构造演化及古环境沉积特征，本次研究认为：层序格架、物源体系、构造古地貌和沉积微相是控制研究区储层差异与有利区带分布的主要因素，根据其控制因素的精度依次划为一级控制因素、二级控制因素、三级控制因素、四级控制因素（表5-2）。

一级控制因素：层序格架。以层序格架划分为评价参数的一级控制因素对有利区带的层段进行有效约束；在层序格架的建立中，通过综合考虑吐哈盆地中下侏罗统生储盖匹配关系，认为生油层往往发育于每个三级层序的EST时期，通过该时期发育的煤层和深色碳质泥岩来提供油源，其上被HST时期区域性厚层泥岩形成的盖层封闭，使其油气储存于盖层之下的砂体中，形成有效的生储盖组合。在这样的生储盖组合关系中，有利层段被控制在湖扩体系域晚期＋高位体系域早期的范围中（表5-2）。

二级控制因素：物源体系。全区物源呈现“东西分异、南北不同、早晚演化”的特征，可划分为南部塔克泉物源、鲁西物源、西部物源、恰勒坎-巴喀物源、鄯勒物源等几个主要物源区。以物源体系为评价参数的二级控制因素划分了研究区有利目标区域。物源体系的不同在一定

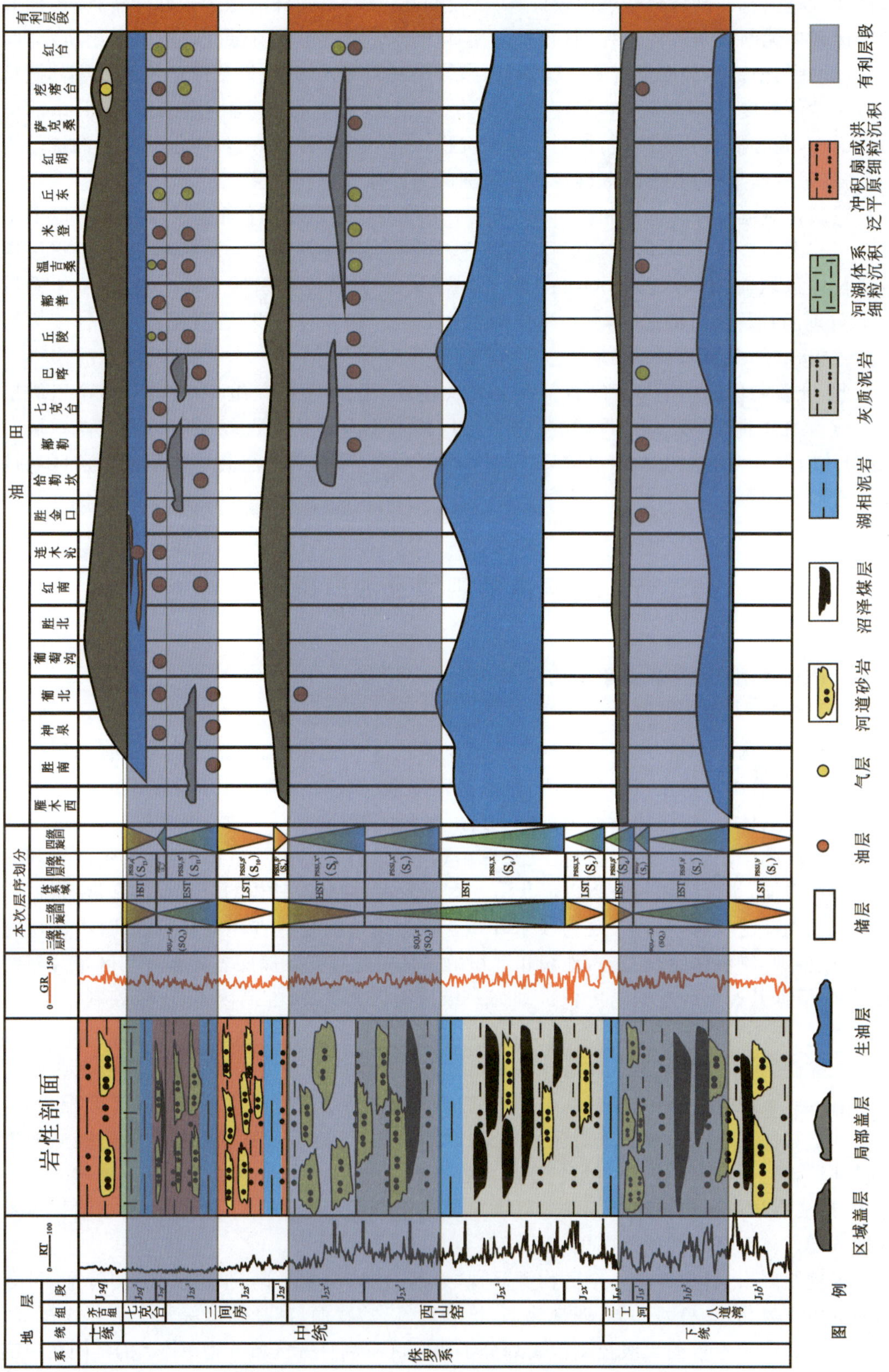

图5-18 吐鲁番坳陷中下侏罗统有利层段优选示意图

程度上决定了储层砂体的不同，通过对不同物源的分析以及砂体母岩的研究，结合母岩多样性和母岩岩性特征的不同，认为研究区内整体西部储层要优于东部储层，即有利目标区域主要在西部，研究认为，胜北-火北地区、疙瘩台地区及西部整体可作为有利目标区考虑。

三级控制因素：构造微古地貌。以构造古地貌为评价参数的四级控制因素指出了有利目标区带，通过对研究区构造演化及控相坡折的研究和分析，总结出5种构造微古地貌模式：①西北断阶模式；②南部多级断阶模式；③鄯善弧形带鼻隆沉积模式；④山前陡坡沉积模式；⑤低凸控砂模式。在局部上，构造古地貌可以控制砂体的局部富集，进而控制有利目标区带，通过“沿断沟、下坡折、顺鼻隆、跟陡坡、绕低凸”这5种找油思想来确定有利区带：即西部断沟古地貌的近东西向断沟区带，胜北南部多级坡折带的下坡折区带，温吉桑-米登鼻隆古地貌的鼻隆区带，北部山前陡坡古地貌的山前湖缘区带，七克台低凸滩坝古地貌的周缘区带。

四级控制因素：以沉积微相为评价参数的四级控制因素直接控制了有利储层的发育，沉积微相的展布决定了砂体搬运距离与赋存状态，确定了有利储层的位置。研究认为三角洲前缘水下分流河道及河口坝为有利沉积微相。

总体来看，层序控层、物源控区、地貌控带、微相控储及成岩控性，是基于多级成因评价方法的具体表现。按照构造-层序-沉积-储层一体化研究思路，由大到小，由粗到细，由浅入深，建立了吐鲁番坳陷中下侏罗统有利区带划分及评价方法体系，这一体系的建立，有利于优选出有利区带以及下一步勘探战略布局（表5-2）。

表5-2　吐鲁番坳陷有利区带评价体系表

评价参数		控制因素	目标区
一级控制因素	层序格架	生储盖组合	湖扩体系域晚期＋高位体系域早期
二级控制因素	物源体系	母岩多样性＋母岩岩性	整体西部优于东部
三级控制因素	构造古地貌	构造古地貌控制砂体富集	沿断沟、下坡折、顺鼻隆、跟陡坡、绕低凸
四级控制因素	沉积微相	砂体搬运距离与富存状态	三角洲前缘水下分流河道＋河口坝

二、有利勘探区带预测

对吐鲁番坳陷中下侏罗统结合沉积环境背景分析、沉积体系展布特征以及各时期的演化特征，联系层序格架生储盖有效组合，优质储层的控制因素等，结合微地貌控砂模式，以5种找油思想，即“沿断沟、下坡折、顺鼻隆、跟陡坡、绕低凸”，对不同时期的有利区带进行预测分析，以期找出优质储层靶区。

1. 八道湾组有利区带预测

在八道湾组沉积期，伸展作用明显减弱，但断层仍然发育，坡折控制了沉积相带空间展布、碳质泥岩＋煤层空间发育区域、控制砂体空间富集区。

胜北洼陷区及温吉桑构造区为有利区带，来自西北物源的大量砂体沿着坡折进入胜北洼陷前缘沉积，从同时期的沉积多因素叠合图中可以看出，大量的深色泥岩和厚层煤层在此发育，为油气藏的形成提供了良好的生油基础。温吉桑地区处于温吉桑-米登鼻隆前缘，构造上被四级坡折所控制，处于湖泊沉积中心，周缘被沼泽相和浅湖相所覆盖，沉积了大量煤和碳质泥岩，鼻隆前端为有利砂体富集区带。

2. 三工河组有利区带预测

三工河组时期，多向物源同时向洼漕中心供源，整体盆缘较粗，盆内变细，从盆地不同区域对盆地的有利区块进行预测，共预测出 4 个地区的有利区带。

在西部葡萄沟-葡北区域，沟槽以及一系列近东西向断坡或挠曲坡折为砂体输送提供通道和砂体堆积场所，控制砂体空间展布，且长距离搬运，砂体分选磨圆好，使砂体更接近湖盆中心油源，在此也发育大量的深色泥岩以及厚层煤层，有利于形成有利区带；在胜北地区，来自西北源的砂体通过西部断沟体系的长距离输送和来自南部物源多级坡折共同控制着砂体的搬运与堆积，周缘发育大量沼泽相与浅湖相，有利于油气生烃，认为胜北地区为有利区带；红莲、丘东-温吉桑地区为鼻隆前缘，构造上被四级坡折所控制，处于湖泊沉积中心，周缘被沼泽相和浅湖相所覆盖，沉积了大量煤和碳质泥岩，鼻隆前端为有利砂体富集区带。疙瘩台-红台地区地处二级坡折之下，通过断坡来输送砂体和控制砂体的展布，致使断控坡折下的疙瘩台-红台地区为有利区带。在山前陡坡扇三角洲区域发育大量的碳质泥岩和煤层，为三角洲前缘砂体提供了优质的油源，砂体沉积在陡坡带附近，与前缘碳质泥岩和煤系地层互层形成有利区带（图 5-19、图 5-20）。

3. 西山窑组有利区带预测

在西山窑组沉积期，由于构造活动比较微弱，断层没有发生较大的变化，构造对于砂体展布的影响相较于八道湾组沉积期改变不大，考虑到构造运动与沉积的继承性因素，认为主要来自区域内沉积相展布的影响，故而八道湾组沉积期的有利区带与三工河组时期差距不大，由于水位的上升，致使山前扇三角洲入湖范围萎缩，认为其无法成为有利区带（图 5-21、图 5-22）。

4. 三间房组有利区带预测

在三间房组沉积期，盆地伸展运动减弱，转化为区域挤压作用，进而在三间房后期在盆地中心形成低凸，南部斜坡坡度减缓，致使砂体展布分散，有利区带范围扩大，考虑到三间房组沉积期气候干旱，湖线向湖盆中心收缩，水体整体变浅。综合考虑这些因素，该时期有利区带应与三间房组沉积期类似，不再重复阐述，详见第四章第五节三工河组有利区带预测（图 5-23、图 5-24）。

5. 七克台组有利区带预测

七克台组沉积期构造变化明显，大量的二级、三级坡折消失，各物源只在湖盆边缘做小范围入湖沉积，全区以滨浅湖沉积为主，由于挤压构造作用的增强，沿湖盆内早期断坡带构造反转形成沉积期低凸。

七克台组沉积期在湖盆内部，绕着低凸、滩坝砂岩与碳质泥岩或煤层互层，沉积大量滩坝砂体，其分选、磨圆良好，砂质纯，是良好的储集空间，周缘烃源岩向低凸滩坝砂体供源，与周缘烃源岩组合形成有利区带（图 5-25、图 5-26）。

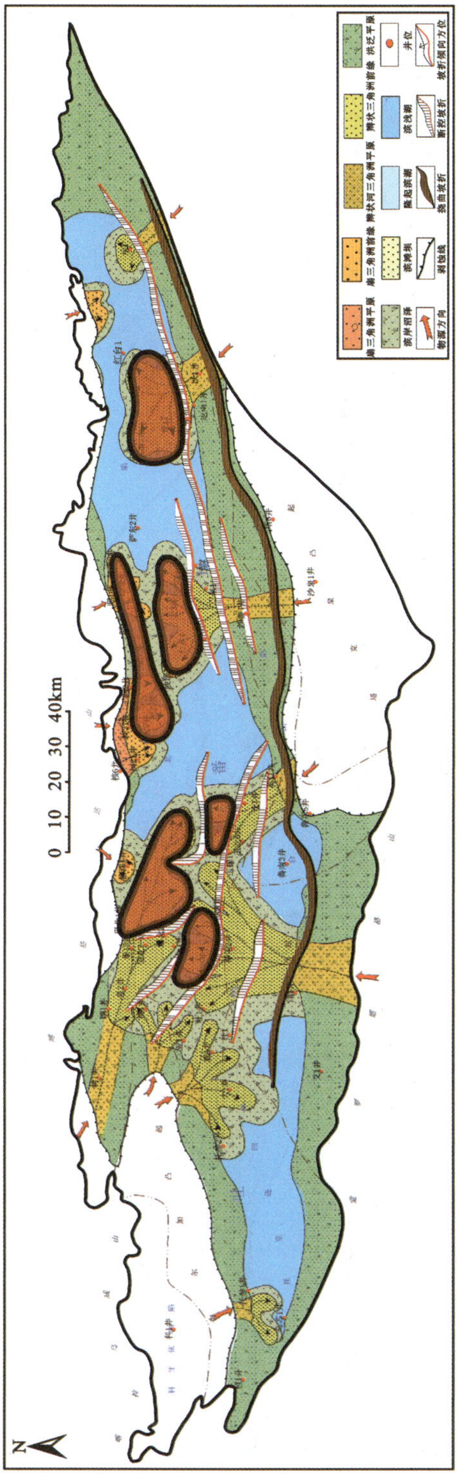

图5-19 吐鲁番坳陷下侏罗统三工河组一段有利区带预测图

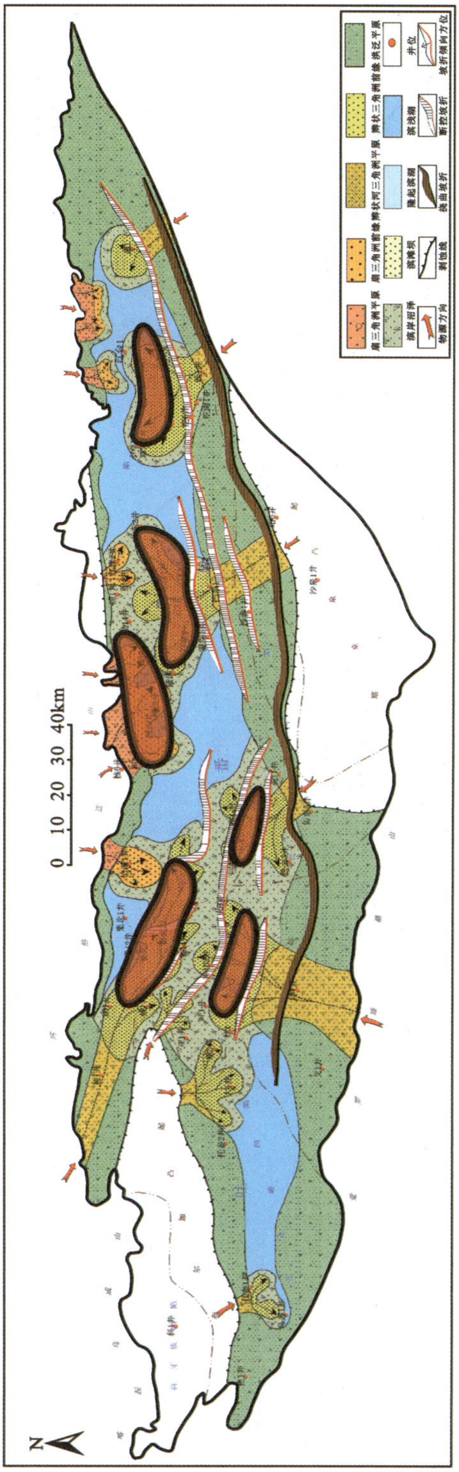

图5-20 吐鲁番坳陷下侏罗统三工河组二段有利区带预测图

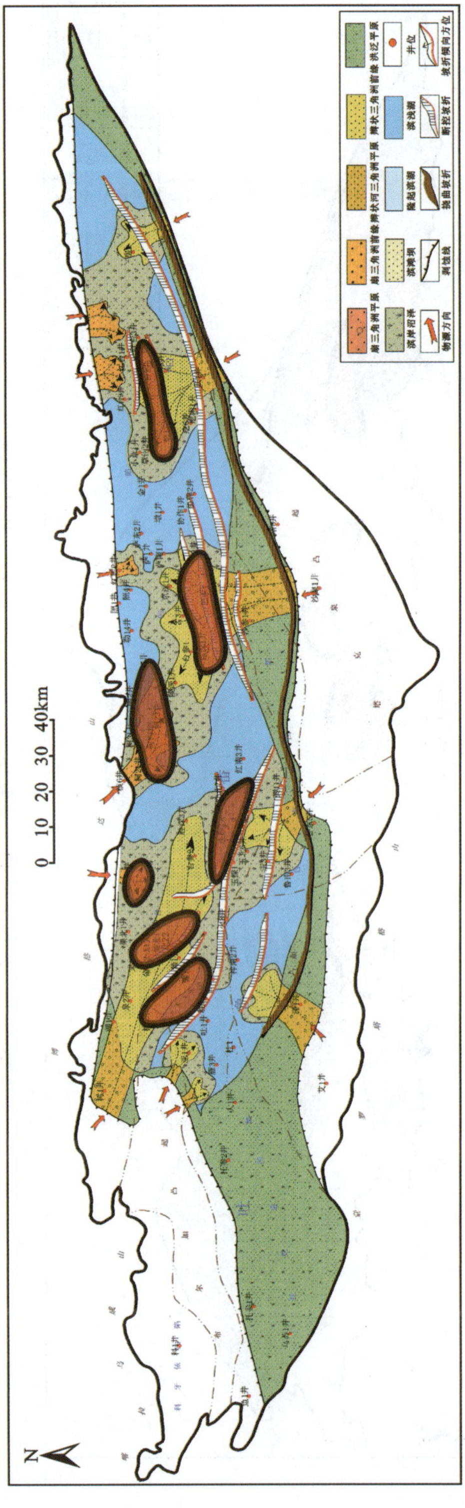

图5-21 吐鲁番坳陷下侏罗统西山窑组三段有利区带预测图

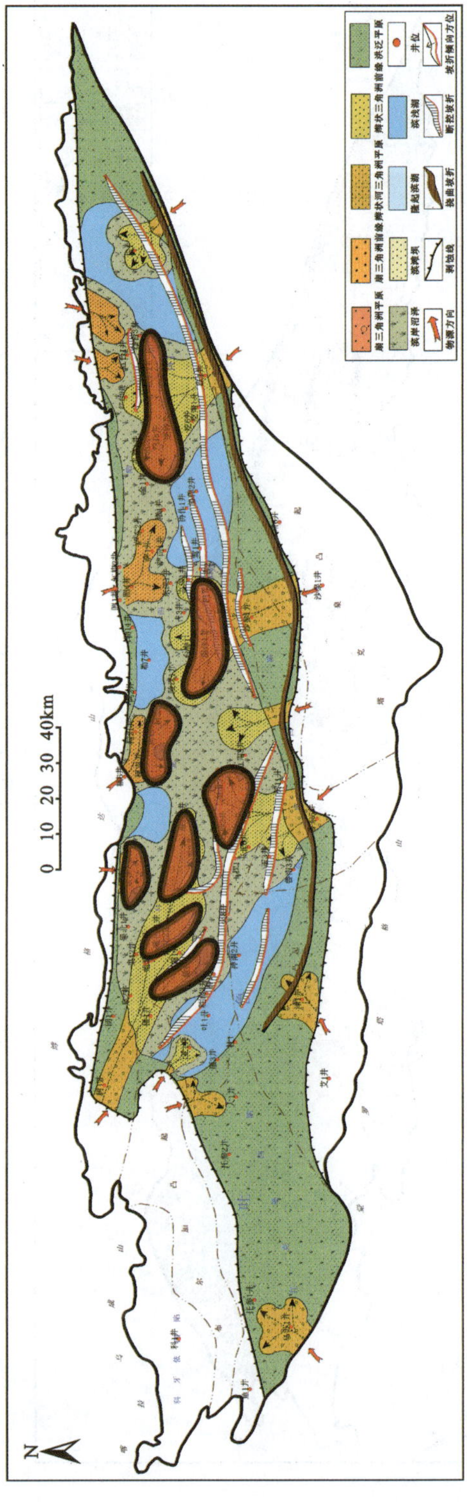

图5-22 吐鲁番坳陷下侏罗统西山窑组四段有利区带预测图

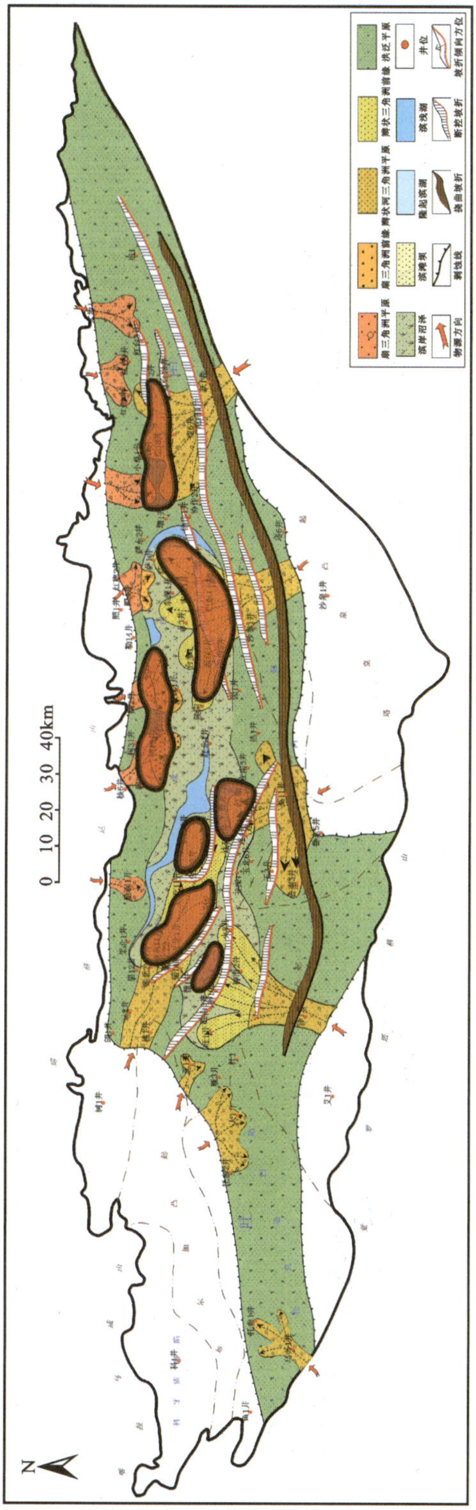

图5-23 吐鲁番坳陷中侏罗统三间房组二段有利区带预测图

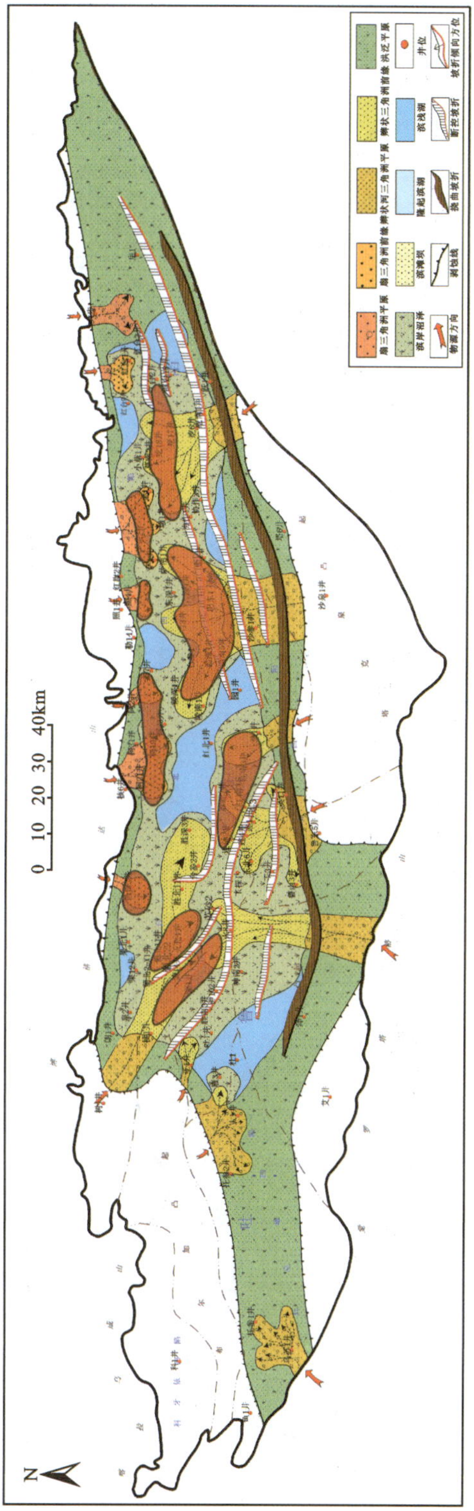

图5-24 吐鲁番坳陷中侏罗统三间房组三段有利区带预测图

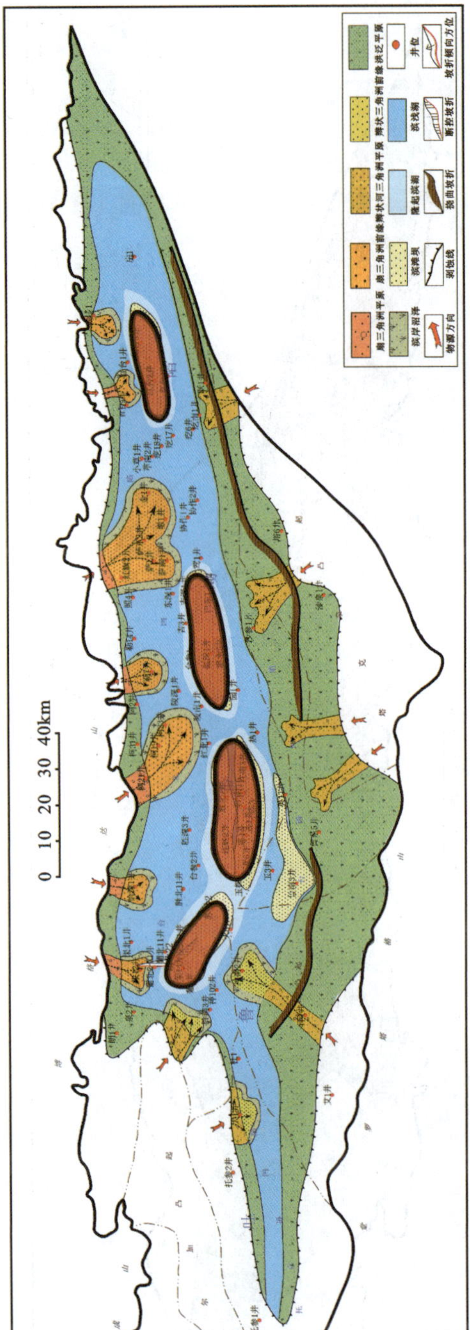

图5-25 吐鲁番坳陷中侏罗统七克台组一段有利区带预测图

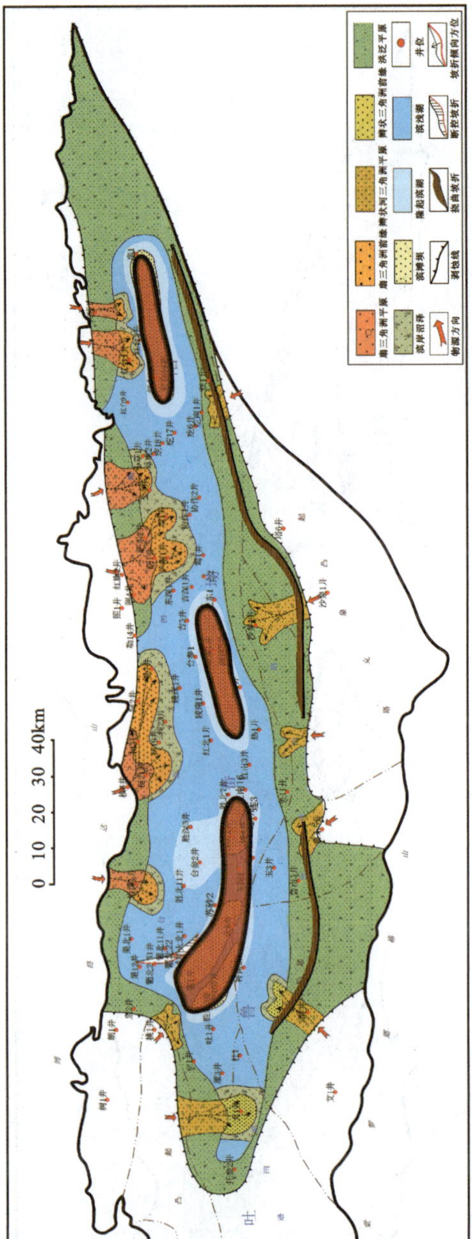

图5-26 吐鲁番坳陷中侏罗统七克台组二段有利区带预测图

对于吐鲁番坳陷中下侏罗统结合沉积环境背景分析、沉积体系展布特征以及各时期的演化特征，结合微地貌控砂模式，优质储层的控制因素等，对不同时期的有利区带的预测分析，以期找出优质储层靶区。

主要参考文献

车自成，罗金海，刘良，1997. 中亚与中国西北地区含油气盆地基本类型及成因分析[J]. 地球学报：中国地质科学院院报，2：2-10.

成守德，王元龙，1998. 新疆大地构造演化基本特征[J]. 新疆地质，2：97-107.

董连慧，屈迅，朱志新，等，2010. 新疆大地构造演化与成矿[J]. 新疆地质，28(4)：351-357.

董宁，杨平，袁秀君，等，2008. 柴达木盆地察尔汗地区第四纪古生物组合与沉积环境[J]. 新疆石油地质，1：57-60.

樊秋爽，夏国清，李高杰，等，2022. 古海洋氧化还原条件分析方法与研究进展[J]. 沉积学报，40(5)：1151-1171.

范萌萌，卜军，赵艳，等，2019. 鄂尔多斯盆地东南部延长组微量元素地球化学特征及环境指示意义[J]. 西北大学学报(自然科学版)，49(4)：633-642.

冯永，顾尚义，吴忠银，等，2021. 贵州五河南沱组形成的氧化还原环境：地球化学与矿物学证据[J]. 矿物学报，41(1)：33-44.

符迪，2011. 新疆吐哈盆地南部及南缘二叠系沉积相分析[D]. 西安：西北大学.

郭威，2008. 新疆博格达山及其邻区板内构造作用研究[D]. 西安：西北大学.

何登发，张磊，吴松涛，等，2018. 准噶尔盆地构造演化阶段及其特征[J]. 石油与天然气地质，39(5)：845-861.

何国琦，李茂松，韩宝福，2001. 中国西南天山及邻区大地构造研究[J]. 新疆地质，1：7-11.

何国琦，李茂松，贾进斗，等，2001. 论新疆东准噶尔蛇绿岩的时代及其意义[J]. 北京大学学报(自然科学版)，37(6)：852-858.

何国琦，刘德权，李茂松，等，1995. 新疆主要造山带地壳发展的五阶段模式及成矿系列[J]. 新疆地质，2：99-176＋178-196.

何治亮，高山林，2008. 中国西部燕山运动及其对油气成藏的控制[J]. 石油与天然气地质，29(4)：419-427.

何治亮，高山林，郑孟林，2015. 中国西北地区沉积盆地发育的区域构造格局与演化[J]. 地学前缘，22(3)：227-240.

何治亮，毛洪斌，2000. 塔里木多旋回盆地与复式油气系统[J]. 石油与天然气地质，3：207-213.

黄德理，2015. 福建陈村井田古生物研究与沉积环境分析[J]. 能源与环境(5)：51-52＋54.

贾东，卢华复，蔡东升，等，1997. 塔里木盆地北缘库车前陆褶皱-冲断构造分析[J]. 大地构造与成矿学(1)：1-8.

蒋海军，胡明毅，胡忠贵，等，2011. 西湖凹陷古近系沉积环境分析：以微体古生物化石为主要依据[J]. 岩性油气藏，23(1)：74-78.

靳久强，宋建国，2005. 中国板块构造对油气盆地演化和油气分布特征的控制[J]. 石油与天然气地质(1)：2-8＋22-130.

靳久强，赵文智，薛良清，等，1999. 中国西北地区侏罗纪原型盆地与演化特征[J]. 地质论评(1)：92-104.

蓝先洪，申顺喜，2004. 南黄海中部沉积岩芯的微体古生物组合特征及古环境演化[J]. 海洋湖沼通报(3)：16-21.

雷作淇，1986. 四川宝鼎龙硐晚三叠世的孢粉组合[J]. 古生物学报(2)：129-142＋231-233.

李德生，姚永耕，陈蟒蛟，1991. 中国西部地区含油气盆地的地质特征[J]. 石油勘探与开发(2)：1-10＋56.

李继东，付玉鑫，蒋飞虎，等，2022. 银额盆地下白垩统巴音戈壁组泥岩地球化学特征及其古环境意义[J]. 河南理工大学学报(自然科学版)，41(3)：48-56＋65.

李锦轶，何国琦，徐新，等，2006. 新疆北部及邻区地壳构造格架及其形成过程的初步探讨[J]. 地质学报(1)：148-168.

李锦轶，肖序常，1999. 对新疆地壳结构与构造演化几个问题的简要评述[J]. 地质科学(4)：405-419.

李康康，2019. 贵州省德江地区石牛栏组古生物特征及沉积环境研究[D]. 成都：成都理工大学.

李强，尹凤娟，张军，2009. 吐哈盆地台北凹陷早侏罗世孢粉组合[J]. 内蒙古石油化工，35(15)：114-118.

李晴晴，2015. 吐哈盆地石炭—二叠系层序划分及烃源岩预测[D]. 青岛：中国海洋大学.

李思田，林畅松，解习农，1995. 大型陆相盆地层序地层学研究：以鄂尔多斯中生代盆地为例[J]. 地学前缘(4)：133-136＋148.

李玮，胡健民，黎敦朋，等，2007. 新疆博格达山北缘晚古生代—中生代古水流样式转折及其构造意义[J]. 沉积学报(2)：283-292.

李文厚，周立发，柳益群，等，1997. 吐哈盆地沉积格局与沉积环境的演变[J]. 新疆石油地质(2)：135-141＋6.

李玉梅，2015. 新疆北部地区典型湿地孢粉组合与古环境研究[D]. 石家庄：石家庄经济学院.

李珍，王开发，王永吉，等，2002. 红树林孢粉—气候因子转换函数恢复古环境的可行性初探[J]. 海洋科学进展(3)：73-78.

李志中，关有志，贾惠兰，等，1996. 塔里本盆地北部全新世地层中的孢粉组合与古环境[J]. 干旱区资源与环境(1)：23-29.

刘格升，2016. 古生物在地质学领域的重要作用[J]. 华北国土资源(1)：97＋102.

刘璐，2021. 北京门头沟的侏罗纪植物根系[J]. 大自然(2)：36-39.

刘兆生，1999. 塔里木盆地北缘三叠纪孢粉组合[J]. 古生物学报(4)：474-504.

柳益群，冯乔，吴涛，1997.吐鲁番—哈密盆地古地温梯度及有机质成熟度的确定[J].科学通报(3)：298-301.

卢苗安，2007.天山东段盆山构造格局的多期演变[D].北京：中国地震局地质研究所.

吕锡敏，2001.吐哈盆地构造特征与油气赋存[J].石油天然气学报(2)：75-79.

毛广振，2015.二连盆地中新生代古气候演化[J].能源研究与管理(4)：92-96.

潘安定，1994.根据孢粉组合探讨干旱区晚更新世以来的古环境特殊性[J].兰州大学学报(3)：139-144.

任来义，符俊辉，林桂芳，等，2001.孢粉化石的信息函数与古环境分析[J].西北大学学报(自然科学版)(6)：506-508.

邵磊，李文厚，袁明生，1999.吐鲁番—哈密盆地陆源碎屑沉积环境及物源分析[J].沉积学报(3)：435-441.

邵龙义，刘天绩，冉茂云，等，2006.吐哈盆地早侏罗世八道湾组古环境与聚煤作用分析[J].辽宁工程技术大学学报(2)：189-191.

宋力，陈睿倩，商斐，2019.松辽盆地后金沟剖面上白垩统烃源岩氧化还原环境重建[J].高校地质学报(6)：838-846.

唐轲，2018.吐哈盆地基底结构及构造演化分析[D].北京：中国石油大学(北京).

唐克东，1989.中朝陆台北侧褶皱带构造发展的几个问题[J].现代地质(2)：195-204.

唐克东，王莹，何国琦，等，1995.中国东北及邻区大陆边缘构造[J].地质学报(1)：16-30.

陶明信，2010.论新疆吐哈盆地的两种构造单元体系[J].地质通报，29(Z1)：297-304.

童崇光，1999.新疆构造演化与吐哈盆地油气地质特征[J].成都理工学院学报(1)：11-16.

王昌桂，郭彦如，张朝富，等，1993.吐鲁番坳陷天然气地质特征及成藏模式[J].新疆石油地质(2)：117-125.

王鹏，严小鳙，谭开俊，2013.沉积地球化学在准东石炭系沉积环境分析中的应用[J].延安大学学报(自然科学版)，32(2)：70-73.

王世新，2013.新疆吐哈盆地南缘构造演化地质特征及聚—成煤规律[D].长春：吉林大学.

王彤，朱筱敏，董艳蕾，等，2020.基于微量元素分析的古沉积背景重建：以准噶尔盆地西北缘古近系安集海河组为例[J].地质学报，94(12)：3830-3851.

王新桐，2017.博格达山周缘二叠系—侏罗系地层格架及沉积演化[D].青岛：中国石油大学(华东).

魏巍，ALGEO T J，陆永潮，等，2021.古盐度指标与渤海湾盆地古近系海侵事件初探[J].沉积学报，39(3)：571-592.

魏信祥，张雄华，杨宝忠，等，2015.新疆吐哈盆地东北缘早二叠世安加拉植物群及古气候条件[J].地质通报，34(12)：2163-2170.

吴因业，薛叔浩，应凤祥，等，1994.吐哈盆地台北凹陷侏罗系储层沉积特征研究[J].新疆石油地质(2)：116-125.

肖冬生，杨占龙，2013.吐哈盆地台北凹陷西缘油气成藏过程主控因素及成藏模式[J].中南大学学报(自然科学版)，44(2)：679-686.

肖良，漆亚玲，马文忠，等，2017. 吐哈盆地北缘中侏罗世植物化石稳定碳同位素的古环境意义[J]. 沉积学报，35(3)：489-498.

肖序常，万子益，李光岑，等，1983. 雅鲁藏布江缝合带及其邻区构造演化[J]. 地质学报(2)：205-212.

许中杰，程日辉，张莉，等，2012. 华南陆缘晚三叠—早、中侏罗世海平面相对升降与古气候演化的地球化学记录[J]. 地球科学(中国地质大学学报)，37(1)：113-124.

杨涵菲，赵艳，崔巧玉，等，2021. 基于XRF岩芯扫描的Rb/Sr比值的古气候意义探讨：以青藏高原东部若尔盖盆地为例[J]. 中国科学：地球科学，51(1)：73-91.

杨红樱，2015. 吐哈盆地石炭—二叠纪构造演化分析[D]. 青岛：中国海洋大学.

杨兴，史乐，钟光远，等，2015. 吐哈盆地与博格达造山带的盆山耦合关系探讨[J]. 科技创业月刊，28(12)：103-105.

杨彦敏，奥立德，刘金华，等，2012. 高邮凹陷深凹带戴一段古水体特征[J]. 油气地质与采收率，19(4)：27-30+113.

姚丽景，于炳松，樊太亮，等，2007. 吐鲁番坳陷中—下侏罗统沉积体系再认识[J]. 现代地质(2)：397-405.

余继峰，曹慧涛，付文钊，等，2021. 胶莱盆地止凤庄组、红土崖组微量元素地球化学特征及古环境分析[J]. 山东科技大学学报(自然科学版)，40(2)：1-11.

袁静，肖运凤，董道涛，等，2018. 高邮凹陷深凹带戴南组古生物特征及环境意义[J]. 西南石油大学学报(自然科学版)，40(1)：11-21.

袁明生，牛仁杰，焦立新，等，2002. 吐哈盆地前陆冲断带地质特征及勘探成果[J]. 新疆石油地质(5)：376-379+351.

张传恒，刘典波，张传林，等，2005. 新疆博格达山初始隆升时间的地层学标定[J]. 地学前缘(1)：294-302.

张惠民，1994. 超大陆和超大陆旋回，冈瓦纳组成及特提斯演化[J]. 国外前寒武纪地质(4)：61-70.

张丽丽，2020. 珠江口盆地揭阳凹陷早渐新世—中新世古生物地层及沉积环境[J]. 微体古生物学报，37(3)：266-277.

章惠，旷红伟，柳永清，等，2013. 北疆东部三塘湖与吐哈地区中侏罗统西山窑组沉积差异性及对博格达山隆升时间的约束[J]. 地质通报，32(Z1)：443-455.

赵文智，何登发，宋岩，等，1999. 中国陆上主要含油气盆地石油地质基本特征[J]. 地质论评(3)：232-240.

周鼎武，张成立，刘良，等，2000. 秦岭造山带及相邻地块元古代基性岩墙群研究综述及相关问题探讨[J]. 岩石学报(1)：22-28.

祝幼华，阎泗民，杨晓清，2004. 苏北盆地高邮凹陷D1井白垩纪—古近纪微体古生物地层及沉积环境[J]. 微体古生物学报(3)：267-272.

LU S，LI H，ZHANG C，et al.，2008. Geological and geochronological evidence for the Precambrian evolution of the Tarim Craton and surrounding continental fragments[J]. Precambrian Research，160：94-107.

TANG W,ZHANG Z,LI J,et al. ,2014. Late Paleozoic to Jurassic tectonic evolution of the Bogda area (northwest China):Evidence from detrital zircon U - Pb geochronology[J]. Tectonophysics,626:144-156.

XIAO W,WINDLEY B F,ALLEN M B,et al. ,2013. Paleozoic multiple accretionary and collisional tectonics of the Chinese Tianshan orogenic collage[J]. Gondwana Research,23:1316-1341.

附　录A

一、吐鲁番坳陷中下侏罗统岩芯照片图版

图 A-1　三级层序 SQ_1 沉积岩芯——八道湾组

注：三级层序 SQ_1 包括整个下侏罗世时期，分为 J_1b^1、J_1b^2、J_1s^1 和 J_1s^2 四层地层，对应 S_1 至 S_4 四层四级层序，早侏罗世时期，拉张背景下，坳陷处于断陷期，北部博格达山还未隆升，坳陷沉积范围较广，湖水相对较深，全区相类以辫状河三角洲为主，西部三角洲较东部发育，南部三角洲较北部发育。①底部为灰白色细砂岩，向上递变为浅灰色粉砂岩，波状交错层理，夹泥质纹层；②灰白色细砂岩，底部平行层理，顶部为波状交错层理；③灰白色含砾粗砂岩，块状构造，角砾呈一定方向排列；④黑色泥岩；⑤灰白色含砾粗砂岩，递变层理，角砾呈一定方向排列；⑥灰白色细砂岩，含撕裂状泥砾。

图 A-2　三级层序 SQ_1 沉积岩芯——三工河组(1)

注：①灰白色含砾粗砂岩，递变层理；②浅棕色中砂岩，板状交错层理，油味浓；③灰白色含砾中砂岩，板状交错层理；④浅绿色含砾中砂岩，黑色泥砾呈撕裂状，定向排列；⑤浅棕色含砾粗砂岩，向上递变为中砂岩，递变层理，角砾呈一定方向排列，有油味；⑥灰白色含砾中砂岩，递变层理。

图 A-3　三级层序 SQ_1 沉积岩芯——三工河组(2)

注:①灰绿色粉砂质泥岩,水平层理,底部见垂向生物洞穴构造,顶部为生物扰动构造;②浅棕色细砂岩,平行层理,油味浓;③灰色含砾细砂岩,递变层理;④黑色泥岩,见植物茎干碎屑化石;⑤黑色泥岩,见植物茎干碎屑化石。

图 A-4　三级层序 SQ_2 沉积岩芯——西山窑组(1)

注:三级层序 SQ_2 包括中侏罗统西山窑组全段和三间房组一段,分为 J_2x^1、J_2x^2、J_2x^3、J_2x^4 和 J_2s^1 五层地层,对应 S_5 至 S_9 五层四级层序。受燕山运动的影响,进入西山窑组沉积期,坳陷南北向挤压应力开始增强,坳陷整体开始抬升,南部斜坡变缓,整体扇体发育规模较早侏罗世时期小,水体变浅,沉积范围减少,沼泽化泛滥,北缘博格达山开始隆升,至西山窑组后期(J_2x^4)完全出露水面并开始供源,至此北侧发育扇三角洲沉积,南部及西部仍发育辫状河三角洲沉积,在该三级层序内由低位-湖扩-高位体系域演化过程中,湖平面由窄-宽-窄的趋势,湖深也存在着浅-深-浅变化的趋势;此时期处于湿润气候环境,加之水体较浅,坳陷内沼泽化泛滥。①浅灰色含撕裂状泥砾的细砂岩,交错层理,泥砾呈定向排列;②灰白色细砂岩,波状交错层理,夹泥质纹层;③灰白色细砂岩,波状交错层理,夹泥质纹层;④灰色泥岩,见黑色植物茎干碎屑化石;⑤灰白色含砾粗砂岩,递变层理,交错层理;⑥棕褐色细砂岩,底部见黑色植物茎干碎屑化石印模;⑦灰白色含砾粗砂岩,递变层理,交错层理。

图 A-5 三级层序 SQ_2 沉积岩芯——西山窑组(2)

注:①底部为浅肉红色含砾粗砂岩,块状构造,上部为浅褐色含泥砾中砂岩,块状构造;②浅褐色中砂岩,块状构造,有油味;③灰白色含大量撕裂状泥砾中砂岩,撕裂状泥砾杂乱堆积,块状构造;④灰白色细砂岩,平行层理;⑤灰白色含砾粗砂岩,递变层理,平行层理;⑥灰白色细砂岩,平行层理;⑦灰白色含撕裂状泥砾细砂岩,撕裂状泥砾呈定向排列;⑧底部为含砾粗砂岩,向上递变为灰白色细砂岩,递变层理,平行层理。

图 A-6 三级层序 SQ_2 沉积岩芯——西山窑组(3)

注:①黑色泥岩,见植物茎干碎屑化石;②灰色泥岩,见植物茎干碎屑化石;③黑色煤块;④黑色煤块;⑤黑色碳质泥岩;⑥黑色煤块;⑦灰色泥岩,见植物茎干碎屑化石。

图 A-7　三级层序 SQ_3沉积岩芯——三间房组(1)

注：三级层序 SQ_3处于中侏罗统三间房组和七克台组，分为 J_2s^2、J_2s^3、J_2q^1和 J_2q^2四层地层，对应 S_{10}至 S_{13}四层四级层序。此时期，南北向的挤压持续增强，整体坳陷继续被抬升，气候干旱。三间房组时期，各源区供源充足，沉积相类南部及西部仍以辫状河三角洲为主，北部以扇三角洲为主，其沉积规模及展布范围变化不大。至七克台组时期，坳陷中部由于南北向的挤压作用形成低凸，形成滨岸滩坝沉积；该时期全区物源提供能力较弱且南部坡度变缓，南北三角洲沉积规模及展布范围大幅度减小(图 5-5)。①灰色或灰白色细砂岩，波状交错层理，夹泥质纹层；②灰白色含砾粗砂岩、灰白色中砂岩，板状交错层理；③灰白色细砂岩板，板状交错层理、平行层理；④底部为含砾粗砂岩，向上递变为灰白色细砂岩，裂缝中充填黑色沥青；⑤灰白色细砂岩，槽状交错层理；⑥灰白色细砂岩，槽状交错层理。

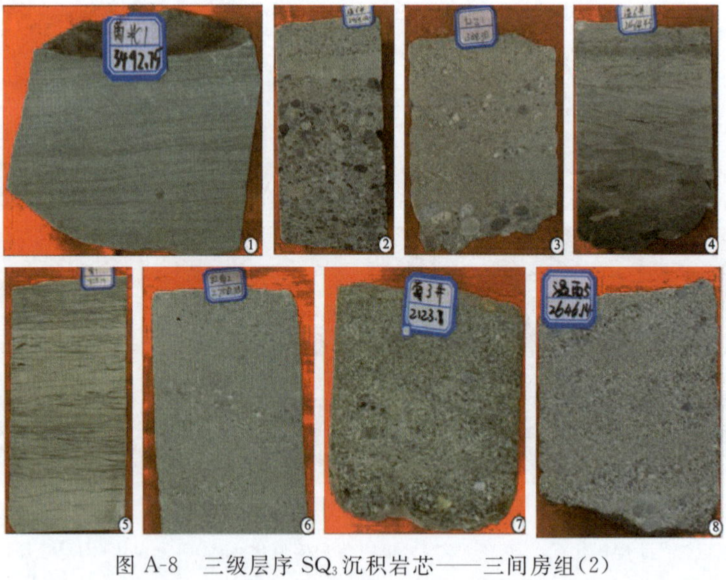

图 A-8　三级层序 SQ_3沉积岩芯——三间房组(2)

注：①灰白色细砂岩，波状交错层理，夹泥质纹层；②底部灰白色砾岩，角砾呈定向排列，向上递变为灰白色中砂岩，递变层理，顶部为一层含砾中砂岩，平行层理；③底部为底砾岩，定向排列，上面为含砾中砂岩，递变层理；④灰色细砂岩，底部含撕裂状泥砾，波状交错层理；⑤灰白色细砂岩，波状交错层理；⑥灰白色含砾细砂岩，底部层理，平行层理；⑦灰色含砾粗砂岩，块状构造；⑧灰白色含砾粗砂岩，板状交错层理。

图 A-9　三级层序 SQ_3 沉积岩芯——七克台组(1)

注:①灰绿色粉砂岩,顶部见垂向生物洞穴构造,下部见生物扰动构造;②灰白色细砂岩和粉砂岩,波状交错层理;③灰色或灰白色细砂岩,波状交错层理;④浅棕色细砂岩,波状交错层理;⑤底部为灰白色含砾粗砂岩,向上递变为灰白色中砂岩,递变层理;⑥灰白色含砾中砂岩,板状交错层理。

图 A-10　三级层序 SQ_3 沉积岩芯——七克台组(2)

注:①灰色泥岩,底部层面见黑色植物茎干碎屑化石;②灰色泥岩,底部层面见黑色植物茎干碎屑化石;③灰白色细砂岩,底部层面见黑色植物茎干碎屑化石;④灰色粉砂质泥岩,底部层面见黑色植物茎干碎屑化石;⑤黑色煤块;⑥黑色碳质泥岩。

二、吐鲁番坳陷北部煤窑沟、桃树园以及中部连木沁、七克台一带野外露头图版

图 A-11　吐鲁番坳陷火焰山构造带中下侏罗统野外露头位置图(据百度)

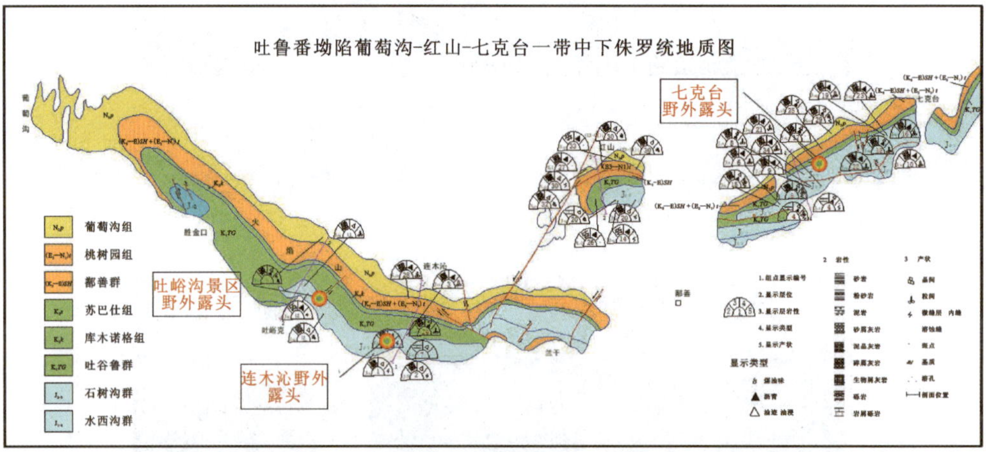

图 A-12　吐鲁番坳陷火焰山构造带中下侏罗统野外露头地质图

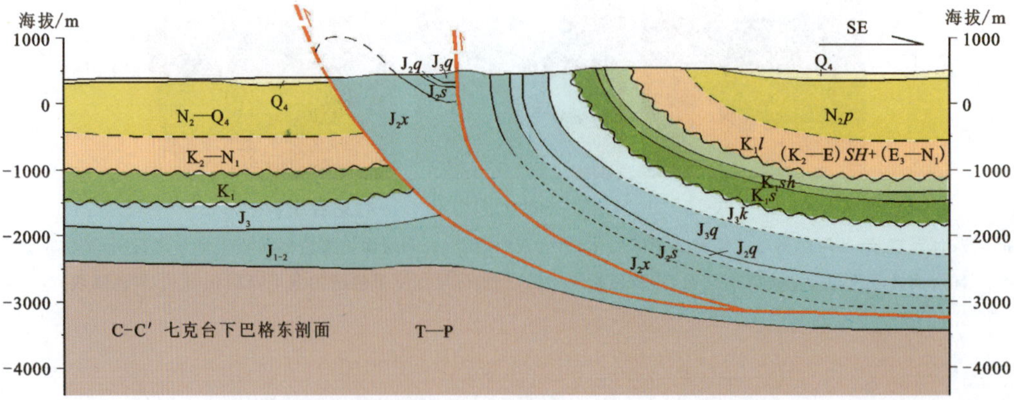

图 A-13　吐鲁番坳陷火焰山构造带七克台野外露头剖面图

图A-14 连木沁野外露头——西山窑组3~4段

注：西山窑组3~4段为土黄色细砂岩夹薄层泥岩。

图 A-15　连木沁野外露头——三级层序 SQ_3 西山窑组 3～4 段

注：西山窑组 3～4 段为土黄色细砂岩夹薄层泥岩。

图 A-16　连木沁野外露头——三间房组与西山窑组界线

注：西山窑组为浅绿色、土黄色细砂岩夹薄层泥岩；三间房组为土黄色、肉红色细砂岩，夹薄层泥岩。

图A-17 连木沁野外露头——齐古祖、七克台组与三间房组分界线

注：三间房组为土黄色、肉红色细砾岩，夹薄层泥岩；七克台组为灰绿色、土黄色粉砂岩与灰色、灰绿色泥岩互层，层底界面附近见薄层黑色泥岩、煤线；齐克祖为褐红色泥岩夹灰白色砂岩。

图 A-18 连木沁野外露头——三间房组与七克台组界线

注：三间房组土黄色、肉红色细砂岩，夹薄层泥岩；七克台组土黄色粉砂岩与灰色灰绿色泥岩互层，界面附近见薄层黑色泥岩、煤线。

图 A-19 连木沁野外露头——七克台组

注：土黄色粉砂岩与灰色、灰绿色泥岩互层。

图 A-20 连木沁野外露头——三级层序 SQ_3 七克台组与齐古组界线

注：七克台组土黄色粉砂岩与灰色、灰绿色泥岩互层；齐古组土黄色粉砂岩与褐红色泥岩互层。

图 A-21 吐峪沟景区野外露头——七克台组与齐古组界线

注：该界线呈不整合接触关系，七克台组灰绿色、土黄色粉砂岩与灰绿色泥岩互层；齐古组土黄色粉砂岩，与褐红色泥岩互层。

图 A-22 煤窑沟野外露头——八道湾组-三工河组-西山窑组

图A-23 煤窑沟野外露头——八道湾组

注：底部为含砾粗砂、细砾岩及砂质泥岩，中部发育辫状河道及沼泽沉积，为细砾与中砂岩和粉砂质泥岩、厚层煤层，顶部发育滨浅湖细粒沉积。

图 A-24 煤窑沟野外露头——八道湾组

注：底部为含砾粗砂、细砾岩及砂质泥岩，中部发育辫状河道及沼泽沉积，为细砾与中砂岩与粉砂质泥岩、厚层煤层，顶部发育滨浅湖细粒沉积。

图A-25　煤窑沟野外露头——三工河组(1)

注：该组整体为灰白色含砾砂岩、中砂岩，肉红色细砂岩，夹薄层泥岩，槽状交错层理、板状交错层理、平行层理，顶部为灰色、灰绿色、棕红色泥岩。①J_1b与J_1s分界线，整合接触，八道湾组为灰绿色粉砂岩、粉砂质泥岩；②～④三工河组，为细砂岩、含砾细砂岩，槽状交错层理；⑤三工河组顶部“毡子层”；⑥“毡子层”表层风化为土黄色泥岩，见生物化石。

图 A-26　煤窑沟野外露头——三工河组(2)

注：该组为灰白色含砾中砂岩、含砾细砂岩，槽状交错层理、板状交错层理。

图 A-27　煤窑沟野外露头——三工河组(3)

注:该组为灰白色含砾中砂岩、含砾细砂岩,槽状交错层理、板状交错层理。

图 A-28　三工河组顶部灰色泥岩

注：该岩表层易于风化成细粒黄土，平整分布，像毛毯平铺在地表，因此称为“毡子层”，顶部与西山窑组整合接触。

图 A-29　三工河组顶部为灰色泥岩——“毡子层”

图 A-30　三工河组与西山窑组分界线

注：三工河组顶部为灰色、灰黑色泥岩，视为“毡子层”，为三工河组与上覆地层西山窑组界面标志层。

图A-31 煤窑沟野外露头——西山窑组

注：西山窑组为土黄色细砂岩、粉砂岩、灰绿色泥岩，黑色碳质泥岩，西山窑组中部夹多层煤线、煤层。

①J_2x—J_1s层序界面-毡子泥；②西山窑组被氧化或是自燃后的煤层；③J_2x下部煤层-砂岩互层；④西山窑组中部夹多层煤线；⑤西山窑组土黄色细砂岩、粉砂岩。

图 A-32　煤窑沟西山窑组被氧化或是自燃后的煤层

图 A-33　煤窑沟西山窑组夹的煤线

图 A-34　煤窑沟西山窑组沉积的煤层

图 A-35　煤窑沟西山窑组沉积的土黄色或肉红色的粉砂岩夹薄层煤层或煤线

图A-36 煤窑沟野外露头——三间房组

注：三间房组表层易于于风化剥蚀，整体为肉红色细砂岩、粉砂岩、成层性好，横向展布连续。①～②西山窑组—三间房组分界；③～④三间房组肉红色细砂岩，易于风化。

图 A-37　西山窑组—三间房组分界

图 A-38　三间房组肉红色细砂岩(易于风化)

图 A-39 三间房组表层(1)

注:该表层为肉红色细砂岩,成层性好,横向展布连续,易于风化。

图 A-40 三间房组表层(2)

注:该表层为灰白色、土黄色含砾砂岩,易于风化。

图A-41　台孜村七克台油矿野外露头——七克台组

注：整体为滨浅湖沉积，棕红色细砂岩与深灰色泥岩互层，砂体分选、磨圆好，横向展布稳定，野外露头中，靠近深灰色泥岩的细砂岩中含油饱和度高。

图 A-42 七克台组油砂(1)

图 A-43　七克台组油砂(2)

图 A-44　七克台组油砂(3)

图 A-45 早期人工油井